“十二五”职业教育国家规划教材
经全国职业教育教材审立委员会审定
高职高专计算机系列规划教材

# 单片机控制技术项目式教程（C语言版）

王　璇　胡国兵　主编
高玉玲　宋维君　副主编
杜　军　李　玲　张智玮　编著
于宝明　主审

電子工業出版社
Publishing House of Electronics Industry
北京・BEIJING

## 内 容 简 介

本书以当前最新的职业教育要求为指导思想，以电子产品中的实用设计项目为载体，以基于工作过程的任务驱动的形式由浅入深地介绍了 MCS-51 单片机的控制技术和实用设计。书中把单片机的知识点融入到各个项目及下层的任务中，每个任务又包含了任务要求、任务分析和任务设计，完整地体现了实际电子产品设计开发的过程。硬件的设计从单片机的 I/O、定时/计数器、中断和串行口的基本应用，到单片机实用的键盘、显示、A/D 转换器和 D/A 转换器的应用，循序渐进地将知识点逐个体现在实际的任务设计中。软件的设计采用通用的 C 语言进行编程。项目后的拓展部分拓宽了知识的宽度和深度。课后的知识思考与项目训练通过理论和实践环节将课堂与课后的学习有机地结合在一起。为了适应不同的读者，本书正文中的硬件电路采用Proteus软件环境设计，项目拓展的电路使用配套的实验板，灵活实用。

本书适合作为高职高专电子技术类、通信技术类及信息技术类专业进行单片机项目式教学的教材。



**图书在版编目（CIP）数据**

单片机控制技术项目式教程：C 语言版/王璇，胡国兵主编. —北京：电子工业出版社，2014.1
“十二五”职业教育国家规划教材·高职高专计算机系列规划教材
ISBN 978-7-121-21954-2

Ⅰ.①单… Ⅱ.①王… ②胡… Ⅲ.①单片微型计算机－计算机控制－高等职业教育－教材
Ⅳ.①TP368.1

中国版本图书馆 CIP 数据核字（2013）第 276787 号

策划编辑：吕　迈
责任编辑：底　波
印　　刷：三河市鑫金马印装有限公司
装　　订：三河市鑫金马印装有限公司
出版发行：电子工业出版社
　　　　　北京市海淀区万寿路 173 信箱　邮编　100036
开　　本：787×1 092　1/16　印张：16.25　字数：416 千字
版　　次：2014 年 1 月第 1 版
印　　次：2016 年 6 月第 3 次印刷
定　　价：32.00元

凡所购买电子工业出版社图书有缺损问题，请向购买书店调换。若书店售缺，请与本社发行部联系，联系电话及邮购电话：（010）88254888。

质量投诉请发邮件至 zlts@phei.com.cn，盗版侵权举报请发邮件至 dbqq@phei.com.cn。

服务热线：（010）88258888。

# 前　言

当前信息技术飞速发展，嵌入式电子技术深入到了人们日常生活的各个方面。单片机是一种嵌入式微控制器，在工业控制、通信设备、智能仪器、智能终端、医疗器械、汽车电器和家用电器等领域都有着广泛的应用。因此，单片机控制技术是工科类高职电子、机电、自动化等相关专业的一门必修的核心专业课程。然而单片机却是一门令学生感到较难学习的课程，不光要掌握其硬件电路的设计，还要编写相应的工作程序，并且要联合调试。我们的目的就是要解决如何使学生想学、爱学、易学并且学懂这门课程。

本书以高等职业教育的职业能力培养目标为指导，注重以理论教育为基础，以技能培训为前提，将理论与实践紧密结合，突出实践性教育环节，注重专业能力的培养，力图做到深入浅出，便于教学，充分体现专业课教学的基础性、实用性、操作性等特点。

本书以实用的产品为课程载体，采用项目导向、任务驱动的模式，将教学内容分为若干个相对独立的项目，每个项目由若干个任务组成，充分体现工学结合的教学模式。教学过程中充分发挥学生的主动性、积极性。学做一体贯穿于整个教学过程中，每个项目由直观的生活现象引入，通过一定的知识准备后去完成任务，每个任务由任务要求、任务分析和任务设计组成，包含器件的选择、硬件电路的设计和软件程序的设计，完整地体现了实际电子产品设计开发的整个工作过程。书中的软件设计采用现在电子行业通用的 C 语言编程，同时引入串行数字温度传感器、串行 A/D 和 D/A 转换器、液晶显示等新知识，对于需要用到的单片机开发软件环境 Proteus 和 Keil C51 也做了简单的介绍，充分体现了教学内容的先进性与实用性。

本书适用于学做一体化的单片机项目式教学，参考学时数为 90 学时，使用者可根据具体情况增减学时数。教学中可根据学时及专业，有选择地介绍项目拓展内容。教材有配套的单片机实验板，但实验板的应用只在项目拓展中，正常的教学内容采用单片机开发环境 Proteus 和 Keil C51 就可以了，这样使教材的使用不受教学条件的限制。

本书由南京信息职业技术学院的王璇和胡国兵担任主编，高玉玲和宋维君担任副主编。王璇和胡国兵编写了项目 5、项目 7～项目 10，高玉玲编写了项目 1～项目 4，宋维君和王璇编写了项目 6，其他参编人员还有李玲、张智玮、金明、马晓阳、俞金强、尹会明、黄凌、高杉、胡晓燕。本书在编写过程中得到南京中兴通讯的高级工程师杜军的大力帮助，于宝明细心审读了本书，在此表示衷心的感谢。书中部分内容的编写参照了有关文献，谨对书后所有参考文献的作者表示感谢。

本书配有教学课件，可作为使用本教材教师上课的教案。

由于单片机技术日新月异，加上编者水平有限和编写时间匆忙，书中难免有疏漏和错误之处，恳请读者批评指正，以便再版时修改。作者电子邮箱：wangxuan@njcit.cn。

编　者

2013 年 8 月

# 目录

CONTENTS

# 项目1

# 认识单片机

## 学习目标

- 初步认识单片机；
- 掌握单片机的基本概念；
- 了解单片机的发展历史及发展趋势；
- 了解单片机的产品分类、特点及应用领域。

## 工作任务

- 叙述什么是单片机；
- 叙述单片机的发展；
- 叙述单片机的产品分类；
- 叙述单片机的特点及应用领域。

## 项目引入

在日常生活中，像手机、MP3、数码相机、GPS 导航和智能家电等常用设备，给我们带来了许多方便和生活情趣，可你了解在这些设备中发挥主要作用的单片机吗？单片机因将计算机的主要组成部分集成在一块芯片上而得名，别看它体积很小，有了它，可以使我们的生活更加丰富多彩。

要想了解单片机的控制作用，必须先认识单片机，学习单片机的基础知识。本项目主要是引领学生去认识什么是单片机，通过学习要求学生掌握单片机的概念，了解单片机的发展及应用。

本项目包含四个任务：单片机是什么；单片机的发展历史及发展趋势；单片的产品分类；单片机的特点及应用领域。

# 任务 1.1 单片机是什么

随着电子技术的飞速发展，计算机已渗入生活的各个方面，影响着整个社会，改变了人类的生活方式。

根据规模，计算机可分为：巨型机、大型机、中型机、小型机和微型机。微型计算机向着两个不同的方向发展：一是向着高速度、大容量、高性能的高档计算机方向；二是向着稳定可靠、体积小、成本低廉的单片机方向发展。

## 1.1.1 单片机在哪里

单片机在哪里呢？它在我们日常生活的各种家用电器中。

比如我们常用的空调，单片机就在其中起着控制协调的作用，接收遥控器发来的控制信号，然后监控和显示温度，控制制冷和制热等，它是空调的中央处理器。

比如洗衣机，单片机在其控制面板中，如图 1.1 所示，它接收面板按键发来的功能控制信息，控制洗衣模式的指示灯显示和时间的数码管显示，控制注水阀的注水与电动机的启动和停止，总之单片机在其中起着控制中心的作用。

可见，单片机就在我们日常的生活中，在我们身边的各种电器中起着非常重要的作用。

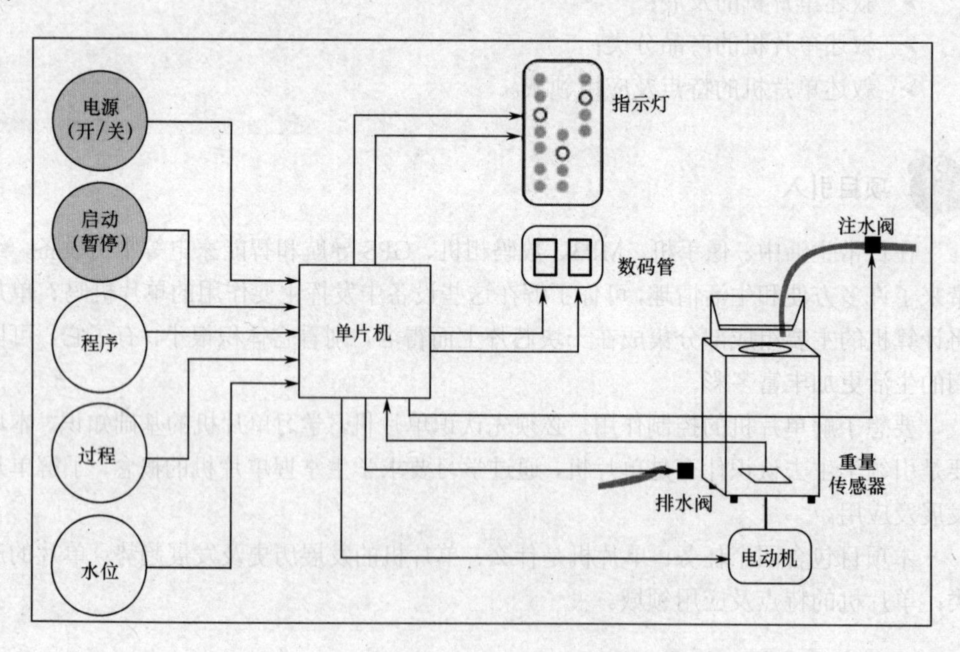


图 1.1 洗衣机的单片机控制图

## 1.1.2 单片机的样子

单片机封装以外形的包装形式不同进行分类，常见的有双列直插式（DIP 封装）、塑料 J 形引脚芯片载体（PLCC 封装）和塑料方型扁平式（PQFP 封装）等，如图 1.2 所示。

(a) DIP封装 (b) PLCC封装 (c) PQFP封装

图 1.2 单片机的外观图

DIP 封装属于插片式，是最常用的封装形式，插拔或焊接方便，容易加工，体积较大，适合制作样机调试使用。DIP 封装的缺口侧圆形标记处为 1 脚，引脚按逆时针方向排列。

PLCC 封装和 PQFP 封装都属于表面贴装型，外形呈正方形。PLCC 封装的引脚从封装的四个侧面引出，呈丁字形，外形尺寸比 DIP 封装小得多，其中心正上方圆形标记处为 1 脚。与 PLCC 不同的是，PQFP 引脚通常呈翼形，体积最小，其缺口侧圆形标记处为 1 脚，适合批量生产时使用。

## 1.1.3 单片机的基本概念

单片机是指集成在一个芯片上的微型计算机，也就是把组成微型计算机的各种功能部件，包括 CPU（Central Processing Unit）、随机存取存储器 RAM（Random Access Memory）、只读存储器 ROM（Read-Only Memory）、基本输入/输出（Input/Output）接口电路、定时器/计数器等部件都制作在一块集成芯片上，构成一个完整的微型计算机，从而实现微型计算机的基本功能。单片机内部结构示意图如图 1.3 所示。

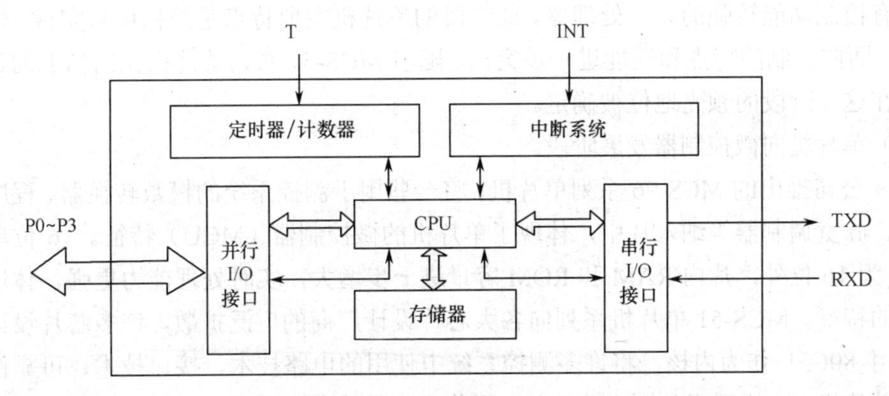


图 1.3 单片机内部结构示意图

单片机把微型计算机的各主要部分集成在一块芯片上，大大缩短了系统内信号传送距离，从而既降低了系统成本，又提高了系统的可靠性及运行速度。因而在工业测控领域中，由单片机为核心的控制系统得到广泛应用。单片机系统是典型的嵌入式系统，是嵌入式系统低端应用的最佳选择。

注意：单片机本身只是一个集成度高、功能强的电子器件，只有当它与某些器件或设备有机地结合在一起时才构成了单片机应用系统的硬件部分，配置适当的工作程序后，就可以构成一个真正的单片机应用系统，完成特定的任务。

# 任务 1.2　单片机的发展历史及发展趋势

## 1.2.1　单片机的发展历史

单片机作为微型计算机的一个重要分支，应用面很广，发展很快。如果将 8 位单片机的推出作为起点，那么单片机的发展历史大致可分为以下几个阶段。

（1）单片机的探索阶段。

20 世纪 70 年代，美国的仙童（Fairchild）公司首先推出了第一款单片机 F-8，随后 Intel 公司推出了影响面更大、应用更广的 MCS-48 系列单片机。这一时期的单片机功能较差，一般都没有串行 I/O 接口，几乎不带 A/D、D/A 转换器，中断控制和管理能力也较弱，并且寻址空间的范围小（小于 8KB）。MCS-48 系列单片机的推出标志着工业控制领域进入了智能化嵌入式应用的芯片形态的计算机的探索阶段。

（2）单片机的完善阶段。

1980 年，英特尔（Intel）公司在 MCS-48 基础上推出了完善的、典型的单片机系列 MCS-51。该系列单片机在芯片内集成有 8 位 CPU、4KB 的程序存储器、128B 的数据存储器、4 个 8 位并行口、一个全双工串行口、2 个 16 位定时/计数器，寻址范围为 64KB，并集成有控制功能较强的布尔处理器。此阶段的单片机主要特点是结构体系完善，性能大大提高，面向控制的特点和性能进一步突出。随着 MCS-51 系列单片机在结构上的逐渐完善，它在这一阶段的领先地位被确定。

（3）单片机向微控制器发展阶段。

Intel 公司推出的 MCS-96 系列单片机，将一些用于测控系统的模数转换器、程序运行监视器、脉宽调制器等纳入片中，体现了单片机的微控制器（MCU）特征。16 位单片机除 CPU 为 16 位外，片内 RAM 和 ROM 容量进一步增大，实时处理能力更强，体现了微控制器的特征。MCS-51 单片机系列向各大芯片设计厂商的广泛扩散，许多芯片设计厂商竞相使用 80C51 作为内核，将许多测控系统中使用的电路技术、接口技术、可靠性技术应用到单片机中，增强了外围电路功能，强化了智能控制的特征。微控制器成为单片机较为准确表达的名词。

（4）微控制器的全面发展阶段。

单片机发展到这一阶段，表明单片机已成为工业控制领域中普遍采用的智能化控制工具。为满足不同的要求，出现了高速、大寻址范围、强运算能力和多机通信能力的8位、16位、32位通用型单片机，以及小型廉价、外围系统集成的专用型单片机，还有功能全面的片上单片机系统（System on Chip，SoC），单片机技术进入了全面发展的阶段。

## 1.2.2 单片机的发展趋势

### 1. CPU的发展

（1）采用双CPU结构，提高处理能力。

片内有两个CPU能同时工作，可以更好地处理外围设备的中断请求，克服单CPU在多重高速中断响应时的失效问题。同时，由于双CPU可以共享存储器和I/O接口的资源，因此，还可更好地解决信息通信问题。

（2）增加数据总线宽度，内部采用16位数据总线。

### 2. 片内存储器的发展

（1）加大存储容量。MCS-51系列单片机中集成有4KB的ROM存储器、128B的RAM存储器，在很多场合下，存储器的容量不够，必须外接芯片，进行扩展。为了简化单片机应用系统的结构，应该加大片内存储器的容量。目前，单片机内部ROM的容量已可达64KB，RAM最大为2KB。早期单片机的片内存储器，一般RAM为64～128B，ROM为1～2KB，寻址范围为4KB。新型单片机片内RAM为256B，ROM多达16KB。

（2）片内EPROM开始EEPROM化。

早期单片机内ROM有的采用可擦式的只读存储器EPROM，然而EPROM必须高压编程，紫外线擦除，给使用带来不便。近年来，推出的电擦除可编程只读存储器EEPROM可在正常工作电压下进行读写，并能在断电的情况下，保持信息不丢失。因此，有些厂家已开始用EEPROM替代原来的片内EPROM。

（3）闪速存储器。

随着CMOS工艺的改进和提高，闪速存储器在不断发展和完善，应用越来越广、容量越来越大、价格越来越低，闪存技术在各个领域得到应用。如ATMEL公司将闪存技术应用到单片机中，生产出了带闪速存储器的AT89系列。对一些小系统，外部可以不用扩展存储芯片，从而使得只用单片机就能构成一个完整的控制系统。

（4）串行存储器。

$I^2C$总线的快速发展，使得串行数据存储器在容量和存储速度上有了很大的提高，由于它体积小、口线少、价格低，因而也得到了广泛的应用。

（5）片内程序的保密措施。

为了使片内EPROM（或EEPROM）内容不被复制，一些厂家对片内EPROM（或EEPROM）采用加锁技术。如Intel公司8X252，加锁后的EPROM（或EEPROM）中的程序只能供片内CPU读取，不能从片外读取，否则必须先开锁，开锁时，CPU先自动擦除EPROM（或EEPROM）中的信息，从而达到程序保密的目的。

### 3．片内 I/O 的改进

（1）增加并行口的驱动能力，能直接输出大电流和高电压。
（2）增加 I/O 口的逻辑控制功能。
（3）设置了一些特殊的串行接口功能，构成分布式、网络化系统。

### 4．外围电路内装化

随着集成度的不断提高，众多的各种外围功能器件都可以集成在片内。片内集成的部件有模/数转换器、DMA 控制器、声音发生器、监视定时器、液晶显示驱动器、彩色电视机和录像机用的锁相电路等。

### 5．低功耗化

自 20 世纪 80 年代中期以来，NMOS 工艺单片机逐渐被 CMOS 工艺代替，功耗得以大幅度下降，随着超大规模集成电路技术由 3μm 工艺发展到 1.5μm、1.2μm、0.8μm、0.5μm、0.35μm 近而实现 0.2μm 工艺，全静态设计使时钟频率从直流到数十兆任选，这些都使功耗不断下降。现在，几乎所有的单片机都有待机、掉电等省电运行方式。

### 6．内固化应用软件和系统软件

将一些应用软件和系统软件固化于片内 ROM 中，以便简化用户应用程序的编制工作，为用户开发和应用提供方便。

总之，单片机今后将向高性能、高速、低压、低功耗、低价格、存储容量增大、外围电路内装化等方向发展。

## 任务 1.3 单片机的产品分类

按照单片机数据总线的位数，我们可以把单片机分为 4 位、8 位、16 位和 32 位机。

4 位单片机的控制功能较弱，CPU 一次只能处理 4 位二进制数。这类单片机常用于计算器、各种形态的智能单元以及作为家用电器中的控制器。

8 位单片机是目前品种最为丰富，应用最为广泛的单片机，具有体积小、功耗低、功能强、性价比高、易于推广应用等显著优点。代表产品有 Intel 公司的 MCS-48 系列和 MCS-51 系列、Microchip 公司的 PIC 系列、ATMEL 公司研发的 AVR 系列等。8 位单片机在自动化装置、智能仪器仪表、过程控制、通信、家用电器等许多领域得到广泛应用。

16 位单片机是在 1983 年以后发展起来的。典型产品有 Intel 公司的 MCS-96/98 系列、Motorola 公司的 M68HC16 系列、NS 公司的 783XX 系列、TI 公司的 MSP430 系列等。16 位机主要应用于工业控制、智能仪器仪表、便携式设备等场合。其中 TI 公司的 MSP430 系列以其超低功耗的特性广泛应用于低功耗场合。

32 位单片机的字长为 32 位，是单片机的顶级产品，具有极高的运算速度。目前市面上常见的 ARM 处理器架构，可分为 ARM7、ARM9 以及 ARM11。这类单片机主要应用于汽车、航空航天、高级机器人、军事装备等方面。它代表着单片机发展中的高、新技术水平。

我们通常按照单片机的生产厂家分为不同系列的单片机，下面分别进行介绍。

### 1. MCS-51 系列单片机

MCS-51 系列单片机是 Intel 公司在 1980 年推出的高性能 8 位单片机。它可分为两个子系列 4 种类型，如表 1.1 所示。

表 1.1　MCS-51 系列单片机分类

| 资源配置／子系列 | 片内 ROM 的形式 | | | | 片内 ROM 容量 | 片内 RAM 容量 | 定时器与计数器 | 中断源 |
|---|---|---|---|---|---|---|---|---|
| | 无 | ROM | EPROM | EEPROM | | | | |
| 8X51 系列 | 8031 | 8051 | 8751 | 8951 | 4KB | 128B | 2×16 | 5 |
| 8XC51 系列 | 80C31 | 80C51 | 87C51 | 89C51 | 4KB | 128B | 2×16 | 5 |
| 8X52 系列 | 8032 | 8052 | 8752 | 8952 | 8KB | 256B | 3×16 | 6 |
| 8XC252 系列 | 80C232 | 80C252 | 87C252 | 89C252 | 8KB | 256B | 3×16 | 7 |

按资源的配置数量，MCS-51 系列分为 51 和 52 两个子系列，其中 51 子系列是基本型，而 52 子系列属于增强型。52 子系列作为增强型产品，由于资源数量的增加，使芯片的功能有所增强。如片内 ROM 的容量从 4KB 增加到 8KB，片内 RAM 的单元数从 128B 增加到 256B，定时器/计数器的数目从 2 个增加到 3 个，中断源从 5 个增加到 6 个等。

单片机配置的片内程序存储器 ROM 可分为以下 4 种。

（1）片内掩模 ROM（如 8051），它是利用掩模工艺制造而成的，一旦生产出来，其内容便不能更改，因此只适合于存储成熟的固定信息，大批量生产时，成本很低。

（2）片内 EPROM（如 8751），这种存储器可由用户按规定的方法多次编程，若编程之后想修改，可用紫外线灯制作的擦抹器照射 20min 左右，存储器复原，用户可再编程，这对于研制和开发系统特别有利。

（3）片内无 ROM（如 8031），使用 8031 时必须外接 EPROM，单片机扩展灵活，适用于研制新产品。

（4）EEPROM（或 FlashROM）（如 89C51），其片内 ROM 可电擦除，使用更方便。

**注意：** *本教材就是以 MCS-51 系列单片机为主要学习对象。*

### 2. 80C51 系列单片机

80C51 是 MCS-51 系列中的一个典型品种，其他厂商生产的与 80C51 兼容的单片机统称为 80C51 系列，如 Philips、Siemens（Infineon）、Dallas、ATMEL 等。近年来，80C51 系列又有了许多发展，推出了一些新产品，主要是改善单片机的控制功能，如内部集成了高速 I/O 口、ADC、PWM、WDT 等，以及低电压、微功耗、电磁兼容、串行扩展总线和控制网络总线性能等。

ATMEL 公司研制的 89CXX 系列是将 Flash Memory（EEPROM）集成在 80C51 中，作为用户程序存储器，并不改变 80C51 的结构和指令系统。

Philips 公司的 83/87CXX 系列不改变 80C51 的结构、指令系统，省去了并行扩展总线，属于非总线的廉价性单片机，特别适合于家电产品。

Infineon（原 Siemens 半导体）公司推出的 C500 系列单片机在保持与 80C51 兼容的前提下，增强了各项性能，尤其是增强了电磁兼容性能，增加了 CAN 总线接口，特别适用于工业控制、汽车电子、通信和家电领域。

鉴于 80C51 系列单片机在硬件方面的广泛性、代表性和先进性以及指令系统的兼容性，将其作为本教材的学习对象；至于其他类型的单片机，在深入学习和掌握了 80C51 单片机之后再去学习已不是什么难事。

### 3. 其他常用单片机系列

当今单片机厂商琳琅满目，单片机产品性能各异。在准备单片机开发时，首先要了解市场上常用的单片机系列概况。生产 80C51 系列单片机的厂家除了前面提到的公司外，还有美国的 Microchip 公司、TI 公司、意法 ST 公司，还有日本以及中国台湾地区的系列产品也都有一定特色。这些厂家除了生产单片机外，一般都开发有其他系列的产品。

（1）Atmel 公司的 AVR 系列。

AVR 系列单片机是 Atmel 公司为了充分发挥其 Flash 的技术优势，在 1997 年推出的全新配置的精简指令集（RISC）单片机，简称 AVR。该系列单片机一进入市场，就以其卓越的性能而大受欢迎。通过这几年的发展，AVR 单片机已形成系列产品，其 Attiny 系列、AT90S 系列与 Atmega 系列分别对应为低、中、高档产品（高档产品含 JTAGICE 仿真功能）。

AVR 系列单片机的主要优点如下：

① 程序存储器采用 Flash 结构，可擦写 1000 次以上，新工艺的 AVR 器件，其程序存储器擦写可达 1 万次以上。

② 有多种编程方式。AVR 程序写入时，可以并行写入（用万用编程器），也可用串行 ISP（通过 PC 的 RS232 口或打印口）在线编程擦写。

③ 多累加器型、数据处理速度快，超功能精简指令。它具有 32 个通用工作寄存器，相当于有 32 条立交桥，可以快速通行。AVR 系列单片机中有 128B 到 4KB 的 SRAM（静态随机数据存储器），可灵活使用指令运算，存放数据。

④ 功耗低，具有休眠省电功能（POWERDOWN）及闲置（IDLE）低功耗功能。一般耗电在 1～2.5mA 之间，WDT 关闭时为 100nA，更适用于电池供电的应用设备。

⑤ I/O 口功能强、驱动能力大。AVR 系列单片机的 I/O 口是真正的 I/O 口，能正确反映 I/O 口输入、输出的真实情况。它既可以作三态高阻输入，又可设定内部拉高电阻作输入端，便于为各种应用特性所需。它具有大电流（灌电流）10～40mA，可直接驱动晶闸管 SSR 或继电器，节省了外围驱动器件。

⑥ 具有 A/D 转换电路，可作数据采集闭环控制。AVR 系列单片机内带模拟比较器，I/O 口可作 A/D 转换用，可以组成廉价的 A/D 转换器。

⑦ 有功能强大的计数器/定时器。计数器/定时器有 8 位和 16 位，可作比较器、计数器、外部中断，也可作 PWM，用于控制输出。有的 AVR 单片机有 3～4 个 PWM，是作电动机无级调速的理想器件。

（2）Microchip 公司的 PIC 系列。

Microchip 单片机是市场份额增长最快的单片机。它的主要产品是 PIC 系列 8 位单片机，它的 CPU 采用了精简指令集（RISC）结构的嵌入式微控制器，其高速度、低电压、低功耗、大电流 LCD 驱动能力和低价位 OTP 技术等都体现出单片机产业的新趋势。

PIC 8 位单片机产品共有 3 个系列，即基本级、中级和高级。用户可根据需要选择不同档次和不同功能的芯片。

基本级系列产品的特点是低价位，如 PIC16C5X，适用于各种对成本要求严格的家电产品。又如 PIC12C5XX 是世界上第一个 8 引脚的低价位单片机，因其体积很小，完全可以应用在以前不能使用单片机的家电产品中。

中级系列产品是 PIC 最丰富的品种系列。它对基本级产品进行了改进，并保持了很高的兼容性。外部结构也是多种的，有从 8 引脚到 68 引脚的各种封装，如 PIC12C6XX。该级产品的性能很高，如内部带有 A/D 转换器、EEPROM 数据存储器、比较器输出、PWM 输出、$I^2C$ 和 SPI 等接口。PIC 中级系列产品适用于各种高、中和低档的电子产品的设计。

高级系列产品如 PIC17CXX 单片机的特点是速度快，所以适用于高速数字运算的应用场合，加之它具备一个指令周期内（160ns）可以完成 8×8（位）二进制乘法运算能力，所以可取代某些 DSP 产品。再有 PIC17CXX 单片机具有丰富的 I/O 控制功能，并可外接扩展 EPROM 和 RAM，使它成为目前 8 位单片机中性能最高的机种之一，所以适用于高、中档的电子设备。

（3）Motorola 公司的单片机。

Motorola 公司是世界上最大的单片机厂商，该公司的特点是品种全、选择余地大、新产品多，在 8 位机方面有 68HC05 和升级产品 68HC08，68HC05 有 30 多个系列，200 多个品种，产量已超过 20 亿片。8 位增强型单片机 68HC11 也有 30 多个品种，年产量在 1 亿片以上。升级产品有 68HC12。16 位机 68HC16 也有 10 多个品种。32 位单片机的 683XX 系列也有几十个品种。

Motorola 单片机的特点之一是在同样速度下所用的时钟频率较 Intel 类单片机低很多，因而使得高频噪声低、抗干扰能力强，更适合用于工控领域及恶劣的环境。Motorola 8 位单片机过去的策略是以掩模为主，最近推出了 OTP 计划以适应单片机发展新趋势。

由于 Motorola 单片机产品以前主要是以掩模为主，不太适合于教学，所以始终没有被选做教学用机型。

## 任务 1.4 单片机的特点及应用领域

### 1.4.1 单片机的特点

与通用微机相比较，单片机在结构、指令设置上均有其独特之处，主要特点如下：

（1）单片机的存储器 ROM 和 RAM 是严格区分的。ROM 称为程序存储器，只存放程序、固定常数及数据表格。RAM 则为数据存储器，用做工作区及存放用户数据。这样的结构主要是考虑到单片机用于控制系统中，有较大的程序存储器空间，把开发成功的程序固化在 ROM 中，而把少量的随机数据存放在 RAM 中。这样，小容量的数据存储器能以高速 RAM 形式集成在单片机片内，以加速单片机的执行速度。但单片机内的 RAM 是作为数据存储器用，而不是作为高速缓冲存储器（Cache）用的。

（2）采用面向控制的指令系统。为满足控制的需要，单片机有更强的逻辑控制能力，特别是单片机具有很强的位处理能力。

（3）单片机的 I/O 引脚通常是多功能的。由于单片机芯片上引脚数目有限，为了解决实际引脚数和需要的信号线的矛盾，采用了引脚功能复用的方法，引脚处于何种功能，可由指令来设置或由机器状态来区分。

（4）单片机的外部扩展能力很强。在内部的各种功能部件不能满足应用需求时，均可在外部进行扩展（如扩展 ROM、RAM，I/O 接口，定时器/计数器，中断系统等），与许多通用的微机接口芯片兼容，给应用系统设计带来极大的方便。

单片机在控制领域中还有以下几方面的优点：

（1）体积小、成本低、运用灵活、易于产品化，能方便地组成各种智能化的控制设备和仪器，做到机电一体化。

（2）面向控制，能针对性地解决从简单到复杂的各类控制任务，因而能获得最佳的性能价格比。

（3）抗干扰能力强，适用温度范围宽，在各种恶劣的环境下都能可靠地工作，这是其他类型计算机无法比拟的。

（4）可以方便地实现多机和分布式控制，使整个控制系统的效率和可靠性大为提高。

**注意：**小型、灵活、方便、经济就是单片机的主要特点。

### 1.4.2 单片机的应用领域

单片机广泛应用于仪器仪表、家用电器、医用设备、航空航天、专用设备的智能化管理及过程控制等领域，大致可分如下几个范畴。

（1）在智能仪器仪表上的应用。

单片机具有体积小、功耗低、控制功能强、扩展灵活、微型化和使用方便等优点，广泛应用于仪器仪表中，结合不同类型的传感器，可实现诸如电压、功率、频率、湿度、温度、流量、速度、厚度、角度、长度、硬度、元素、压力等物理量的测量。采用单片机控制使得仪器仪表数字化、智能化、微型化，且功能比起采用电子或数字电路更为强大，如精密的测量设备（功率计、示波器、各种分析仪）。

（2）在工业控制中的应用。

用单片机可以构成形式多样的控制系统、数据采集系统。例如，工厂流水线的智能化管理，电梯智能化控制、各种报警系统，与计算机联网构成二级控制系统等。

（3）在家用电器中的应用。

可以这样说，现在的家用电器基本上都采用了单片机控制，从电饭煲、洗衣机、电冰箱、空调机、彩电、其他音响视频器材到电子称量设备，五花八门，无所不在。

（4）在计算机网络和通信领域中的应用。

现代的单片机普遍具备通信接口，可以很方便地与计算机进行数据通信，为在计算机网络和通信设备间的应用提供了极好的物质条件，现在的通信设备基本上都实现了单片机智能控制，从手机、电话机、小型程控交换机、楼宇自动通信呼叫系统、列车无线通信到日常工作中随处可见的移动电话，集群移动通信，无线电对讲机等。

（5）单片机在医用设备领域中的应用。

单片机在医用设备中的用途也相当广泛，如医用呼吸机，各种分析仪、监护仪、超声诊断设备及病床呼叫系统等。

（6）在各种大型电器中的模块化应用。

某些专用单片机设计用于实现特定功能，从而在各种电路中进行模块化应用，而不要求使用人员了解其内部结构。如音乐集成单片机，看似简单的功能，微缩在纯电子芯片中（有别于磁带机的原理）就需要复杂的类似于计算机的原理。如音乐信号以数字的形式存于存储器中（类似于 ROM），由微控制器读出，转化为模拟音乐电信号（类似于声卡）。在大型电路中，这种模块化应用极大地缩小了体积，简化了电路，降低了损坏、错误率，也便于更换。

## 项目小结

本项目主要介绍了单片机的概念、发展、产品分类、特点及应用领域，通过四个任务完成了对单片机的认识。

单片机在一块超大规模芯片上，集成了一部完整微机的全部基本单元，具有很高的性价比和相当小的体积，广泛应用于仪器仪表、家用电器、医用设备、航空航天、专用设备的智能化管理及过程控制等领域。

单片机的发展经历了“探索”、“完善”、“MCU 化”、“全面发展”四个阶段，并将进一步向着 CMOS 化、低功耗、小体积、低价格、大容量、高性能、外围电路内装化（嵌入式）和串行扩展技术等方向发展。

## 思考与训练

### （一）知识思考

1．什么是单片机？单片机由哪些基本部件组成？

2．单片机的发展经历了哪些阶段？

3．单片机有哪些特点？主要应用在哪些领域？

4．举例说出单片机的用途。

5．MCS-51 系列单片机有哪些产品？它们各有哪些差异？你认为我们应选用哪个产品作为典型学习较合适？

（二）项目训练

1．列举两个你身边使用单片机的例子。

2．详细叙述一个电子产品的单片机控制过程。

项目2

# 用单片机开发环境进行项目设计

## 学习目标

- 了解 Keil C51 和 Proteus 的安装步骤；
- 熟练掌握 Keil C51 集成开发环境的使用方法；
- 熟练掌握 Proteus 软件的使用方法。

## 工作任务

- 介绍 Keil C51 软件的安装；
- 叙述用 Keil C51 软件创建工程的步骤；
- 用 Keil C51 软件完成单片机程序的编译和调试；
- 介绍 Proteus 软件的安装；
- 叙述 Proteus 软件的使用方法；
- 用 Proteus 软件设计单片机电路。

## 项目引入

单片机在控制、测量领域有着广泛的应用，单片机应用系统的设计主要由硬件和软件两部分组成，而这两部分通过调试最终实现一个完整的系统功能。在调试过程中，开发环境可以对电路和程序进行纠错、调试和运行，掌握单片机开发环境的使用是学习单片机的第一步。

本项目从安装与配置 Keil C51 和 Proteus 开始，手把手教学生建立单片机开发环境，通过项目实例引领大家进入开发环境，体验 Keil C51 集成开发环境和 Proteus 硬件仿真环境的使用方法。

本项目包含两个任务：用 Keil C51 开发环境进行软件设计；用 Proteus 仿真环境进行硬件设计。

# 任务 2.1 用 Keil C51 开发环境进行软件设计

Keil C51 是美国 Keil Software 公司出品的 51 系列兼容单片机 C 语言软件开发系统。Keil C51 提供了包括 C 编译器、宏汇编、连接器、库管理及一个功能强大的仿真调试器在内的完整开发方案，通过一个集成开发环境（uVision2）将这些部分组合在一起。uVision2 全是 Windows 界面，只要看一下编译后生成的汇编代码，就能体会到 Keil C51 生成的目标代码的效率之高，多数语句生成的汇编代码很紧凑，容易理解。在开发大型软件时更能体现高级语言的优势。

Keil 单片机集成开发软件可以运行在 Windows 98、Windows NT、Windows 2000、Windows XP 等操作系统上，掌握这一软件的使用对于使用 51 系列单片机的爱好者来说是十分必要的。如果使用 C 语言编程，那么 Keil 是不二之选，即使不使用 C 语言而仅用汇编语言编程，其方便易用的集成环境、强大的软件仿真调试工具也会令你事半功倍。

## 任务准备

为了保证编译器和工具的正常工作，安装 uVision2 软件的计算机系统必须满足硬件和软件的最低配置，最低配置如下：

- Pentium、Pentium-II 或兼容 Pentium 以上；
- Windows 95、Windows 98、Windows NT4.0 或以上；
- 至少 16MB 内存；
- 硬盘至少有 20MB 磁盘空间。

## 任务操作

### 2.1.1 安装与配置 Keil C51

**1．任务要求**

在计算机上安装 uVision2 软件。

**2．任务分析**

根据任务要求，准备符合要求的计算机，按照正确的步骤安装 uVision2 软件。uVision2 软件有各种不同的版本，它们的功能基本相同，都能完成 51 单片机软件的编译和运行。

**3．任务设计**

我们以安装 Keil C51 V7.20 软件为例介绍如何安装 Keil C51 uVision2 集成开发环境。

（1）在 Keil C51 V7.20 软件的安装目录下双击安装软件“Setup.exe”，即开始安装 Keil

软件，如图 2.1 所示选择安装版本。如果购买了正版的 Keil C51 软件就选择“Full Version”，否则只能选择“Eval Version”安装评估版。

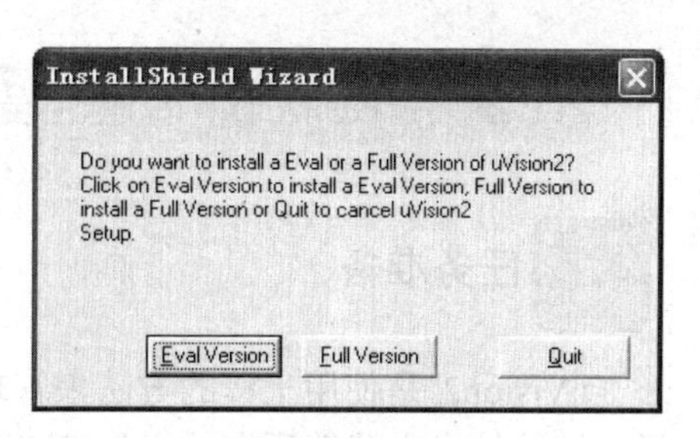


图 2.1 选择安装版本

（2）在此后弹出的几个对话框中，单击“Next”按钮，这时会弹出如图 2.2 所示的安装路径设置对话框，默认路径为 C: \Keil，用户也可以单击“Browse”按钮选择适合自己的安装目录，确认后单击“Next”按钮。

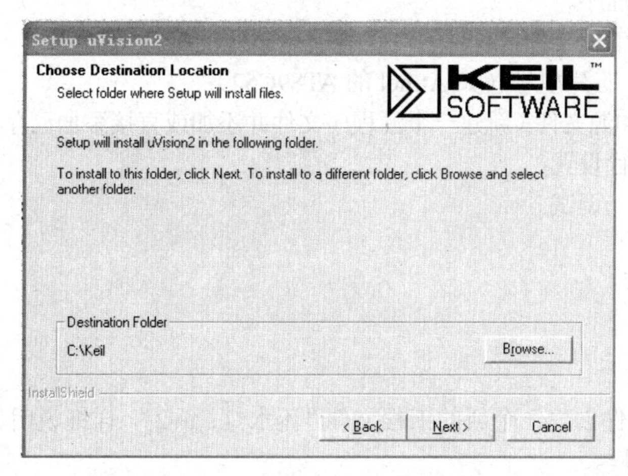


图 2.2 安装路径设置对话框

（3）输入序列号、姓名和公司名等用户信息，如图 2.3 所示。输入正版 SN 码，“First Name”、“Last Name”、“Company Name”文本框可以任意填写，确认后单击“Next”按钮（安装评估板时不需要序列号和写入标志），等待安装完成。

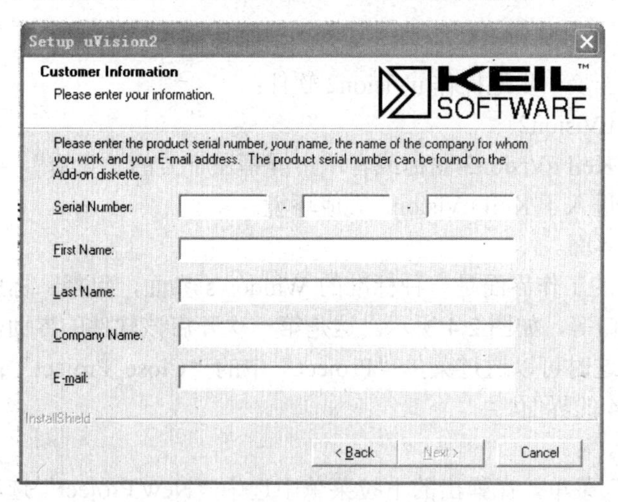


图 2.3 输入个人信息对话框

（4）在接下来的几个对话框中，单击“Next”按钮，程序就会开始安装，安装完毕后，单击“Finish”按钮加以确认。此时可以在桌面上看到 Keil uVision2 软件的快捷图标，双击它就可以进入 uVision2 集成开发环境。

## 2.1.2 用 Keil C51 创建工程

### 任务准备

uVision2 是使用工程的方法来管理文件，源程序（C 程序、汇编程序）、头文件以及说明性的技术文档等所有的文件都由工程来统一管理。通常采用以下的基本操作步骤来创建一个自己的应用程序。

（1）新建一个工程文件；

（2）选择 CPU 芯片型号（如 Atmel 的 AT89C52）；

（3）为工程添加源文件（新建一个源程序文件并添加或直接添加已存在的源程序文件）；

（4）对工程进行设置；

（5）程序编译、调试。

### 任务操作

#### 1. 任务要求

用 uVision2 软件创建一个新的工程文件“流水灯．uv2”，详细说明如何建立一个 Keil C51 应用程序的过程。

#### 2. 任务分析

根据任务要求，需要熟悉 uVision2 软件的实际操作步骤，才能正确地设计一个软件工程并编译软件。

#### 3. 任务设计

下面，我们来一步一步地操作 uVision2 软件：

（1）启动 Keil uVision2。

双击桌面上的 Keil uVision2 图标或者单击屏幕左下方的“开始”→“程序”→“Keil uVision2”，随后就进入了 Keil uVision2 集成环境。

（2）进入工作界面。

Keil uVision2 的工作界面是一种标准的 Windows 界面，包括：标题栏、主菜单、标准工具栏、代码窗口等，如图 2.4 所示。这是第一次开启该软件的界面，以后开启的界面可能有工程文件，这时可以通过菜单“Project”中的“Close Project”命令，关闭该工程文件，返回到图 2.4 的界面。

（3）新建工程。

单击“Project”菜单，在弹出的下拉菜单中选中“New Project”选项，建立一个新的 uVision2 工程，这时会弹出工程文件保存对话框。

在如图 2.5 所示新建工程对话框中，我们需要给自己的工程取一个名称，工程名应便于记忆且文件名不宜太长；选择工程存放的路径，工程文件的扩展名为.uv2。在完成所有的输入和选择后，单击“保存”按钮，即建立新的工程。

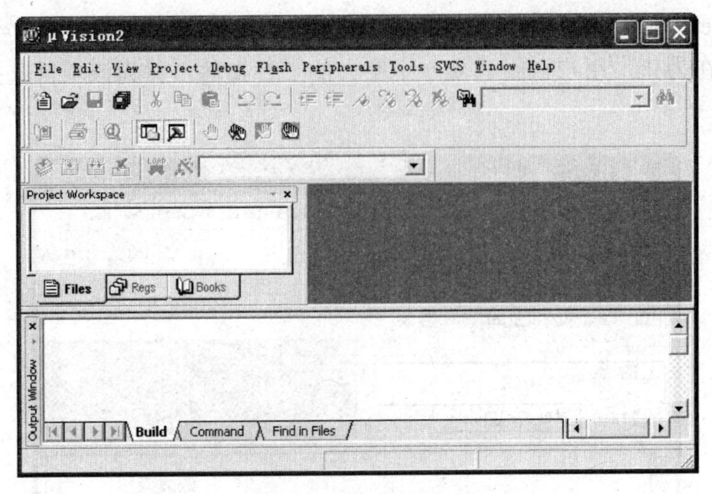


图 2.4　工作界面

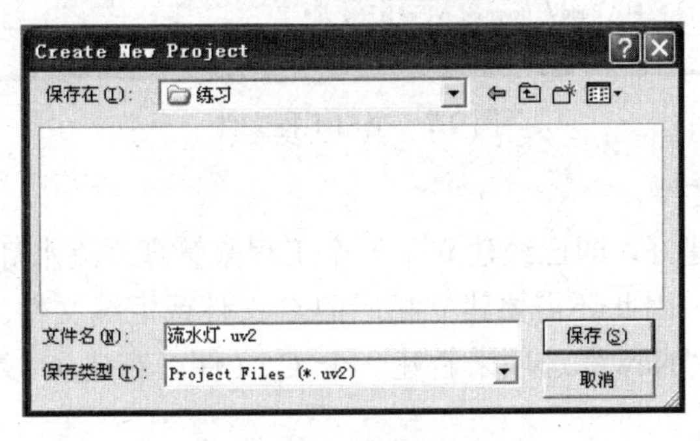


图 2.5　新建工程对话框

（4）CPU 型号的选择。

在工程建立完成后，会立即弹出如图 2.6 所示的器件选择对话框。用户可以先选择生产厂家，再从展开的型号列表中，选择调试样机所用的 8051 系列芯片型号。在型号列表的右侧有当前选中的 CPU 的特性说明，从中可以了解芯片的基本特性。用户也可以通过“Project”

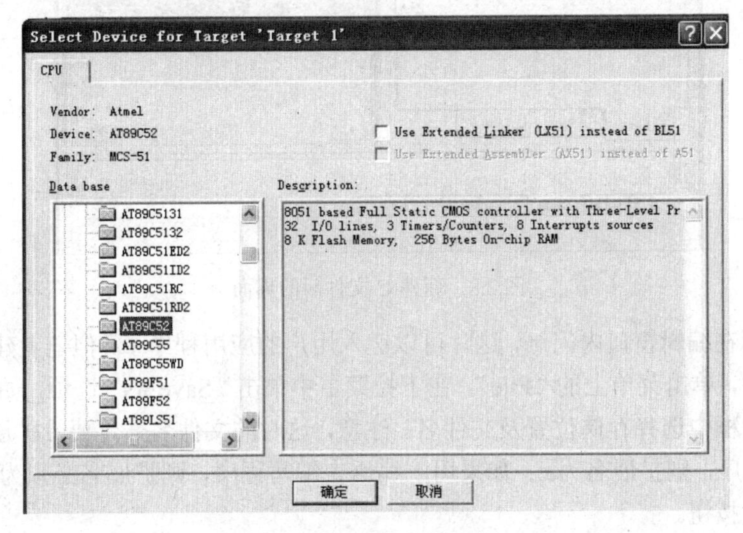


图 2.6　器件选择对话框

菜单下的“Select Device for Target ‘Target l’”命令，随时更改CPU的型号。

（5）到现在为止，用户已经建立一个空白的工程文件，并为该项目选择好了 CPU。如图2.7所示。

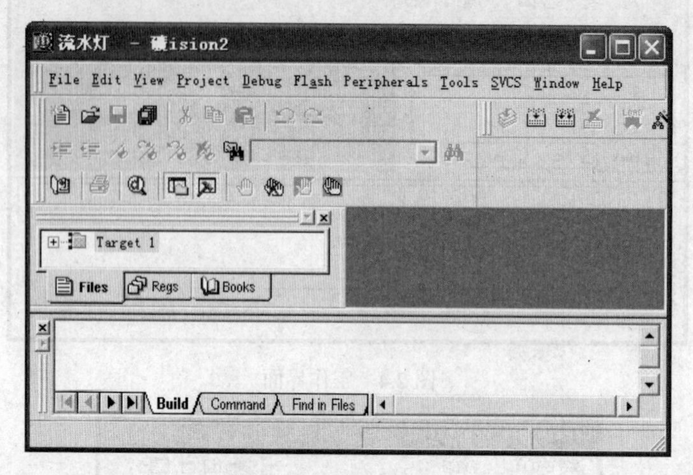


图2.7　空白工程文件

（6）新建源程序文件。

工程虽然已经创建好，即已经建立了一个工程来管理“流水灯”这样一个项目，但我们还没写一行程序，因此还需要建立相应的C文件或汇编文件。单击“File”菜单，再在下拉菜单中单击“New”选项来新建一个 C 文件。新建 C 文件后的界面如图 2.8 所示。

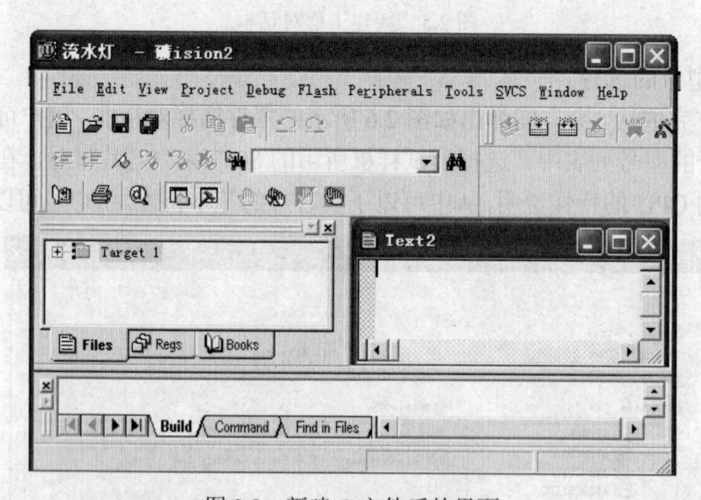


图2.8　新建C文件后的界面

此时光标在编辑窗口内闪烁，这时可以键入用户的应用程序了，但笔者建议首先保存该空白的文件，单击菜单上的“File”，在下拉菜单中单击“Save As”选项，如图2.9所示，在弹出的对话框中选择存储位置及文件名。注意，这时的文件名一定要带扩展名，如果用C语言编写程序，则扩展名为.c；如果用汇编语言编写程序，则扩展名必须为.asm。然后，单击“保存”按钮。

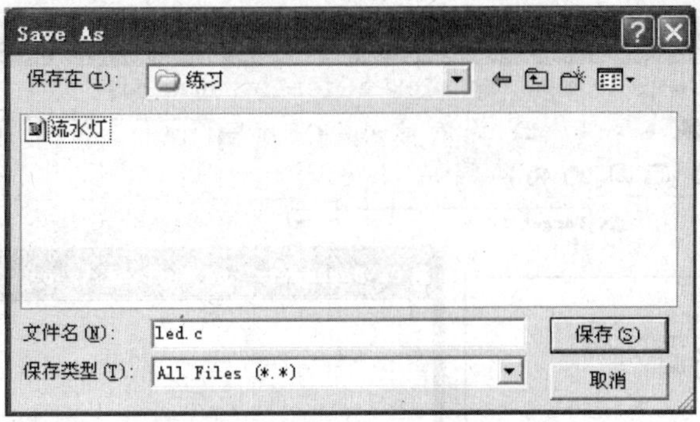

图 2.9　保存文件对话框

（7）添加文件到工程。

这时只是建立了源程序文件而已，我们必须将它添加到“流水灯.uv2”中。单击工程窗“Target 1”前面的“+”号，在展开的“Source Group 1”上单击鼠标右键，选择“Add Files to Group ‘Source Group 1’”命令（如图 2.10 所示）后会弹出如图 2.11 所示的添加 C 文件的对话框。选中“led”，然后单击“Add”按钮，如图 2.12 所示。

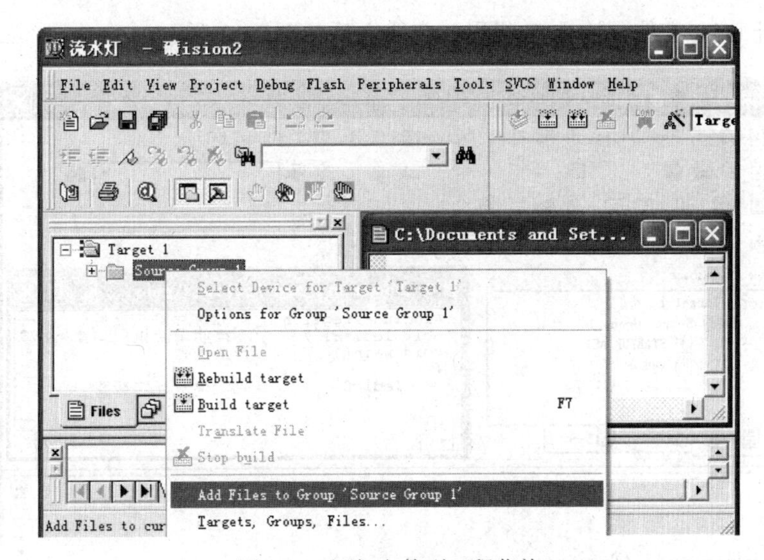


图 2.10　添加文件到工程菜单

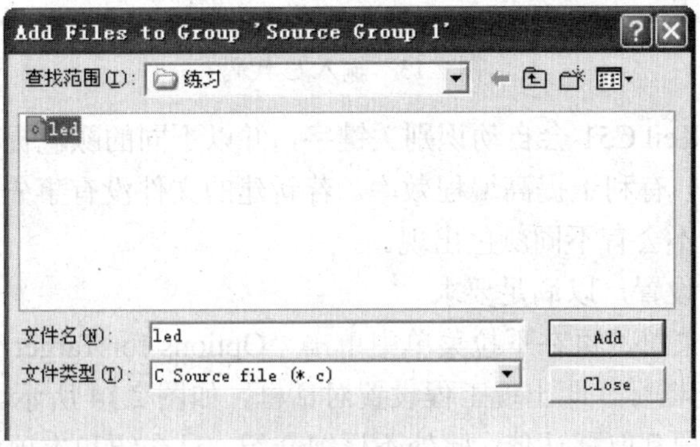

图 2.11　添加 C 文件的对话框

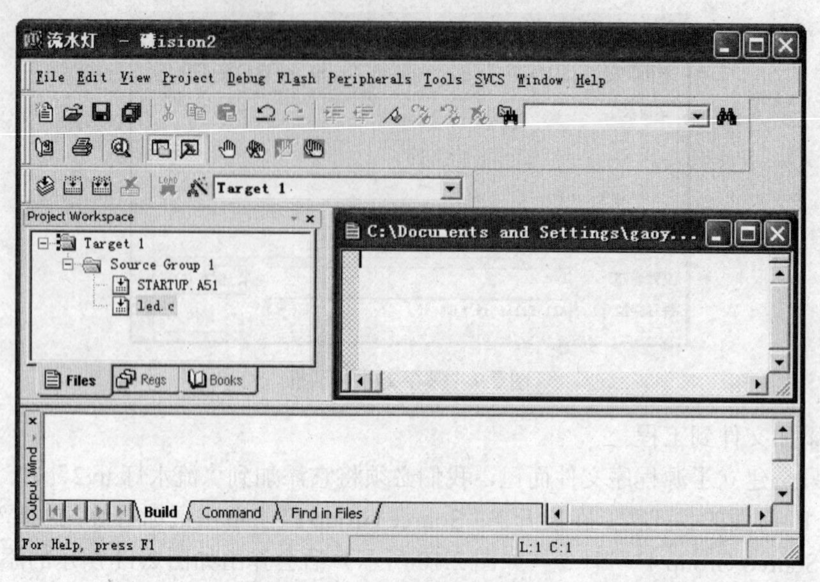


图 2.12　添加完成后的界面

（8）打开 led.c 文件，输入 C 代码，完成之后如图 2.13 所示。

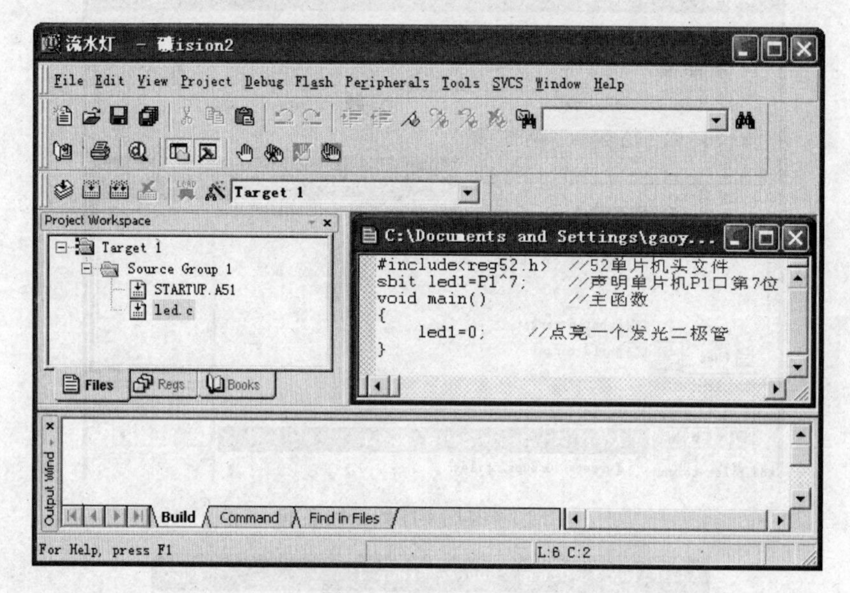


图 2.13　输入 C 代码

在输入程序时，Keil C51 会自动识别关键字，并以不同的颜色提示用户加以注意，这样会使用户少犯错误，有利于提高编程效率。若新建的文件没有事先保存，Keil 是不会自动识别关键字的，也不会有不同颜色出现。

（9）对工程进行设置，以满足要求。

单击“Project”菜单，再在下拉菜单中单击“Options for Target ‘target1’”或者直接单击工具栏的快捷图标，即出现工程设置对话框，如图 2.14 所示。这个对话框共有 10 个页面，大部分设置项都取默认值，此处不详细介绍，只介绍和本项目相关的两个页面的设置方法。

Options for Target 'Target 1'
Device | Target | Output | Listing | C51 | A51 | BL51 Locate | BL51 Misc | Debug | Utilities
Atmel AT89C52
Xtal (MHz): 24.0
Use On-chip ROM (0x0-0x1FFF)
Memory Model: Small: variables in DATA
Code Rom Size: Large: 64K program
Operating: None
Off-chip Code memory
Start: Size:
Eprom
Eprom
Eprom
Off-chip Xdata memory
Start: Size:
Ram
Ram
Ram
Code Banking
Start: End:
Banks: 2
Bank Area: 0x0000 0x0000
'far' memory type support
Save address extension SFR in interrupt
确定　取消　Defaults

图 2.14　工程设置对话框

在“Target”页面中，更改晶振频率（如改成 12MHz 晶振），如图 2.15 所示。接下来在“Output”页面中选中“Create HEX File”选项，使程序编译后产生 HEX 代码，以便在 Proteus 里加载可执行代码，如图 2.16 所示。

Options for Target 'Target 1'
Device | Target | Output | Listing | C51 | A51 | BL51 Locate | BL51 Misc | Debug | Utilities
Atmel AT89C51
Xtal (MHz): 12.0
Use On-chip ROM (0x0-0xFFF)
Memory Model: Small: variables in DATA

图 2.15　修改晶振频率

Options for Target 'Target 1'
Device | Target | Output | Listing | C51 | A51 | BL51 Locate | BL51 Misc | Debug | Utilities
Select Folder for Objects...
Name of Executable: 流水灯
Create Executable: .\流水灯
Debug Informatio
Browse Informati
Merge32K Hexfile
Create HEX Fi
HEX

图 2.16　生成可执行代码文件

至此，设置工作已完成，下面我们将编译、连接、生成可执行文件（.hex 的文件）。

（10）编译、连接、生成可执行文件。

依次单击如图 2.17 所示图标，如果没有语法错误，将会生成可执行文件，即本例可执行文件为“流水灯.hex”，如图 2.18 所示。

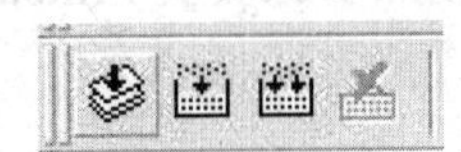

图 2.17　编译、连接、生成可执行文件图标

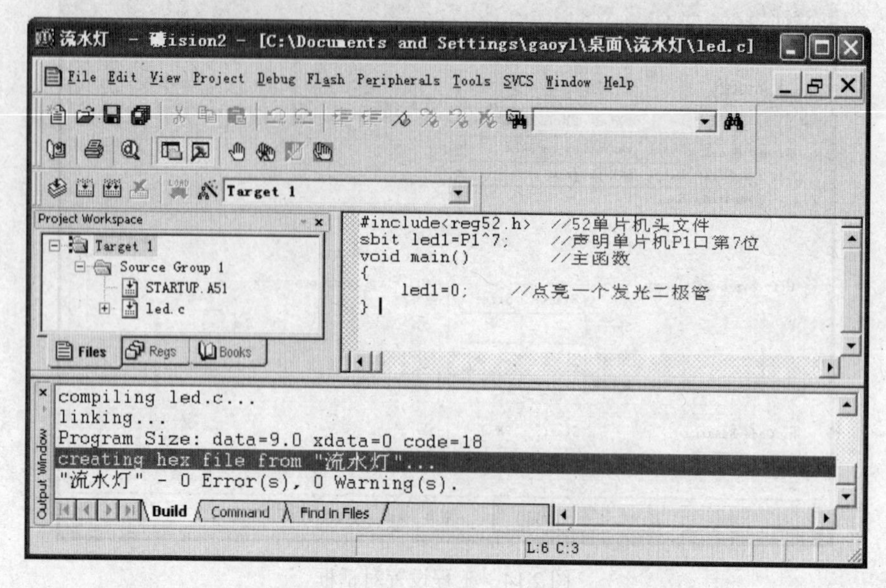


图 2.18　编译、连接、生成可执行文件后的界面

## 任务 2.2　用 Proteus 仿真环境进行硬件设计

英国 Labcenter Electronics 公司推出的 Proteus 软件，可以对基于微控制器的设计连同所有的周围电子器件一起仿真。用户甚至可以实时采用诸如 LED、键盘、RS232 终端等动态外设模型来对设计进行交互仿真。目前在单片机的教学过程中，Proteus 软件已越来越受到重视，并被提倡应用于单片机数字实验室的构建之中。下面以 Proteus 7.7 为例，简单介绍 Proteus 软件的安装与使用。

任务操作

### 2.2.1　安装与配置 Proteus

#### 1．任务要求

在计算机上安装 Proteus 软件，以便设计和仿真单片机电路。

#### 2．任务分析

根据任务要求，准备计算机，按照步骤安装 Proteus 软件。

#### 3．任务设计

Proteus 软件按照以下步骤进行安装：

（1）打开安装文件夹，双击“pro-setup77”文件，开始安装，然后可以看到如图 2.19 的画面，单击“Next”按钮。

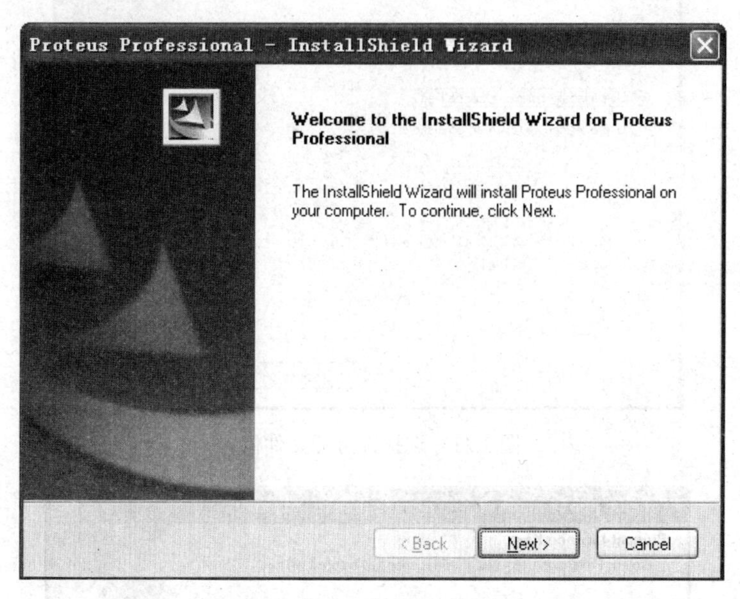


图 2.19　开始安装画面

（2）然后可以看到如图 2.20 所示对话框，单击“Yes”按钮接受协议。

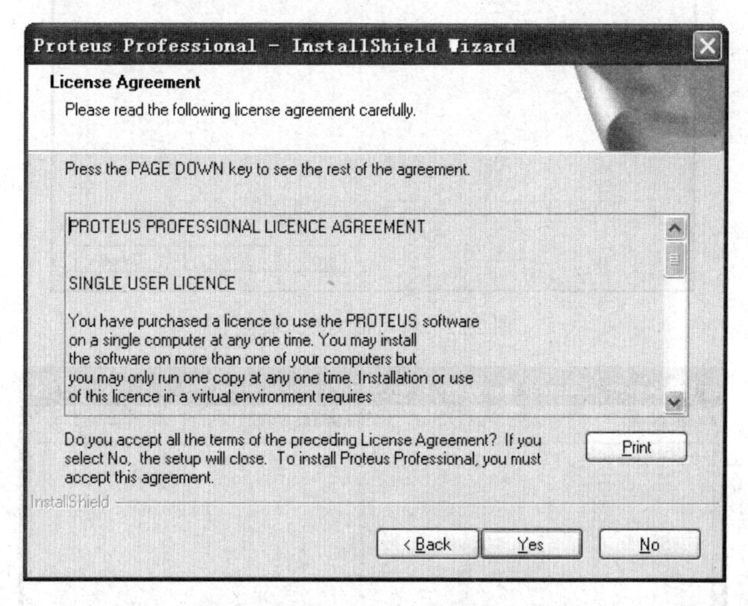


图 2.20　协议对话框

（3）在图 2.21 中选择“Use a locally installed Licence Key”，单击“Next”按钮。

（4）若是第一次安装 Proteus，就会出现如图 2.22 所示的对话框，单击“Next”按钮。

（5）单击“Next”按钮，此时出现如图 2.23 所示对话框，单击“Browse For Key File”按钮。

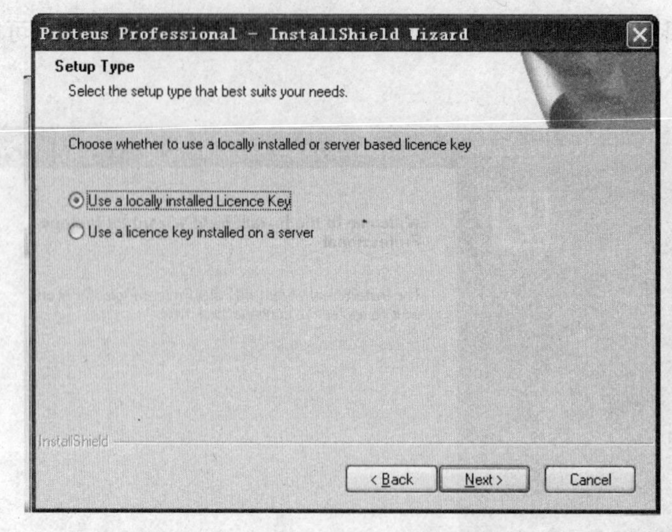


图 2.21 选择许可证文件位置

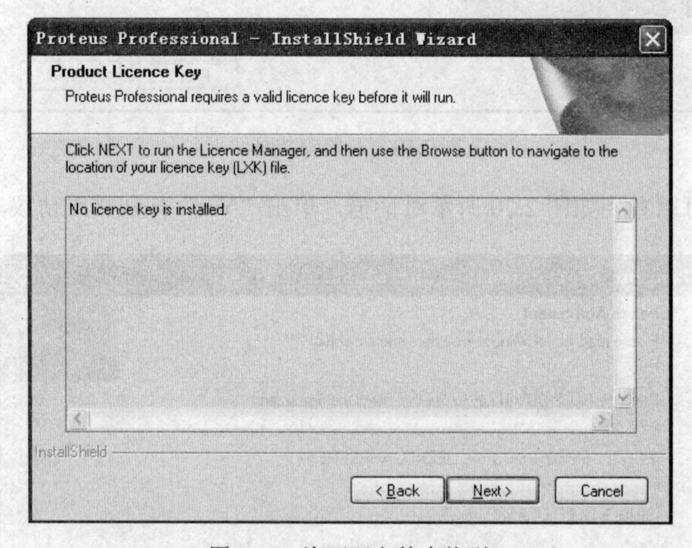


图 2.22 许可证文件未找到

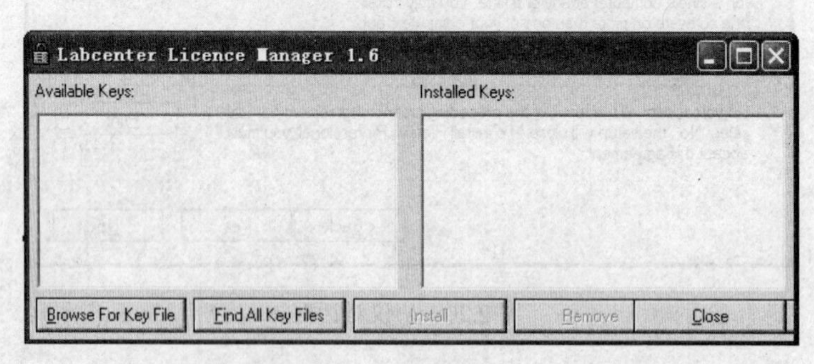


图 2.23 浏览许可证文件

（6）浏览刚才安装文件夹里面的“LICENCE.lxk”文件，双击该文件，出现如图 2.24 所示对话框，此时单击“Install”按钮。

Labcenter Licence Manager 1.6
Available Keys:
Installed Keys:
老王 (cqmib168@gmail.com)
ISIS Lite
ARES Lite
ProSpice Lite
Proteus VSM
ProSpice
Browse For Key File
Find All Key Files
Install
Close

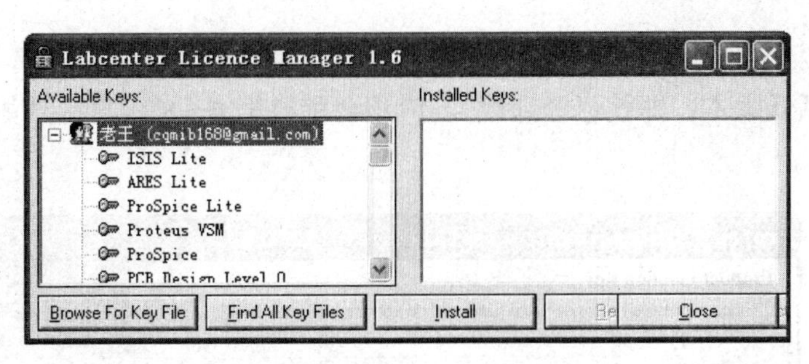

图 2.24　安装许可证文件

（7）然后就会出现如图 2.25 所示对话框，单击“是（Y）”按钮即可。

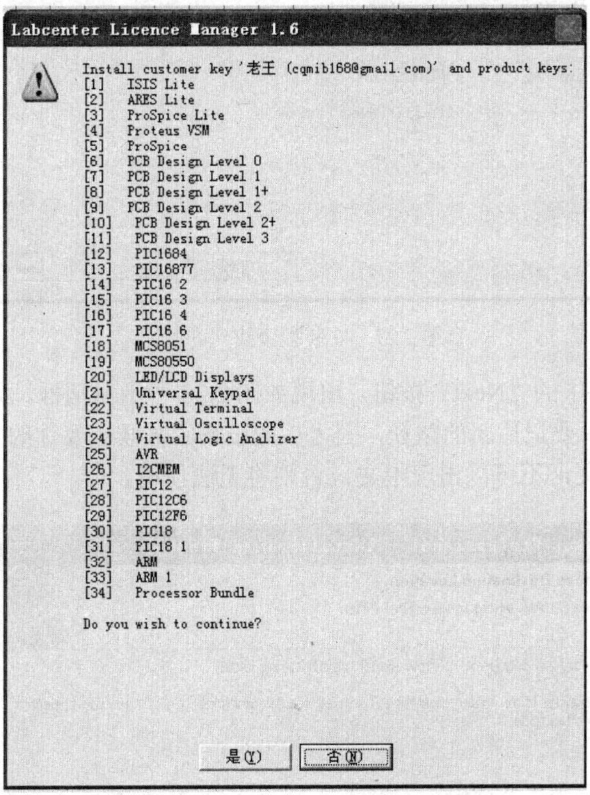

Labcenter Licence Manager 1.6
Install customer key '老王 (cqmib168@gmail.com)' and product keys:
[1] ISIS Lite
[2] ARES Lite
[3] ProSpice Lite
[4] Proteus VSM
[5] ProSpice
[6] PCB Design Level 0
[7] PCB Design Level 1
[8] PCB Design Level 1+
[9] PCB Design Level 2
[10] PCB Design Level 2+
[11] PCB Design Level 3
[12] PIC1684
[13] PIC16877
[14] PIC16 2
[15] PIC16 3
[16] PIC16 4
[17] PIC16 6
[18] MCS8051
[19] MCS80550
[20] LED/LCD Displays
[21] Universal Keypad
[22] Virtual Terminal
[23] Virtual Oscilloscope
[24] Virtual Logic Analizer
[25] AVR
[26] I2CMEM
[27] PIC12
[28] PIC12C6
[29] PIC12F6
[30] PIC18
[31] PIC18 1
[32] ARM
[33] ARM 1
[34] Processor Bundle
Do you wish to continue?
是(Y)
否(N)

图 2.25　安装许可证文件确认

（8）如图 2.26 所示，说明安装许可证文件成功，单击“Close”按钮关闭即可。

Labcenter Licence Manager 1.6
Available Keys:
Installed Keys:
老王 (cqmib168@gmail.com)
ISIS Lite
ARES Lite
ProSpice Lite
Proteus VSM
ProSpice
老王 (cqmib168@gmail.com)
ISIS Lite
ARES Lite
ProSpice Lite
Proteus VSM
ProSpice
Browse For Key File
Find All Key Files
Install
Close

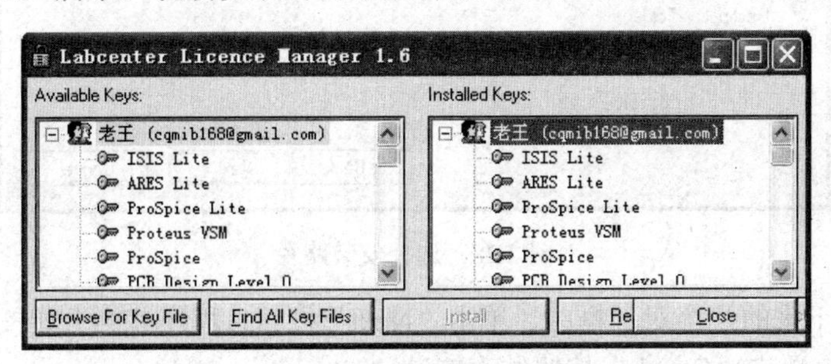

图 2.26　安装许可证文件成功

（9）如图 2.27 所示，说明安装程序找到了许可证。注意：若不是第一次装，也就是以前装过（包括低版本，即使已经卸载），应该会跳过第 4～8 步直接到如图 2.27 所示对话框。

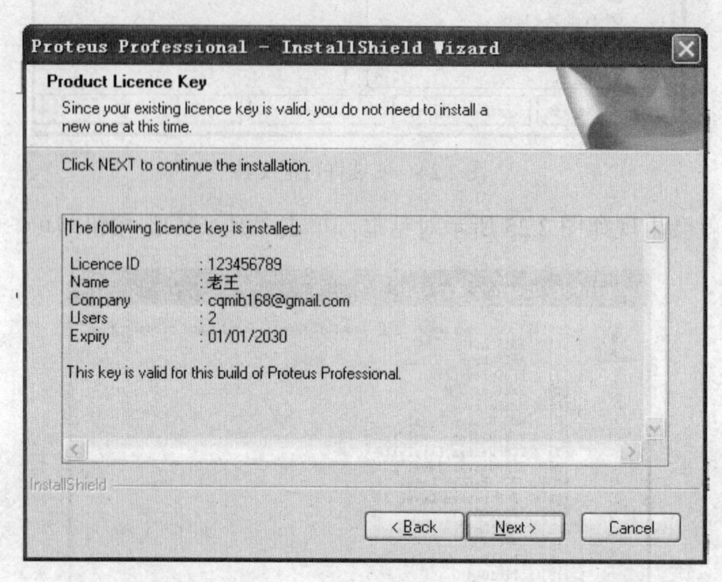


图 2.27　安装程序找到许可证

（10）单击上图中的“Next”按钮，出现如图 2.28 所示对话框。此时选择你的安装路径，如果换了路径，要记住新的路径，因为后面破解的时候需要你的安装路径。注意：安装路径必须是全英文，不可以出现中文，否则将无法使用。

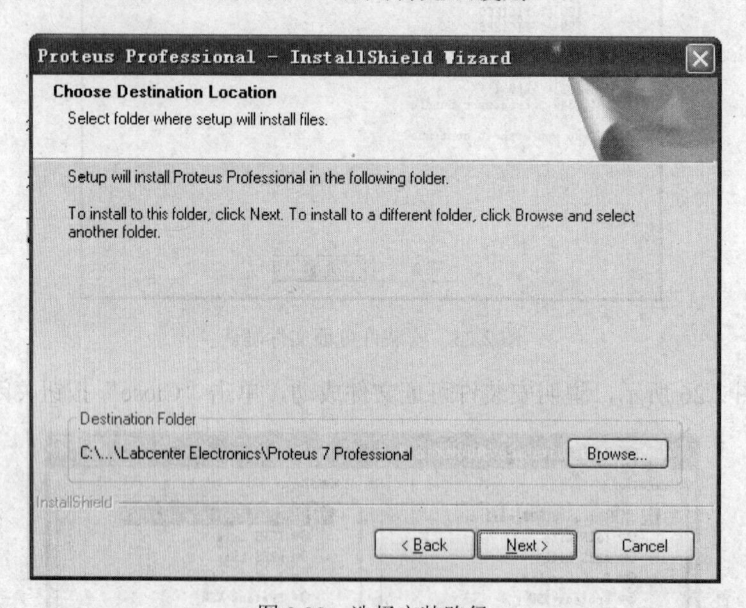


图 2.28　选择安装路径

（11）在接下来的几个对话框中，单击“Next”按钮，程序就会开始安装，安装完成，如图 2.29 所示，单击“Finish”按钮结束安装。

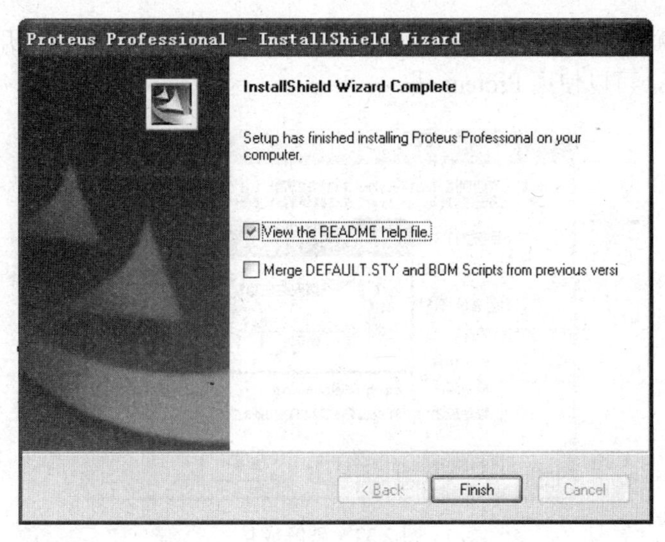


图 2.29 安装完成

注意：此时虽然安装结束但因为没有破解升级，所以 Proteus 还不能使用。若打开 ISIS 7 Professional，会提示我们未安装 license key，如图 2.30 所示。

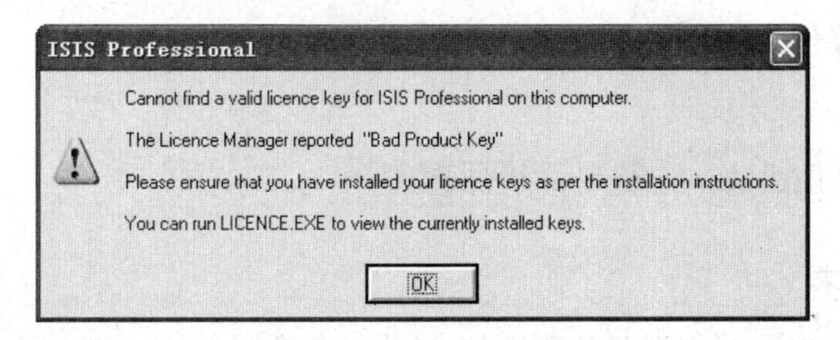


图 2.30 无法找到 license key

（12）破解。回到安装文件夹，找到破解文件“Proteus Pro 7.7 SP2 破解 1.1”，并打开。

注意：杀毒软件会把这个文件判断为病毒，所以在运行之前先把杀毒软件关闭，然后再运行这个程序。打开破解程序后，如图 2.31 所示。如果前面没有修改安装路径的话，单击“升级”按钮即可。如果改了，那么这里就把路径改为修改后的安装路径。

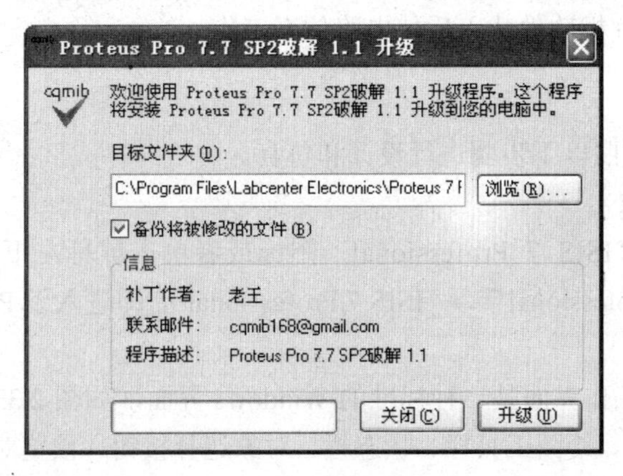


图 2.31 破解配置

（13）这样就破解成功了，如图 2.32 所示。关闭破解程序，重新打开杀毒软件。这时就算大功告成了，可以使用 Proteus 了。

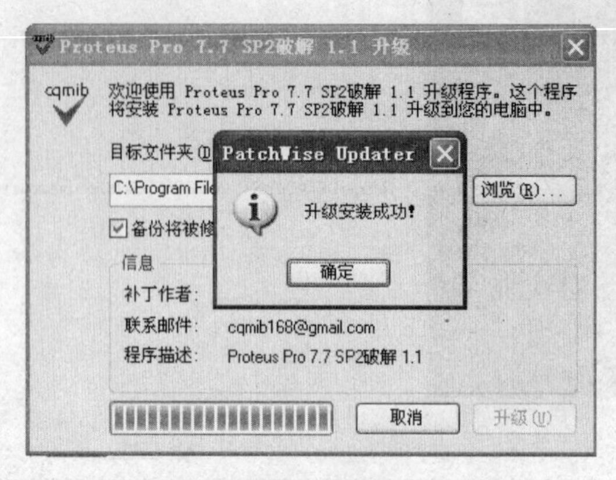


图 2.32　破解成功

（14）需要注意的是 Proteus 默认是不会在桌面生成快捷方式的，需要的话请自己生成。

## 任务操作

### 2.2.2　用 Proteus 绘制单片机原理图

#### 1．任务要求

用安装好的 Proteus 软件设计和仿真一个单片机控制 LED 灯的工作电路。要求使用 AT89C52 单片机进行设计，且晶振频率为 12MHz。

#### 2．任务分析

根据任务要求，先用 Proteus 绘制一个单片机控制 LED 灯的工作电路。设计的电路包括电源电路、时钟电路、复位电路和 LED 电路。学会使用 Proteus 设计电路的方法，再将控制 LED 工作的单片机软件载入后使电路仿真工作。

#### 3．任务设计

单片机的电路按照以下步骤进行设计和仿真。

（1）打开软件

双击桌面上的“ISIS 7 Professional”图标或者单击屏幕左下方的“开始”→“程序”→“Proteus 7 Professional”→“ISIS 7 Professional”，即进入了 Proteus ISIS 集成环境。

（2）工作界面。

Proteus ISIS 的工作界面是一种标准的 Windows 界面，如图 2.33 所示。包括标题栏、主菜单、标准工具栏、绘图工具栏、状态栏、对象选择按钮、预览对象方位控制按钮、仿真进程控制按钮、预览窗口、对象选择器窗口、图形编辑窗口。

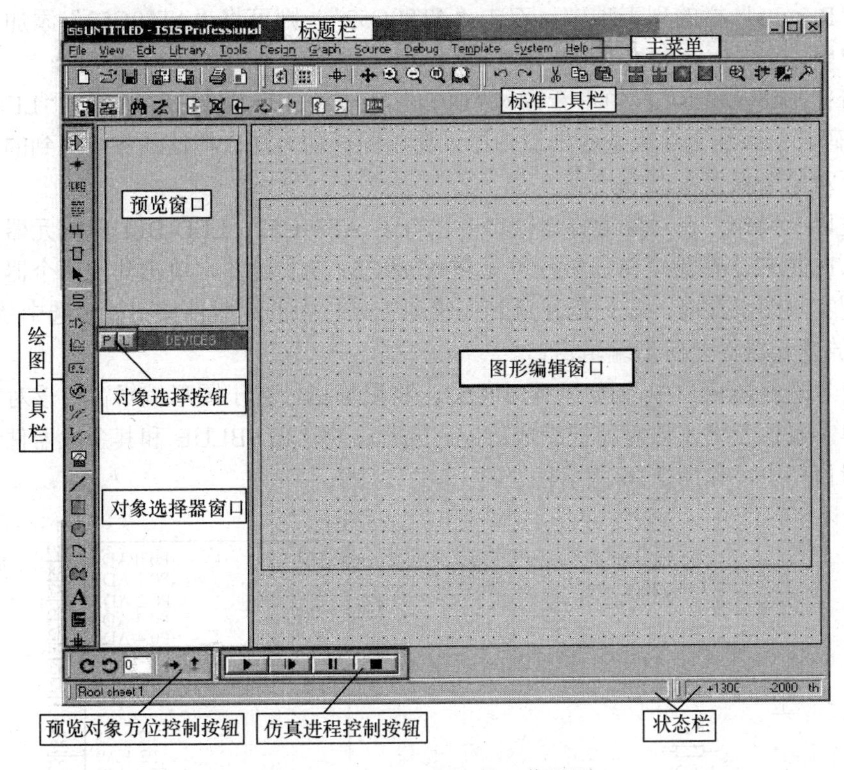


图 2.33 Proteus ISIS 的工作界面

关于该软件的使用，与学习其他软件的方法没有多大区别，下面以绘制一个单片机最小系统为例简单介绍其绘制原理图的具体方法。

（3）原理图的绘制。

① 将所需元器件加入对象选择器窗口中。单击对象选择器按钮“P”，如图 2.34 所示。

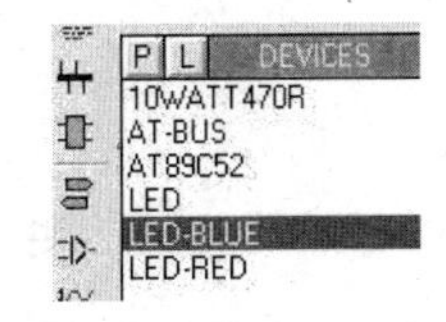


图 2.34 添加元器件

弹出“Pick Devices”对话框，在“Keywords”中输入“AT89C”，系统在对象库中进行搜索查找，并将搜索结果显示在“Results”中，如图 2.35 所示。

Pick Devices

Keywords: AT89C

Match Whole Words?

Category:
(All Categories)
Microprocessor ICs

Results (15):

| Device | Library | Description |
|---|---|---|
| AT89C1051 | MCS8051 | 8-bit microcontroller with 1K code flash and 64-bit iram |
| AT89C2051 | MCS8051 | 8-bit microcontroller with 2K code flash and 128-bit iram |
| AT89C4051 | MCS8051 | 8-bit microcontroller with 4K code flash and 128-bit iram |
| AT89C51 | MCS8051 | 8051 Microcontoller (4kB code, 33MHz, 2x16-bit Timers, UART) |
| AT89C51.BUS | MCS8051 | 8051 Microcontoller (4kB code, 33MHz, 2x16-bit Timers, UART) |
| AT89C51RB2 | MCS8051 | 8051 Microcontoller (16kB code, 48MHz, Watchdog Timer, 3x1 |
| AT89C51RB2.BUS | MCS8051 | 8051 Microcontoller (16kB code, 48MHz, Watchdog Timer, 3x1 |
| AT89C51RC2 | MCS8051 | 8051 Microcontoller (32kB code, 48MHz, Watchdog Timer, 3x1 |
| AT89C51RC2.BUS | MCS8051 | 8051 Microcontoller (32kB code, 48MHz, Watchdog Timer, 3x1 |
| AT89C51RD2 | MCS8051 | 8051 Microcontoller (64kB code, 40MHz, Watchdog Timer, 3x1 |
| AT89C51RD2.BUS | MCS8051 | 8051 Microcontoller (64kB code, 40MHz, Watchdog Timer, 3x1 |
| AT89C52 | MCS8051 | 8052 Microcontoller (8kB code, 256B data, 33MHz, 3x16-bit Tim |
| AT89C52.BUS | MCS8051 | 8052 Microcontoller (8kB code, 256B data, 33MHz, 3x16-bit Tim |
| AT89C55 | MCS8051 | 8032 Microcontoller (20kB code, 256B data, 33MHz, 3x16-bit Ti |
| AT89C55.BUS | MCS8051 | 8032 Microcontoller (20kB code, 256B data, 33MHz, 3x16-bit Ti |

Schematic Preview:
(Nothing selected for preview)
PCB Preview:

图 2.35 搜索查找元器件

在“Results”栏的列表项中，双击“AT89C52”，则可将“AT89C52”添加至对象选择器窗口中。

接着在“Keywords”栏中重新输入“LED”。双击“LED-BLUE”，则可将“LED-BLUE”（LED 数码管）添加至对象选择器窗口中，使用同样的方法，把该任务中用到的所有元器件添加至对象选择器窗口中。

通过以上操作，在对象选择器窗口中已有了 AT89C52、LED-BLUE 等元器件对象。若单击 AT89C52，在预览窗口中，可见到 AT89C52 的实物图，单击其他两个器件，也都能浏览到实物图。此时，我们已注意到在绘图工具栏中的元器件按钮处于选中状态。

② 放置元器件至图形编辑窗口。

在对象选择器窗口中，选中 AT89C52，将鼠标指针置于图形编辑窗口该对象的欲放位置，单击鼠标左键，该对象被完成放置。同理，将 LED-BLUE 和其余元器件均放置到图形编辑窗口中，如图 2.36 所示。

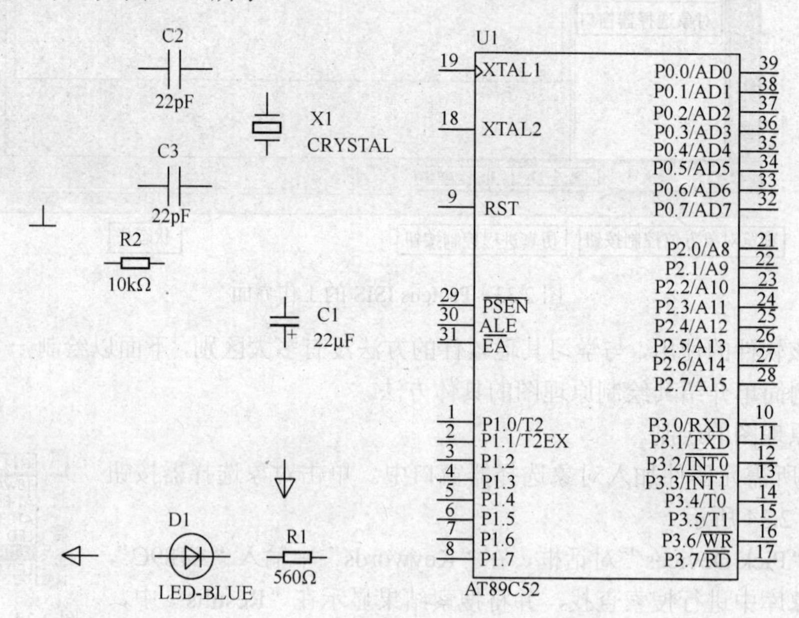


图 2.36 放置到图形编辑窗口中

若对象位置需要移动，将鼠标指针移到该对象上，单击鼠标右键，此时我们已经注意到，该对象的颜色已变为红色，这表明该对象已被选中，单击鼠标左键并拖动，将对象移至新位置后松开鼠标，即完成移动操作。

③ 元器件之间的连线。

Proteus 的智能化可以在你想要画线的时候进行自动检测。下面，我们来操作将电阻 R1 的左端连接到 D1 数码管右端。当鼠标的指针靠近 R1 左端的连接点时，鼠标的指针会出现一个“×”号，这表明找到了 R1 的连接点。单击鼠标左键，移动鼠标（不用拖动鼠标），将鼠标的指针靠近 D1 的右端的连接点时，鼠标的指针会出现一个“×”号，这表明找到了 D1 的连接点，同时屏幕上出现了粉红色的连接线，单击鼠标左键，粉红色的连接线变成了深绿色，那么，就完成了本次连线。

同理，我们可以完成其他连线。在此过程的任何时刻，都可以按“Esc”键或者单击鼠标右键来放弃画线。

至此，我们便完成了整个电路图的绘制，如图 2.37 所示。

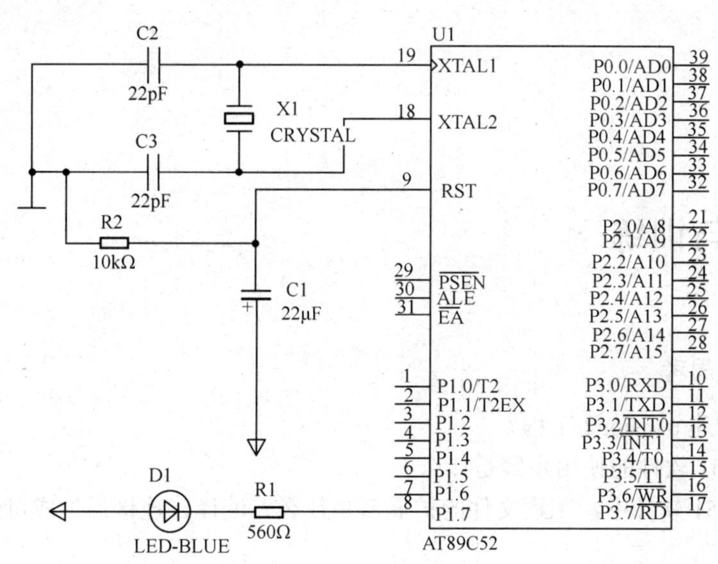


图 2.37　Proteus 下绘制的原理图

**注意**：图 2.37 所示的单片机元件没有“VCC”和“GND”引脚，这是因为 Proteus 软件中，元件模型中的“电源”和“地”已经进行了连接，“VCC”接到了“+5V”电源，“GND”接到了“地”，所以隐藏了这两个引脚。在本书后面章节的单片机电路中也是如此。

（4）电路仿真。

① Proteus 可以对纯硬件电路仿真运行，以检查硬件电路是否正确，此时无须加载软件。只要在原理图编辑完成以后，选择“Debug”→“Execute”命令即可进行电路仿真运行。

② 将 Keil C51 软件编写的源程序进行编译、连接、生成可执行文件，加载到原理图中的单片机芯片以后，选择“Debug”→“Execute”命令对整个系统进行软、硬件全面仿真运行。当发光二极管满足导通条件时，将改变颜色指示其导通发光。

## 项目小结

本项目详细介绍了 Keil C51 集成开发环境的安装与使用方法，包括工程建立、编辑与编译等功能，同时介绍了单片机硬件设计与仿真软件 Proteus 的安装及使用。

Keil C51 单片机集成开发软件是目前最流行的 MCS-51 单片机开发软件，它提供了丰富的库函数和功能强大的集成开发调试工具，全 Windows 界面。通过该软件可以完成编辑、编译、仿真、连接、调试等整个开发流程。

Proteus 软件是英国 Labcenter electronics 公司出版的 EDA 工具软件。它不仅具有其他 EDA 工具软件的仿真功能，还能仿真单片机及外围器件，是目前最好的仿真单片机及外围器件的工具。

## 思考与训练

（一）知识思考

1．如何创建 uVision2 工程？

2．Keil C51 软件的使用步骤是什么？

3．Keil C51 软件中，工程文件的扩展名是什么？编译、连接后生成可烧写的文件扩展名是什么？

4．Proteus 软件的使用步骤是什么？

5．Proteus 软件加载程序仿真和单纯硬件仿真各有什么意义？

（二）项目训练

1．试建立一个名为“练习.uv2”的工程项目，添加如图 2.13 所示的源程序，并进行编译。

2．在 Proteus 环境下绘制单片机原理图：将如图 2.37 所示的电路设计稍做修改，将晶振改为 24MHz，在 P1 口连接 8 个 LED 灯。

项目3

# MCS-51 单片机最小系统的设计

## 学习目标

- 了解 51 单片机的内部结构；
- 理解 51 单片机的内部存储器；
- 理解 51 单片机的最小系统的基本结构和原理；
- 掌握 51 单片机的最小系统的设计方法。

## 工作任务

- 介绍 51 单片机的基本结构；
- 介绍 51 单片机的内部存储器；
- 介绍 51 单片机芯片；
- 设计 51 单片机最小系统。

## 项目引入

以单片机为核心的控制系统在工业生产和日常生活中处处可见，比如汽车中发动机的控制，家用电器中的微电脑控制器等都是典型的单片机系统，它们都是由单片机控制运行的。不管单片机进行何种控制，都必须具备一定的硬件条件，即在尽可能少的外部电路条件下形成一个可以独立工作的单片机最小系统。

本项目实现了 51 单片机最小系统的设计，通过学习要求学生掌握单片机最小系统的基本组成及设计方法，了解 51 单片机的基本结构及内部存储器

本项目包含两个任务：认识 MCS-51 单片机的内部结构；MCS-51 单片机的最小系统设计。

# 任务 3.1 认识 MCS-51 单片机的内部结构

知识准备

## 3.1.1 MCS-51 单片机的基本结构

MCS-51 单片机的内部结构如图 3.1 所示，它由中央处理器，时钟电路、程序存储器、数据存储器、中断系统、定时/计数器、并行接口和一个串行通信模块组成。

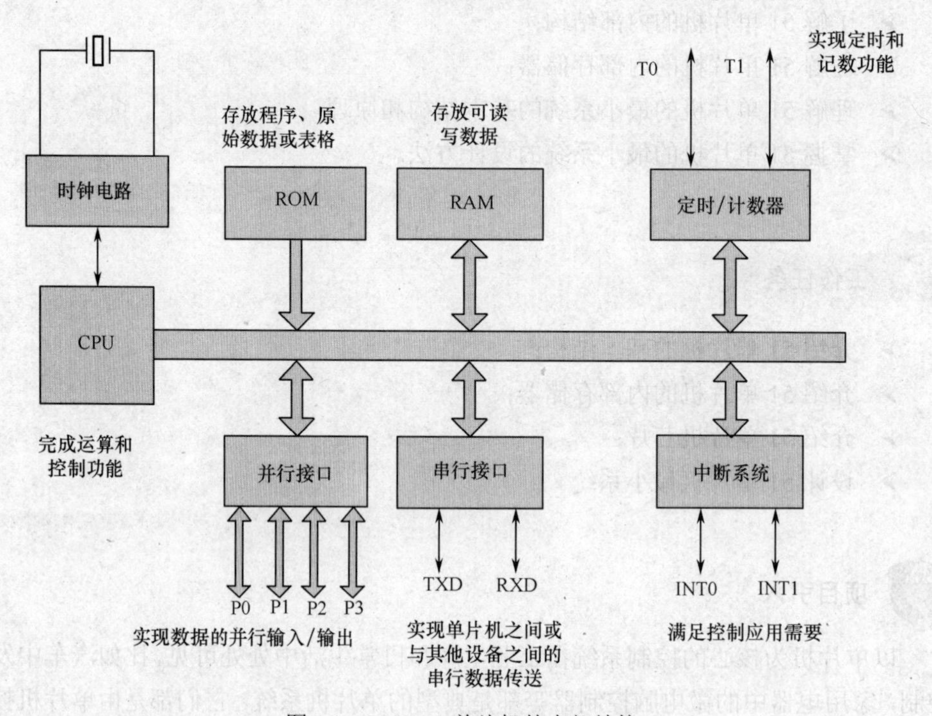


图 3.1 MCS-51 单片机的内部结构

### 1. 中央处理器

中央处理器（CPU）是整个单片机的核心部件，是 8 位数据宽度的处理器，能处理 8 位二进制数据或代码。CPU 负责控制、指挥和调度整个单元系统协调的工作，完成运算和控制输入/输出功能等操作。

### 2. 数据存储器（RAM）

MCS-51 单片机内部共有 256 个 8 位数据存储单元，高 128 个单元被专用寄存器占用，低 128 个单元供用户使用，用于存放可读/写的数据、运算的中间结果或用户定义的字形表等，通常所说的内部数据存储器就是指低128个单元。

#### 3．程序存储器（ROM）

MCS-51单片机内部共有4KB（52有8KB）8位ROM，用于存放用户程序、原始数据或表格。

#### 4．定时/计数器

MCS-51单片机有两个（52有3个）16位的可编程定时/计数器，用于实现定时或计数、产生中断或作为串口波特率发生器。

#### 5．并行输入/输出（I/O）口

MCS-51单片机共有4组8位I/O口（P0、P1、P2和P3），用于外部数据的传输。

#### 6．全双工串行口

MCS-51单片机内置一个可编程全双工串行通信口，用于与其他设备间的串行数据传送，该串行口既可以用做异步通信收发器，也可以作为同步移位器使用。

#### 7．中断系统

MCS-51单片机具备较完善的中断系统，有两个外部中断、两个（52有3个）定时/计数器中断和1个串行中断，可满足不同的控制要求，并具有2级的优先级别选择。

#### 8．时钟电路

用于产生整个单片机运行的脉冲时序。

**注意**：单片机是其控制电路的中央处理器，而其内部的CPU又是单片机的中央处理器。

### 3.1.2 MCS-51单片机的内部存储器

存储器是单片机的主要组成部分，MCS-51单片机的存储器分为程序存储器和数据存储器，它们在使用上严格分工。程序存储器用于存放程序、常数及表格等不变的数据，数据存储器则用于存放缓冲数据（程序执行后产生的数据）。程序存储器和数据存储器分别编址，寻址范围均为64 KB。

#### 1．程序存储器（ROM/EPROM/EEPROM）

程序存储器分成片内和片外两部分（无ROM型单片机只有片外一部分），片内存储器集成在芯片内部，片外存储器又称外部存储器，是专门的存储器芯片，需要通过总线与MCS-51单片机连接。MCS-51单片机内部程序存储器具有4KB的存储空间，地址范围为0000H～0FFFH，片外最多能扩展到64KB程序存储器，片内外的ROM是统一编址的，如图3.2所示。如果单片机$\overline{EA}$脚保持高电平，单片机的程序计数器PC先从片内0000H～0FFFH地址范围内（即前4KB地址）执行ROM中的程序，执行完后会自动转向片外执行1000H～FFFFH地址中的程序；当$\overline{EA}$保持低电平时，只能寻址外部程序存储器，片外存储器可以从0000H开始编址。

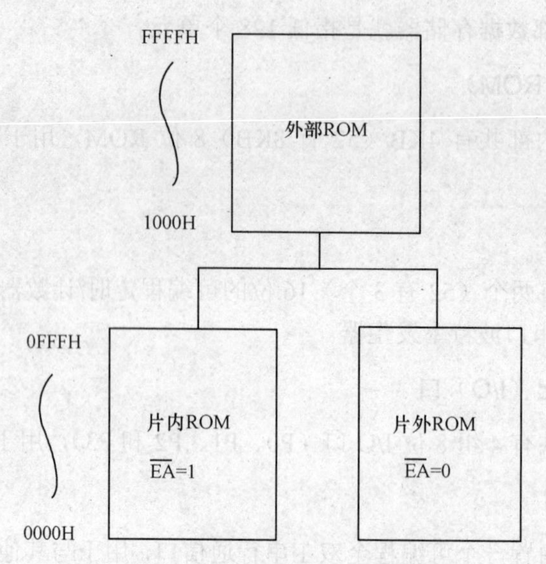


图 3.2　程序存储器地址分配

目前 Atmel 公司生产的 8051 兼容芯片具有多种容量的内部程序存储器的型号，例如 AT89S52 单片机具有 8KB 内部程序存储器；AT89C51RD2 单片机具有 64KB 内部程序存储器。鉴于通常可以采用具有足够内部程序存储器容量的单片机芯片，用户在使用中不需要再扩展外部程序存储器，这样在单片机应用电路中引脚 $\overline{EA}$（引脚 31）可以总是接高电平。

MCS-51 的程序存储器中有些单元具有特殊功能，使用时应予以注意。

其中一组特殊单元是 0000H～0002H。系统复位后，（PC）=0000H，单片机从 0000H 单元开始取指令执行程序。如果程序不从 0000H 单元开始，应在这 3 个单元中存放 1 条无条件转移指令，以便直接转去执行指定的程序。

还有一组特殊单元是 0003H～002AH，共 40 个单元。这 40 个单元被均匀地分为 5 段，作为 5 个中断源的中断地址区。其中：

0003H～000AH：外部中断 0 中断地址区。

000BH～0012H：定时/计数器 0 中断地址区。

0013H～001AH：外部中断 1 中断地址区。

001BH～0022H：定时/计数器 1 中断地址区。

0023H～002AH：串行中断地址区。

**注意：**程序存储器 ROM 通常存着单片机的工作程序，掉电是不会丢失的。

### 2．数据存储器（RAM）

数据存储器有片外和片内之分。片外 RAM 可有 64KB，地址范围为 0000H～FFFFH。对于片内 RAM，共有 256 个单元，通常把这 256 个单元按其功能划分为两部分：低 128 单元（单元地址 00H～7FH）和高 128 单元（单元地址 80H～FFH）。低 128 字节的内部数据存储器是真正的 RAM 区，可以被用来写入或读出数据。这一部分存储容量不是很大，但有很大的作用。它可以进一步被分为 3 个部分，如图 3.3 所示。

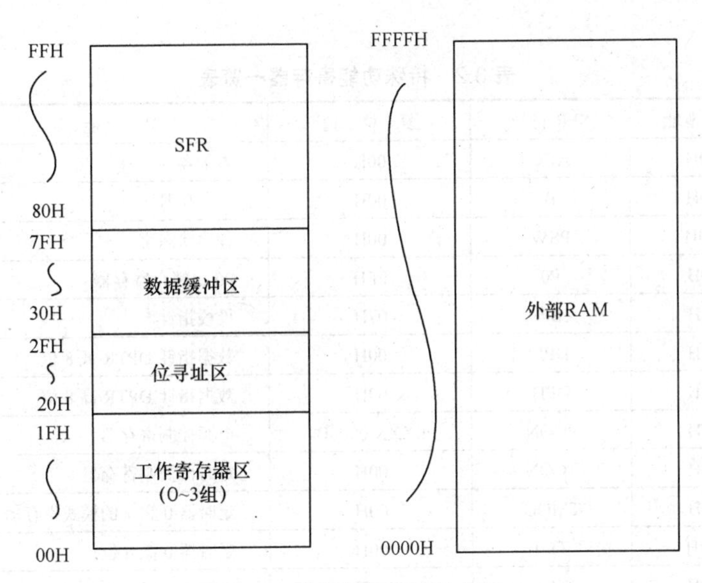


图 3.3 数据存储器地址分配

工作寄存器区：00H～1FH 单元共有 32 字节，是 4 个通用工作寄存器组，每组含有 8 个寄存器，编号为 R0～R7。在任一时刻，CPU 只能使用一组工作寄存器，被使用的那组寄存器称为当前工作寄存器组。若在应用程序中并不需要 4 组工作寄存器，那么其余的工作寄存器空间可作为一般的 RAM 单元使用。通过对特殊功能寄存器 PSW 中的 RS0、RSl 位的设置，可以选择哪一组为当前工作寄存器组，选择方法如表 3.1 所示。

**表 3.1 通用寄存器组的选择**

| RS1 | RS0 | 寄存器组件 | 片内 RAM 地址 |
| --- | --- | --- | --- |
| 0 | 0 | 组 0 | 00H～07H |
| 0 | 1 | 组 1 | 08H～0FH |
| 1 | 0 | 组 2 | 10H～17H |
| 1 | 1 | 组 3 | 18H～1FH |

位寻址区（20H～2FH）：这 16 个 RAM 单元具有双重功能。它们既可以像普通 RAM 单元一样按字节存取，也可以对每个 RAM 单元中的任何一位单独存取，所以叫位寻址区。20H～2FH 用做位寻址时，共有 16×8=128 位，每位都分配了一个特定地址，依次为 00H～7FH。这些地址称为位地址，位地址只能在位寻址指令中使用。位地址的另一种表示方法是采用字节地址和位地址结合的表示法，例如，位地址 05H 可以表示成 20H.5。

数据缓冲区（30H～7FH）：总共有 80 个 RAM 单元，用于存放数据或做堆栈操作使用。使用没有任何规定或限制，但在一般应用中常把中断系统中的堆栈开辟在此区中。

### 3. 特殊功能寄存器（SFR）

特殊功能寄存器是指有特殊用途的寄存器集合，离散地分布在地址为 80H～FFH 之间的区域中。SFR 的实际个数和单片机的型号有关，51 单片机有 21 个。每个 SFR 占有一个 RAM 单元，它们分布在 80H～FFH 的地址范围内，没有被 SFR 占用的 RAM 单元实际并不存在，访问它们也是没有意义的。特殊功能寄存器的地址、符号功能等如表 3.2 所示。

表 3.2　特殊功能寄存器一览表

| 序　号 | SFR 地址 | SFR 符号 | 复 位 值 | 功　能 | 说　明 |
|---|---|---|---|---|---|
| 1 | E0H | ACC | 00H | 累加器 | 可位寻址 |
| 2 | F0H | B | 00H | B 寄存器 | 可位寻址 |
| 3 | D0H | PSW | 00H | 程序状态字 | 可位寻址 |
| 4 | 80H | P0 | FFH | P0 口锁存寄存器 | 可位寻址 |
| 5 | 81H | SP | 07H | 堆栈指针 | |
| 6 | 82H | DPL | 00H | 数据指针 DPTR 低 8 位 | |
| 7 | 83H | DPH | 00H | 数据指针 DPTR 高 8 位 | |
| 8 | 87H | PCON | 0XXX 0000B | 电源控制寄存器 | |
| 9 | 88H | TCON | 00H | 定时器控制寄存器 | 可位寻址 |
| 10 | 89H | TMOD | 00H | 定时器 0 和 1 的模式寄存器 | |
| 11 | 8AH | TL0 | 00H | 定时器 0 低 8 位 | |
| 12 | 8BH | TL1 | 00H | 定时器 1 低 8 位 | |
| 13 | 8CH | TH0 | 00H | 定时器 0 高 8 位 | |
| 14 | 8DH | TH1 | 00H | 定时器 1 高 8 位 | |
| 15 | 90H | P1 | FFH | P1 口锁存寄存器 | 可位寻址 |
| 16 | 98H | SCON | 00H | 串行口控制寄存器 | 可位寻址 |
| 17 | 99H | SBUF | XXXX XXXXB | 串行口数据缓冲寄存器 | |
| 18 | 0A0H | P2 | FFH | P2 口锁存寄存器 | 可位寻址 |
| 19 | 0A8H | IE | 0X00 0000B | 中断允许控制寄存器 | 可位寻址 |
| 20 | 0B0H | P3 | FFH | P3 口锁存寄存器 | 可位寻址 |
| 21 | 0B8H | IP | XX00 0000B | 中断优先级控制寄存器 | 可位寻址 |

**注意**：SFR 寄存器中只有其十六进制地址的末位是 0 或 8 的寄存器可以以“位”的形式读写（位寻址），其余的 SFR 寄存器均必须以“字节”形式读写。

下面仅介绍几个特殊功能寄存器，其他的特殊功能寄存器在后续的相关基础知识中做介绍。

（1）累加器（ACC 或 A）：最常用的一个 8 位特殊功能寄存器。该寄存器可位寻址。几乎全部指令都可用它作为操作数，有些指令必须用它作为目标操作数。

（2）B 寄存器：一个 8 位特殊功能寄存器。乘除法指令必须用它作为其中的一个操作数。它也可作为普通 RAM 单元使用。

（3）堆栈指针（SP）：一个 8 位特殊功能寄存器。单片机复位时，SP 为 07H，它总是指向栈顶。它主要用在子程序调用、中断响应及返回中。

（4）数据指针（DPTR）：一个 16 位特殊功能寄存器，可分为两个 8 位寄存器，高 8 位为 DPH，低 8 位为 DPL。该寄存器主要用于存放程序存储器和片外数据存储器的地址。

（5）程序状态字（PSW）：一个 8 位特殊功能寄存器。该寄存器可位寻址。PSW 从高位到低位分别记为 PSW.7～PSW.0，各位的定义如图 3.4 所示。

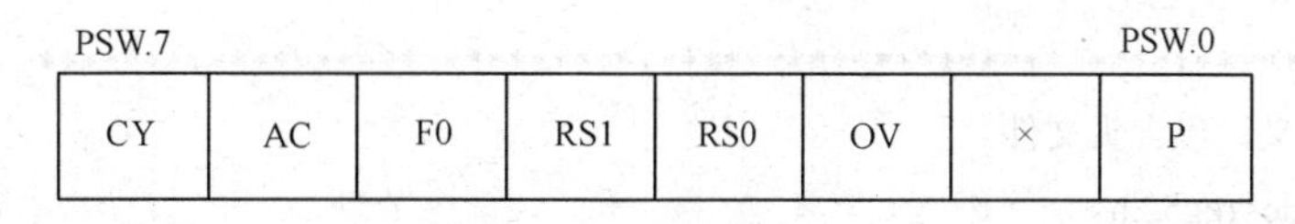


图 3.4 程序状态字

- ✧ CY 为进位标志。在执行某些指令时，位 7 有进（或借）位，硬件会使 CY=1，否则 CY=0。

该标志有两个用途，一是实现多字节的处理；二是判断无符号数运算结果是否有溢出，有溢出说明结果错误。CY=1 表示有溢出，CY=0 表示无溢出。

- ✧ AC 为辅助进位标志。在执行加减法指令时，位 3 向位 4 进（或借）位，硬件会使 AC=1，否则 AC=0。该标志主要用于二进制与十进制间换算的调整。
- ✧ F0 为用户标志。用指令可使该位置 1 或清 0。
- ✧ RS1、RS0 为寄存器组选择，用于选择 4 组寄存器中的一组。
- ✧ OV 为溢出标志。执行算术指令时，若位 7 和位 6 不同时有进（或借）位，硬件会使 OV=1，否则使 OV=0。该位用于判断有符号数运算结果是否有溢出：OV=1，有溢出；OV=0，无溢出。
- ✧ P 为奇偶标志。在每个指令周期，硬件根据累加器中 1 的个数使该位置 1 或清 0，累加器中 1 的个数为奇数时 P=1，为偶数时 P=0。该位主要用于串行通信中的检错。
- ✧ ×表示无定义位。该位为 0 或 1 没有任何意义。以下相同。

最后介绍一个不属于特殊功能寄存器、物理上独立的寄存器——程序计数器（PC）。它是一个 16 位寄存器，具有自动加 1 的功能。它总是存放将要被执行指令的首地址。单片机复位后，PC 为 0000H，故单片机的应用程序应放在以程序存储器地址 0000H 开始的单元中。

## 任务操作

### 3.1.3 MCS-51 单片机内部存储器读写控制

#### 1. 任务要求

编写一段程序，对单片机内部几个特殊功能寄存器进行读写，利用 Keil C51 软件的调试功能，观察程序运行后各存储单元的变化情况。

#### 2. 任务分析

根据任务要求，分别给 P0 口、程序状态字 PSW 和累加器 ACC 赋不同的值，同时将累加器 ACC 里的值读出并存到变量 dat 中，通过调试观察 P0、PSW、ACC 和变量 dat 值的变化。

#### 3. 任务设计

（1）程序设计。

```
//************************************************************
//宏定义，包含头文件
#include<reg52.h>
//************************************************************
//主程序
main（）
{
    unsigned char dat;          //定义变量 dat 为无符号字符型
    P0=0x00;                    //将 P0 口清 0
    PSW=0x80;                   //将 0x80 赋给 PSW
    ACC=0xf0;                   //将 0xf0 传送到累加器 ACC
    dat=ACC;                    //将累加器 ACC 的内容送给变量 dat
}
//************************************************************
```

（2）利用 Keil C51 软件的调试功能观察程序执行之后各存储器单元的变化。

① 在 Keil 下创建工程项目，输入源程序，并编译连接生成 HEX 文件。

② 在 Keil 的“Debug”菜单下选择“Start/Stop Debug Session”子菜单，或者单击快捷图标，进入调试界面，如图 3.5 所示，可以发现一些快捷图标被激活了，程序处于准备运行的状态，程序编辑区的黄色箭头表示将要执行的语句。

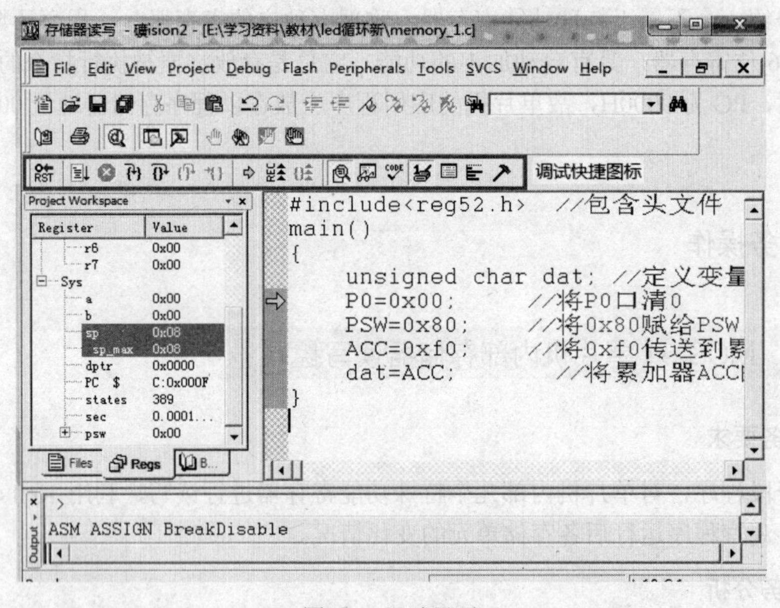


图 3.5　调试界面

③ 单击菜单“View”下的“Memory Window”命令，打开存储器窗口，如图 3.6 所示。

存储器窗口用来显示系统中各种内存中的值，通过在 Address 后的编辑框内输入“字母：数字”即可显示相应内存值，其中字母可以是：

C：代码存储空间。

D：直接寻址的片内存储空间。

I：间接寻址的片内存储空间。

X：外部 RAM 空间。

数字代表想要查看的地址。如键入 C：0 即可显示从 0 开始的 ROM 单元中的值，图 3.6 所示即为本程序的二进制代码。

④ 单击菜单“View”下的“Watch&Call Stack Windows”命令，打开观察窗口，并将变量 dat 添加进去，如图 3.7 所示。

⑤ 选择“Peripherals”菜单下的“I/O-Ports”，选中“Port 0”后，会弹出图 3.8 所示的 Port 0 调试窗口，在这里可以观察 P0 口每一位的电平状态，下面一行是 P0 口引脚状态，上面一行是 P0 口的输出锁存器的状态，8 个小格对应 P0 口的 8 位，“√”表示此位为高电平，没有“√”表示为低电平。图 3.8 所示中每一位都有“√”是因为程序还没有运行，此时相当于单片机刚上电时的状态（单片机上电，I/O 口默认高电平）。

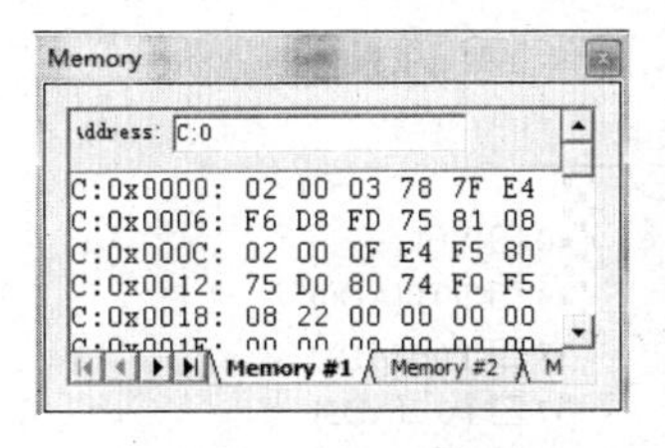


图 3.6　存储器窗口

图 3.7　观察窗口

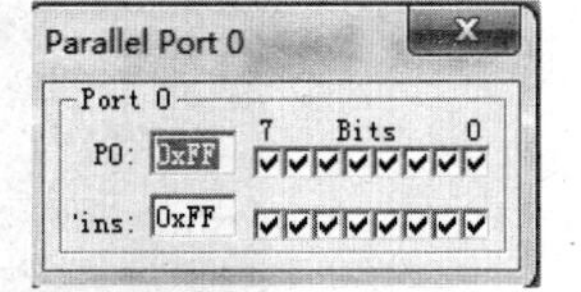


图 3.8　P0 调试窗口

⑥ 运行程序。采用单步运行方式，观察 P0、PSW、A 等相关寄存器以及变量 dat 的变化，运行结果如图 3.9 所示。

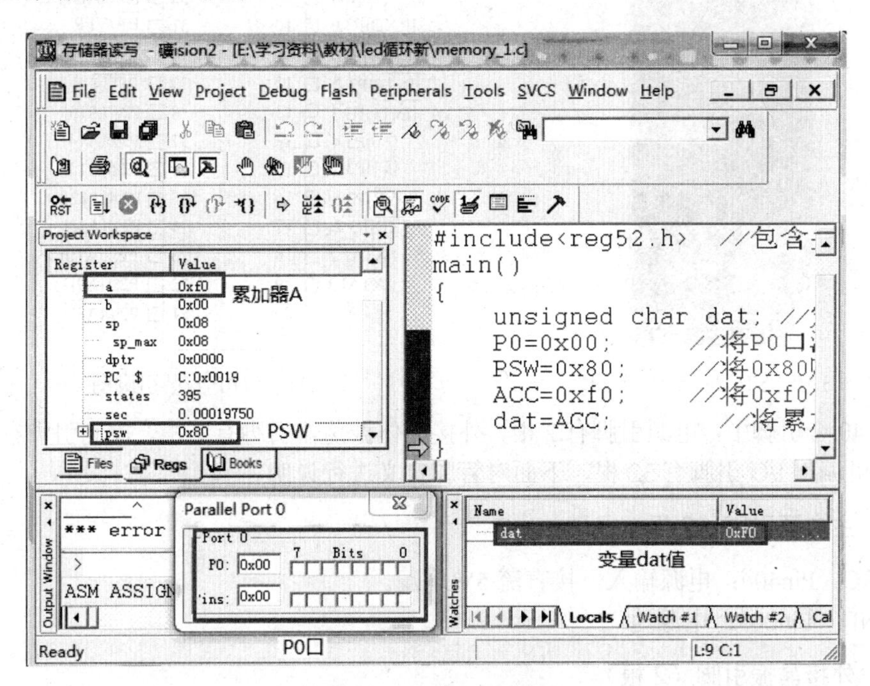


图 3.9　程序运行结果

# 任务 3.2 MCS-51 单片机的最小系统设计

知识准备

## 3.2.1 MCS-51 单片机芯片介绍

51 系列单片机最常见的是采用 40Pin 封装的双列直插 PDIP 封装，其外观及封装引脚如图 3.10 和图 3.11 所示。引脚的排列顺序和其他双列直插塑料封装定义一样，都是从靠芯片的缺口左边那列引脚逆时针数起，依次为第 1、2、3、4、…、40 脚。

图 3.10 STC89C52 外观图

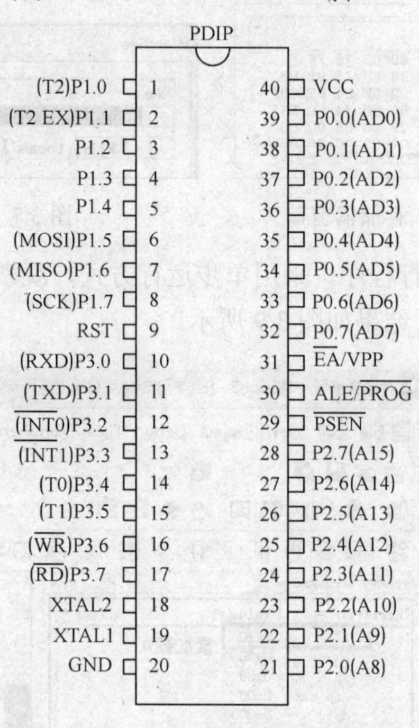


图 3.11 PDIP 封装引脚图

在 40 个引脚中，电源引脚有 2 根，外接晶体振荡器引脚有 2 根，控制引脚有 4 根，4 组 8 位可编程 I/O 引脚有 32 根，下面对管脚定义进行说明。

### 1. 主电源引脚（2 根）

VCC（Pin40）：电源输入，接直流 5V 电源。
GND（Pin20）：电源地。

### 2. 外接晶振引脚（2 根）

XTAL1（Pin19）：片内振荡电路的输入端。

XTAL2（Pin18）：片内振荡电路的输出端。

### 3．控制引脚（4 根）

RST（Pin9）：复位引脚，引脚上出现 2 个机器周期的高电平将使单片机复位。

$\overline{\text{PSEN}}$（Pin29）：外部存储器读选通信号。由外部程序存储器取指期间，每个机器周期两次$\overline{\text{PSEN}}$有效。但在访问外部数据存储器时，这两次有效的$\overline{\text{PSEN}}$信号将不出现。

ALE/$\overline{\text{PROG}}$（Pin30）：地址锁存允许信号。当访问外部存储器时，ALE 的输出用于锁存地址的低位字节。在不访问外部存储器时，ALE 端仍以不变的频率输出脉冲信号（此频率为振荡器频率的 1/6）。在 Flash 编程期间，$\overline{\text{PROG}}$用于输入编程脉冲。

$\overline{\text{EA}}$/VPP（Pin31）：程序存储器的内外部选通脚。接低电平从外部程序存储器读指令，如果接高电平则从内部程序存储器读指令。一般我们都会选择多于实际代码需求的单片机来设计，所以不需要扩展外部程序存储器，此时管脚应当连接高电平。

### 4．可编程输入/输出引脚（32 根）

P0 口（Pin39～Pin32）。P0 口为一个双向 8 位三态 I/O 口，名称为 P0.0～P0.7，每个口可独立控制。51 单片机 P0 口内部没有上拉电阻，为高阻状态，所以不能正常输出高/低电平，因此该组 I/O 口在使用时务必要外接上拉电阻，一般我们选择接入 10kΩ的上拉电阻。此外，在访问外部程序和外部数据存储器时，P0 口是分时转换的低 8 位地址（A0～A7）/数据总线（D0～D7）。

P1 口（Pin1～Pin8）。P1 口是一个准双向 8 位 I/O 口，名称为 P1.0～P1.7，每个口可独立控制，内部带上拉电阻，这种接口输出没有高阻状态，输入也不能锁存，故不是真正的双向 I/O 口。对 52 单片机 P1.0 引脚的第二功能为 T2 定时器/计数器的外部输入，P1.1 引脚的第二功能为 T2EX 捕捉、重装触发，即 T2 的外部控制端。

P2 口（Pin21～Pin28）。P2 口是一个准双向 8 位 I/O 口，名称为 P2.0～P2.7，每个口可独立控制，内部带上拉电阻，与 P1 口相似。此外，在访问外部程序和 16 位外部数据存储器时，P2 口送出高 8 位地址（A8～A15）。

P3 口（Pin10～Pin17）。P3 口是一个准双向 8 位 I/O 口，名称为 P3.0～P3.7，每个口可独立控制，内部带上拉电阻。作为第一功能使用时就当做普通 I/O 口，与 P1 口相似；作为第二功能时，各引脚定义如下：

① P3.0/RXD（串行输入口）。

② P3.1/TXD（串行输出口）。

③ P3.2/$\overline{\text{INT0}}$（外部中断 0 输入）。

④ P3.3/$\overline{\text{INT1}}$（外部中断 1 输入）。

⑤ P3.4/T0（定时器 0 外部输入）。

⑥ P3.5/T1（定时器 1 外部输入）。

⑦ P3.6/$\overline{\text{WR}}$（外部数据存储器写选通）。

⑧ P3.7/$\overline{\text{RD}}$（外部数据存储器读选通）。

值得强调的是，P3 口的每一个引脚均可独立定义为第一功能的输入/输出或第二功能。在单片机上电或复位后，P3 口自动处于第一功能状态，也就是静态 I/O 端口的工作状态。

根据应用的需要，通过对特殊功能寄存器的设置可将 P3 端口线设置为第二功能。在实际应用中会将 P3 口的某几条端口线设为第二功能，而另外几条端口线处于第一功能运行状态。在这种情况下，不宜对 P3 端口做字节操作，需采用位操作的形式。

任务准备

## 3.2.2 单片机复位电路的设计

单片机的复位是使单片机进入初始化的操作。在复位引脚（9 脚）持续出现 24 个振荡器脉冲周期（即 2 个机器周期）的高电平信号将使单片机复位。通常为了保证应用系统可靠复位，复位电路应使引脚 RST 保持 10ms 以上的高电平。只要引脚 RST 保持高电平，单片机就会循环复位。当引脚 RST 从高电平变为低电平时，单片机退出复位状态，从程序空间的 0000H 地址开始执行用户程序。常见复位电路有上电自动复位和按键手动复位两种，如图 3.12 所示。

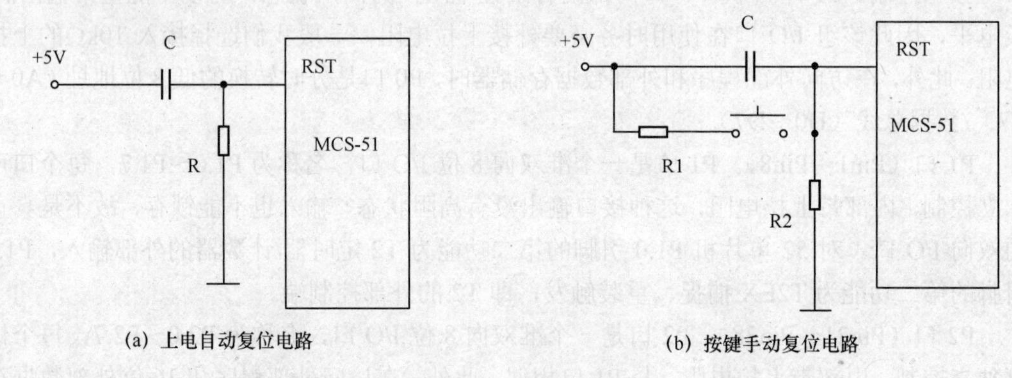


图 3.12　复位电路

图 3.12（a）所示为上电自动复位电路，在上电瞬间，由于电容上电压不能突变，电容处于充电（导通）状态，故 RST 脚的电压与 VCC 相同。随着电容的充电，它两端的电压上升，使得引脚 RST 上电压下降，最终使单片机退出复位状态。选择合理的充电常数，就能保证在 RST 端有 2 个机器周期以上的高电平，从而使单片机内部复位。C 的推荐值是 10μF，R 的推荐值是 10kΩ。

图 3.12（b）所示为按键手动复位电路。开关未按下时，为上电复位电路，开关按下时，RST 端通过电阻 Rl 与 VCC 电源接通，提供足够时间的复位电平，使单片机复位。

## 3.2.3 单片机时钟电路的设计

### 1. 时钟电路设计

系统时钟是一切微处理器、微控制器内部电路工作的基础。51 单片机的时钟可以由内部或外部产生，内部时钟电路如图 3.13 所示，利用单片机内部的振荡电路，并在 XTALl

和 XTAL2 两引脚间外接石英晶体（或陶瓷谐振器）和电容构成的并联谐振电路，使内部振荡器产生自激振荡。晶振可以在 0～24MHz 之间，外接石英晶体时，C1 和 C2 一般取 30pF±10pF；外接陶瓷谐振器时，Cl 和 C2 一般取 40pF±10pF。电容的大小对振荡器频率有微小的影响，可起频率微调的作用。外部时钟电路如图 3.14 所示，当有现成的时钟信号时，可直接将时钟从 XTAL2 接入，XTAL1 接地即可。单片机系统中多采用内部时钟方式。

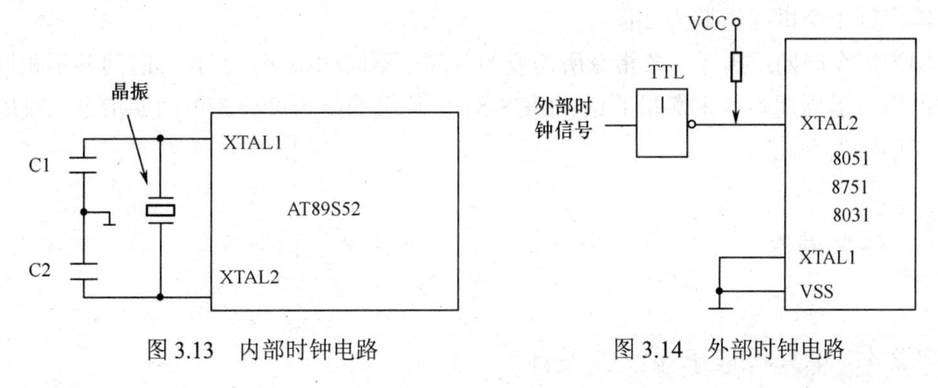


图 3.13 内部时钟电路

图 3.14 外部时钟电路

## 2. 时序

所谓时序是指各种信号的时间序列，它表明了指令执行中各种信号之间的相互关系。单片机本身就是一个复杂的时序电路，CPU 执行指令的一系列动作都是在时序电路控制下一拍一拍进行的。为达到同步协调工作的目的，各操作信号在时间上有严格的先后次序，这些次序就是 CPU 的时序。

51 系列单片机以晶体振荡器的振荡周期（或外部引入的时钟信号的周期）为最小的时序单位。所以片内的各种微操作都是以振荡周期为时序基准。如图 3.15 所示为 MCS-S1 单片机各种周期的相互关系。

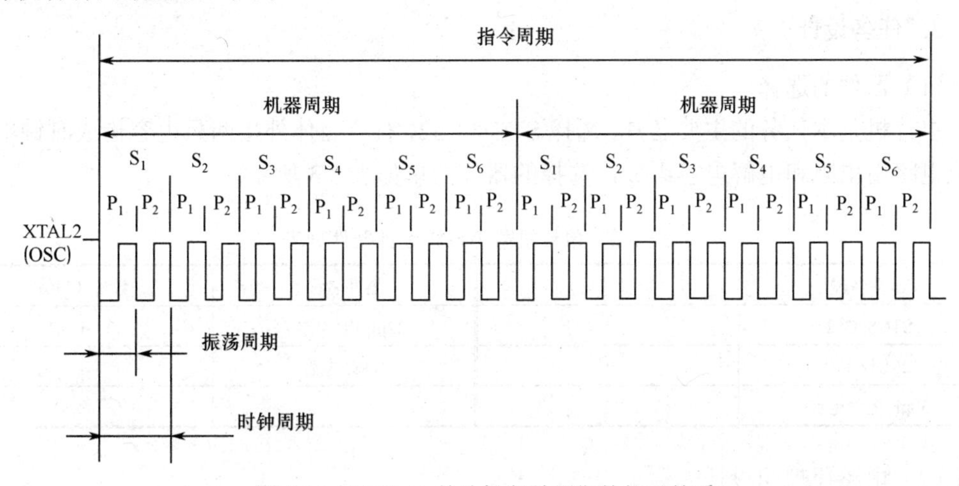


图 3.15 MCS-51 单片机各种周期的相互关系

（1）振荡周期：又称节拍（用 P 表示），指为单片机提供定时信号的振荡源的周期。

（2）状态周期：用 S 表示。振荡脉冲经过二分频后的时钟信号的周期，一个状态包含两个节拍，前一个叫 $P_1$，后一个叫 $P_2$。MCS-51 单片机中一个状态周期为振荡周期的 2 倍。

（3）机器周期：CPU 完成一个基本操作所需要的时间。MCS-51 单片机的一个机器周期有 6 个状态，每个状态由 2 个脉冲组成，可依次表示为 $S_1P_1$、$S_1P_2$、…、$S_6P_1$、$S_6P_2$。

即：1 个机器周期=6 个状态周期=12 个振荡周期。

若单片机采用 12MHz 的晶体振荡器，则 1 个机器周期为 1μs，若采用 6MHz 的晶体振荡器，则 1 个机器周期为 2μs。

（4）指令周期：执行一条指令所需要的时间。不同的指令，其执行时间各不相同，如果用占用机器周期多少来衡量的话，MCS-51 单片机的指令可分为单周期指令、双周期指令及四周期指令。

任务操作

## 3.2.4 单片机最小系统的设计

### 1. 任务要求

设计一个单片机可以正常工作的最简单电路，即单片机最小系统。要求使用 STC89C52 单片机进行设计，且晶振频率为 12MHz。

### 2. 任务分析

根据任务要求，设计的最小系统应具备电源电路、时钟电路和复位电路三部分。时钟电路的设计可以采用内部时钟方式，复位电路可以采用上电自动复位的方式。

### 3. 任务设计

（1）器件的选择。

单片机是本任务的主要芯片，选择 STC89C52，石英晶体外接两只电容构成时钟电路，复位电路由电阻和电解电容组成，选择的器件清单如表 3.3 所示。

表 3.3　单片机最小系统设计器件列表

| 器件名称 | 数量（只） | 器件名称 | 数量（只） |
|---|---|---|---|
| STC89C52 | 1 | 22μF 电解电容 | 1 |
| 12MHz 晶体 | 1 | 10kΩ 电阻 | 1 |
| 30pF 瓷片电容 | 2 | | |

（2）电路原理图设计。

① 电源电路。不同型号单片机接入对应电源，常压为＋5V，低压为＋3.3V，实际使用时查看芯片资料。此处 STC89C52 单片机使用的是+5V 电源，40 脚（VCC）电源引脚工作时接+5V 电源，20 脚（GND）为接地线，如图 3.16 所示。

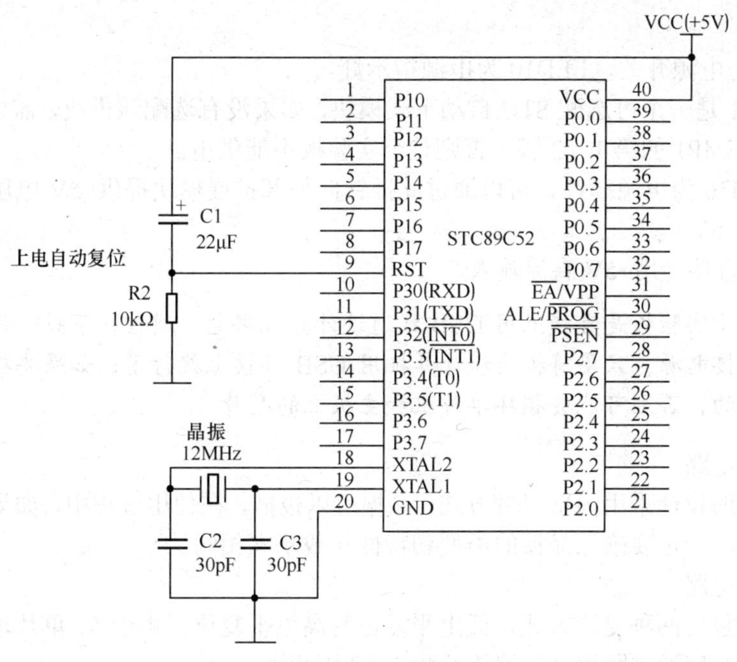


图 3.16 硬件电路

② 时钟电路。时钟电路为单片机产生时序脉冲，单片机所有运算与控制过程都是在统一的时序脉冲的驱动下进行的，时钟电路就好比人的心脏，如果单片机的时钟电路停止工作（晶振停振），那么单片机也就停止运行了。

此处采用内部时钟方式，连接方法如图 3.16 所示，在晶振引脚 XTAL1（19 脚）和 XTAL2（18 脚）引脚之间接入一个晶振，两个引脚对地分别再接入一个电容即可产生所需的时钟信号，电容的容量一般是 10～30pF，典型值为 22 pF 和 30 pF。

③ 复位电路。单片机要想正常工作，必须经过一个复位过程。在复位过程中，单片机初始化内部各个资源，并最终开始运行用户的程序。图 3.16 所示最小系统的复位电路采用了上电复位方式，每次上电单片机复位一次，程序重新执行一遍。

在具备上述 3 个电路的情况下，就构成了一个最简单的单片机最小系统，但是它没什么实际意义，因为它不能跟外界进行交流。实际应用中由用户根据需要来添加输出电路，同时配合各种输入、外设（如定时器和串口等）的使用，最终形成庞大的单片机系统。

## 项目拓展 单片机实验板电路的设计

与教材配套的单片机实验板电路设计采用独立模块式结构，大部分模块都是完全独立的，仅有电源部分连接，信号接口部分默认悬空，需要用到该器件时，用杜邦线连接到对应的单片机端口，不使用时悬空即可。实验板电路各模块见附录 B。

### 1. 实验板最小系统的设计

实验板的单片机最小系统电路原理图如附录 B 中所示。

（1）电源电路。

① USB1 是 USB 插座，通过 USB 连线连接到计算机中可以给实验板供电以及进行串

口通信。

② SW3 为电源开关，LED10 为电源指示灯。

③ TEMP1 是一个可选配 STC 自动下载模块，如果没有选配该模块，需要用跳帽（短路块）短接 TEMP1 的第 1、2 脚，否则整个实验板不能供电。

④ J35、J36 为电源插针，可以通过此插针向外部扩展模块提供+5V 电压，也可以从外部电源引入+5V 电压。

⑤ J38 为直接使用+5V 直流输入。

**注意**：由于实验板是直接采用 USB 线通过计算机供电、通信、下载一体的，所以使用时不需要外接电源，只要将板子和计算机用 USB 线接上就行了；如果要接外接电源，一定要接+5V 的，否则可能会损坏单片机和主板上的芯片。

（2）时钟电路。

时钟电路的设计采用内部时钟方式，晶振可以拔插，在使用过程中，如果需要更换不同频率的晶振，一定要确保晶振的类型和特性参数基本相同。

（3）复位电路。

阻容复位包含两种复位方式，低电平复位与高电平复位。由于 51 单片机为高电平复位，因此使用时应通过跳帽（短路块）将 1、2 脚相连。

### 2．实验板其他功能模块的设计

在单片机最小系统的基础上，根据实际需要添加发光二极管、数码管、键盘等输入或输出电路，即可实现不同的功能，下面介绍单片机实验板的一些常用功能模块的设计。

（1）LED 模块

LED 模块电路见附录 B 中“8 个 LED 灯”电路。RP1 为排阻，390Ω；J9 为插针，用于连接需要使用的 I/O 口。

（2）数码管模块。

① 见附录 B 中“独立共阳数码管”电路，用来演示数码管的基本结构。

② 见附录 B 中“8 位共阴数码管”电路，使用前必须把 J50 插针用跳帽接上，用于数码管的整体供电，如果平时不需要使用共阴数码管，把跳帽拔掉即可。

（3）键盘。

键盘有独立键盘和矩阵键盘两种，见附录 B，使用时，用杜邦线连接键盘接口和单片机 I/O 口。

（4）喇叭。

见附录 B 中“喇叭及电机电路”，使用时用一根杜邦线连接 J42 和单片机的一位 I/O 口即可。

（5）温度传感器。

见附录 B 中“2 路温度传感器”电路，设计了 2 路 18B20 接口，可以使用任意一个或者 2 个单独连接，也可以把 2 个 18B20 连接到一根线上操作。

（6）AD/DA 模块。

见附录 B 中“数模/模数转换”电路，J31 与 J32 用于切换 AD 输入端口，因为只有 2 个电位器，但有 4 个输入端口，所以同时只能使用 2 个，这 2 个插针用于切换输入端口。J33 是 DA 输入模拟 LED 灯选择开关，用跳帽接上后 LED 起作用。

（7）串口通信

见附录 B 中“串口通信”电路，单片机串口默认连接的板载 USB-232 芯片，使用一根 USB 接口就可以进行串口实验。J18 用于切换串口公口或母口连接到单片机的 P3.0、P3.1，平时不用该端口跳帽可以悬空。

## 项目小结

本项目主要介绍了 51 单片机的芯片引脚、基本结构和内部存储器，同时介绍了 51 单片机复位电路、时钟电路的设计方法，通过两个任务完成了单片机内部存储器的读写控制和单片机最小系统的设计。

51 单片机采用 40 引脚双列直插式 DIP 封装，内部由中央处理器，时钟电路、程序存储器、数据存储器、中断系统、定时/计数器、并行接口和一个串行通信模块组成。

保证单片机正常运行的三个基本条件：电源正常、时钟电路正常、复位电路正常。

## 思考与训练

### （一）知识思考

1．51 单片机内部包含哪些逻辑功能部件？各有什么主要功能？

2．简述 51 单片机中程序存储器和数据存储器的功能。它们的寻址范围是如何确定和分配的？

3．51 单片机内部数据存储器可分为哪几部分？

4．51 单片机有多少个特殊功能寄存器？它们分布在何地址范围？

5．程序状态字寄存器 PSW 的作用是什么？常用状态有哪些位？

6．DPTR 是什么寄存器？它的作用是什么？它是由哪几个寄存器组成的？

7．保证单片机正常运行的三个基本条件是什么？

8．何谓振荡周期、机器周期、指令周期？针对 80C51 单片机，如采用 12MHz 晶振，振荡周期、状态周期、机器周期各为多少？

9．51 单片机常用的复位方法有几种？应注意什么事项？并画电路图说明其工作原理。

### （二）项目训练

1．用 AT89C51 设计一个单片机最小系统，要求晶振频率为 24MHz。

2．请熟悉你所用的单片机开发系统（实验板）的电路原理图（见附录 B）。

项目 4

# 单片机控制 LED 灯的设计

## 学习目标

➢ 了解 51 单片机 I/O 口的结构；
➢ 掌握 51 单片机 I/O 口的特点及应用；
➢ 掌握 51 单片机控制 LED 灯的硬件设计方法；
➢ 熟练编写单片机控制 LED 灯闪烁的程序。

## 工作任务

➢ 叙述 51 单片机 I/O 口的结构和特点；
➢ 设计单片机控制单个 LED 灯闪烁的电路和工作软件；
➢ 设计单片机控制多个循环 LED 灯的电路和工作软件。

## 项目引入

生活当中，常常可以在广告牌上见到彩灯流转，变幻出各种不同的图案。实际上，彩灯的变换，都是通过控制器来控制对应 LED 灯的点亮与熄灭。单片机就是这样的控制器。

本项目通过单片机对外围电路的控制来改变 LED 灯亮灭的次序，从而实现不同的亮灯效果。通过这个项目，要求学生了解 51 单片机的 I/O 口结构，掌握单片机用 I/O 口控制 LED 灯的硬件电路设计方法及单片机编程的基本步骤。

本项目包含两个任务：单片机控制单个 LED 灯；单片机控制多个循环 LED 灯。

# 任务4.1　单片机控制单个LED灯

任务准备

## 4.1.1　MCS-51单片机的I/O口介绍

MCS-51系列单片机有4个8位的并行I/O口：P0、P1、P2和P3。它们是特殊功能寄存器中的4个。这4个口，既可以作为输入，也可以作为输出，既可按8位处理，也可按位方式使用。输出时具有锁存能力，输入时具有缓冲功能。

1．P0口

P0口是一个三态双向口，可作为地址/数据分时复用口，也可作为通用的I/O口。它包括一个输出锁存器、两个三态缓冲器、一个输出驱动电路和一个输出控制电路，它的一位结构如图4.1所示。

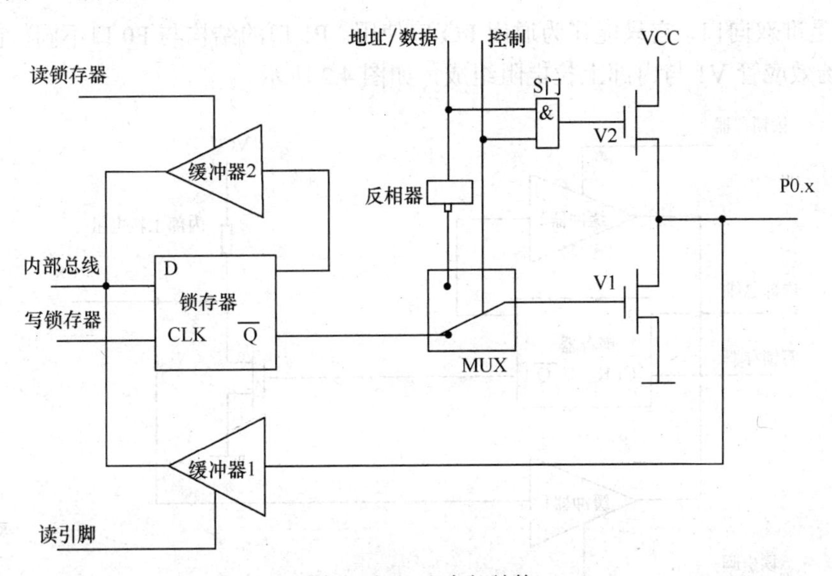


图4.1　P0口内部结构

当控制信号为高电平1时，P0口作为地址/数据分时复用总线使用。这时可分为两种情况：一种是从P0口输出地址或数据，另一种是从P0口输入数据。控制信号为高电平1，使转换开关MUX把反相器的输出端与V1接通，同时把与门打开。如果从P0口输出地址或数据信号，当地址或数据为1时，经反相器使V1截止，而经与门使V2导通，P0.x引脚上出现相应的高电平1；当地址或数据为0时，经反相器使V1导通而V2截止，引脚上出现相应的低电平 0，这样就将地址/数据的信号输出。如果从 P0 口输入数据，输入数据从引脚下方的三态输入缓冲器进入内部总线。

当控制信号为低电平 0，P0 口作为通用 I/O 口使用。控制信号为 0，转换开关 MUX 把输出级与锁存器 $\overline{Q}$ 端接通，在 CPU 向端口输出数据时，因与门输出为 0，使 V2 截止，此时，输出级是漏极开路电路。当写入脉冲加在锁存器时钟端 CLK 上时，与内部总线相连的 D 端数据取反后出现在 $\overline{Q}$ 端，又经输出 V1 反相，在 P0 引脚上出现的数据正好是内部总线的数据。当要从 P0 口输入数据时，引脚信号仍经输入缓冲器进入内部总线。

当 P0 口作为通用 I/O 口时，应注意以下两点：

（1）在输出数据时，由于 V2 截止，输出级是漏极开路电路，要使 1 信号正常输出，必须外接上拉电阻。

（2）P0 口作为通用 I/O 口输入使用时，在输入数据前，应先向 P0 口写 1，此时锁存器的 $\overline{Q}$ 端为 0，使输出级的两个场效应管 V1、V2 均截止，引脚处于悬浮状态，这样才可作为高阻输入。因为从 P0 口引脚输入数据时，V2 一直处于截止状态，引脚上的外部信号既加在三态缓冲器 1 的输入端，又加在 V1 的漏极。假定在此之前曾经输出数据 0，则 V1 是导通的，这样引脚上的电位就始终被箝位在低电平，使输入高电平无法读入。因此，在输入数据时，应人为地先向 P0 口写 1，使 V1、V2 均截止，方可高阻输入。

另外，P0 口的输出级具有驱动 8 个 LS TTL 负载的能力，输出电流不大于 800μA。

### 2. P1 口

P1 口是准双向口，它只能作为通用 I/O 口使用。P1 口的结构与 P0 口不同，它的输出只由一个场效应管 V1 与内部上拉电阻组成，如图 4.2 所示。

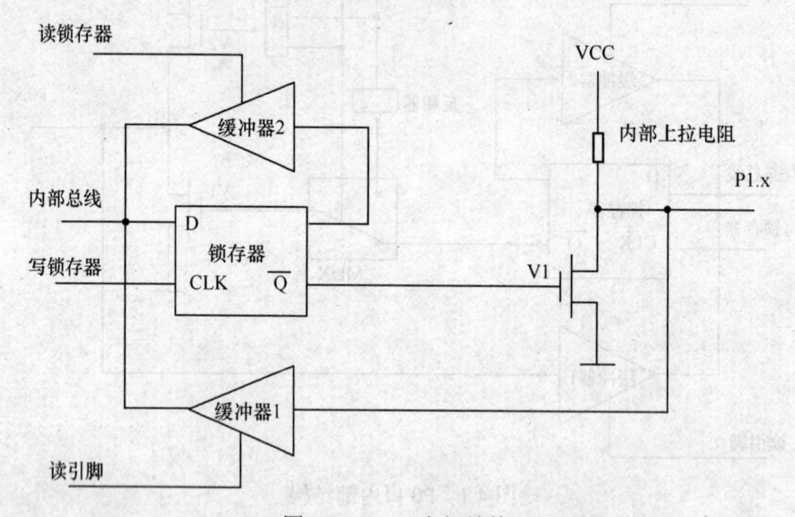


图 4.2　P1 口内部结构

输入、输出的原理特性与 P0 口作为通用 I/O 口使用时一样，当其输出时，可以提供电流负载，不必像 P0 口那样需要外接上拉电阻。P1 口具有驱动 4 个 LS TTL 负载的能力。

### 3. P2 口

P2 口也是准双向口，它有两种用途：通用 I/O 口和高 8 位地址线。它的一位的结构如图 4.3 所示。与 P1 口相比，它只在输出驱动电路上比 P1 口多了一个模拟转换开关 MUX 和反相器。

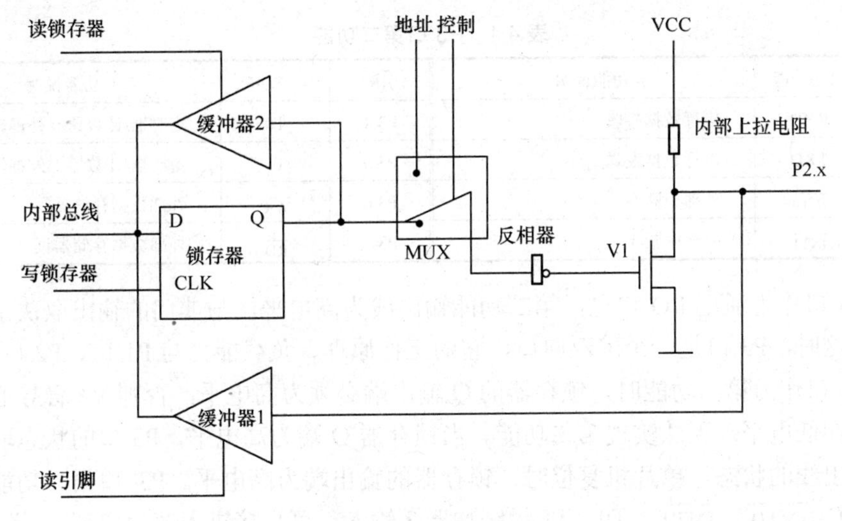


图 4.3　P2 口内部结构

当控制信号为高电平“1”，转换开关接内部地址线，P2 口作为高 8 位地址线使用。

当控制信号为低电平“0”，转换开关接锁存器 Q 端，P2 口作为准双向通用 I/O 口使用，其工作原理与 P1 口相同，只是 P1 口输出端由锁存器 $\overline{Q}$ 接 V1，而 P2 口是由锁存器 Q 端经反相器接 V1，也具有输入、输出、端口操作三种工作方式，负载能力也与 P1 口相同。

4．P3 口

P3 口一位的结构如图 4.4 所示。它的输出驱动由与非门、V1 组成，输入比 P0 口、P1 口、P2 口多了一个缓冲器 3。

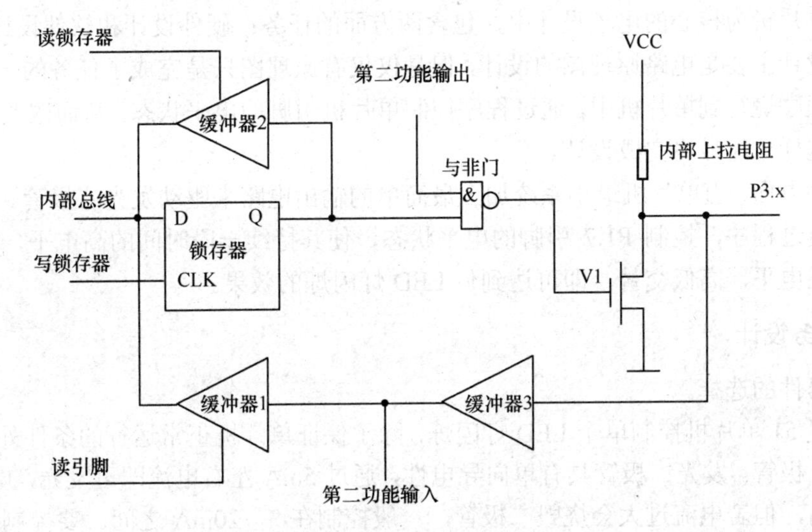


图 4.4　P3 口内部结构

P3 口除了作为准双向通用 I/O 口使用外，它的每一根线还具有第二种功能，如表 4.1 所示。

表 4.1　P3 口第二功能

| 引脚 | 第二功能 | 功能说明 | 引脚 | 第二功能 | 功能说明 |
|---|---|---|---|---|---|
| P3.0 | RXD | 串行数据接收 | P3.4 | T0 | 定时器/计数器 0 外部输入 |
| P3.1 | TXD | 串行数据发送 | P3.5 | T1 | 定时器/计数器 1 外部输入 |
| P3.2 | $\overline{\text{INT0}}$ | 外部中断 0 | P3.6 | $\overline{\text{WR}}$ | 外部数据存储器写 |
| P3.3 | $\overline{\text{INT1}}$ | 外部中断 1 | P3.7 | $\overline{\text{RD}}$ | 外部数据存储器读 |

当 P3 口作为通用 I/O 口时，第二功能输出线为高电平，与非门的输出取决于锁存器的状态。这时，P3 口是一个准双向口，它的工作原理、负载能力与 P1 口、P2 口相同。

当 P3 口作为第二功能时，锁存器的 Q 输出端必须为高电平，否则 V1 管导通，引脚将被箝位在低电平，无法实现第二功能。当锁存器 Q 端为高电平，P3 口的状态取决于第二功能输出线的状态。单片机复位时，锁存器的输出端为高电平。P3 口第二功能中输入信号 RXD、$\overline{\text{INT0}}$、$\overline{\text{INT1}}$、T0、T1 经缓冲器 3 输入，可直接进入芯片内部。

任务操作

## 4.1.2　单片机控制单个 LED 灯闪烁的设计

### 1．任务要求

设计一个电路，AT89C52 单片机的 P1.7 引脚连接一个 LED 灯，控制 LED 灯闪烁。

### 2．任务分析

在以单片机为核心的电子设计中，包含两方面的任务：硬件设计和软件设计。

硬件设计主要是电路原理图的设计，但是仅仅有原理图只是完成了任务的一半，必须将写好的程序烧写到单片机中，通过程序控制单片机引脚的电平状态，从而改变外围电路的状态，这样才能最终完成设计。

在硬件方面，由单片机最小系统加上最简单的输出电路来驱动发光二极管。在软件方面，需要通过程序，控制 P1.7 引脚的电平状态，使其持续一段时间的高电平，再持续一段时间的低电平，高低交替，即可达到使 LED 灯闪烁的效果。

### 3．任务设计

（1）器件的选择。

要实现 51 单片机控制单个 LED 灯闪烁，除了保证单片机正常运行的条件外，还需要加入发光二极管。发光二极管具有单向导电性，通过 5mA 左右电流即可发光，电流越大，其亮度越高，但若电流过大会烧毁二极管，一般控制在 3～20mA 之间。要控制发光二极管的正向电流，就必须知道发光二极管的一个重要参数：工作电压。在二极管发光时（接反了就不会发光），测量出的发光二极管两端的电压就是它的工作电压。电流增大，这个工作电压不会明显增加，直至发光二极管电流过大而烧毁。

不同颜色的发光二极管有不同的工作电压值，红色发光二极管工作电压最低，约为1.7～2.5V，绿色发光二极管约为2.0～2.4V，黄色发光二极管约为1.9～2.4V，蓝/白色发光二极管约为3.0～3.8V。

图4.5所示为直插式发光二极管的实物图。发光二极管正极又称阳极，负极又称阴极，电流只能从阳极流向阴极。直插式发光二极管长脚为阳极，短脚为阴极。

发光二极管在使用过程中一般要串联一个电阻，其目的是为了限制通过发光二极管的电流不要太大，以免烧毁二极管，该电阻也称为"限流电阻"。

假设发光二极管与单片机I/O引脚的连接如图4.6所示。电阻R1的作用是限流，发光二极管的阳极接+5V电源，当P1.7引脚输出低电平时，发光二极管点亮，可以构成回路。

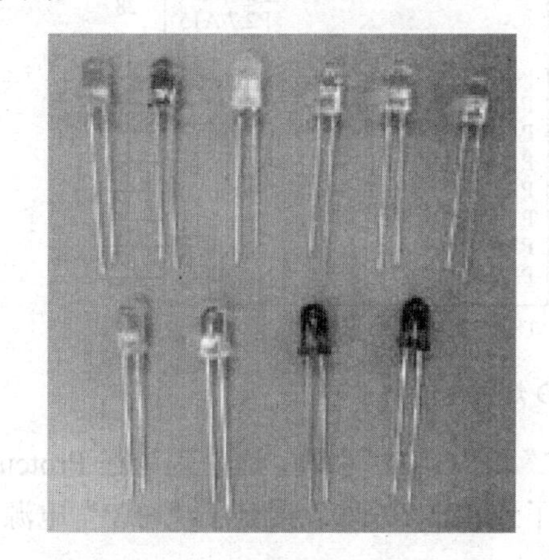

图4.5 直插式发光二极管

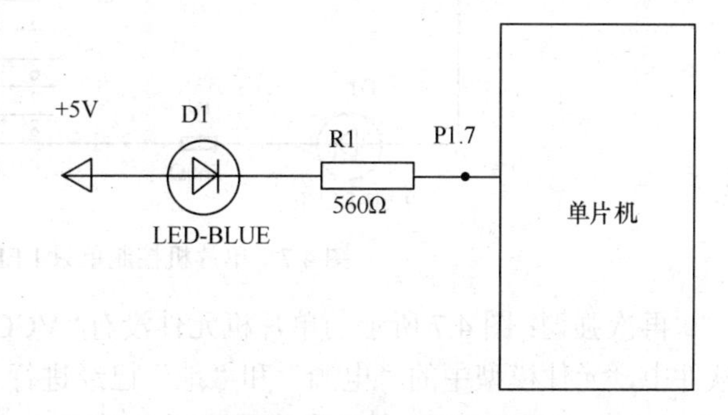


图4.6 发光二极管回路

限流电阻的选择：假设电源电压为$V_{CC}$，发光二极管的导通压降为$V_{DD}$，导通时流过二极管的电流为$I$，则限流电阻为：

$$R=(V_{CC}-V_{DD})/I$$

例如，若二极管的导通压降为2.2V，导通时流过的电流为5mA，则限流电阻为560Ω。

本任务选择的器件清单如表4.2所示。

表4.2 单片机控制单个LED灯闪烁器件清单

| 器件名称 | 数量（只） | 器件名称 | 数量（只） |
|---|---|---|---|
| AT89C52 | 1 | 10kΩ 电阻 | 1 |
| 12MHz 晶体 | 1 | 560Ω 电阻 | 1 |
| 22pF 瓷片电容 | 2 | 发光二极管 LED | 1 |
| 22μF 电解电容 | 1 | | |

（2）硬件原理图设计。

本任务的硬件原理图在Proteus软件中完成，如图4.7所示。

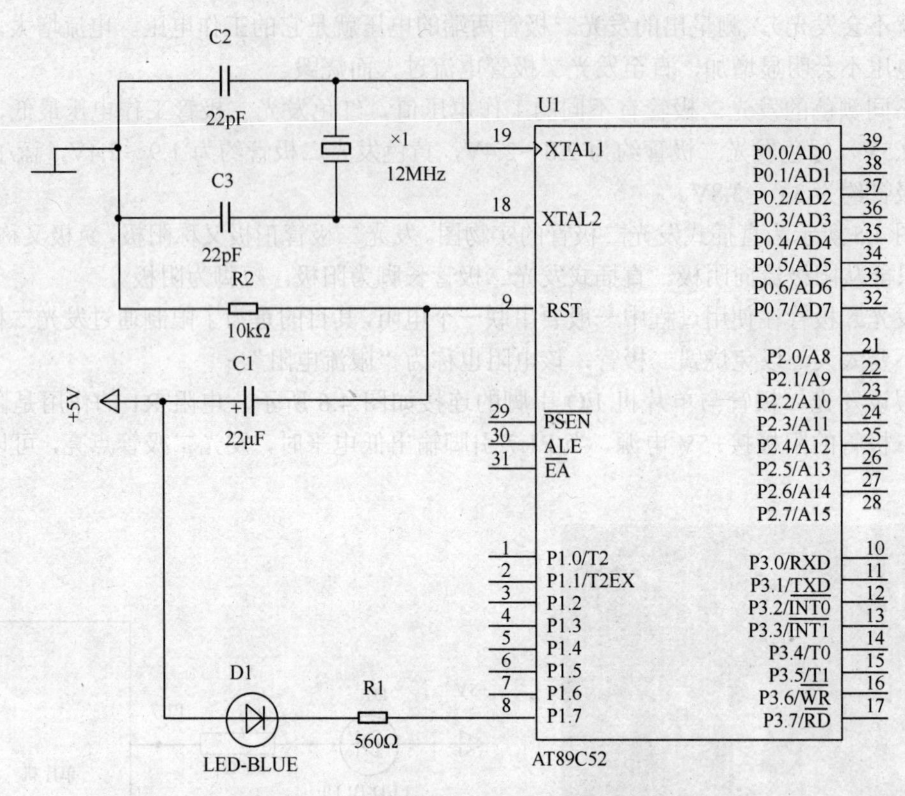


图 4.7　单片机控制单只 LED 灯闪烁电路

再次强调：图 4.7 所示的单片机元件没有“VCC”和“GND”引脚，这是因为在 Proteus 软件中，元件模型中的“电源”和“地”已经进行了连接，“VCC”接到了“+5V”电源，“GND”接到了“地”，所以隐藏了这两个引脚。

（3）软件程序设计。

源程序编写如下：

```
//****************************************************************
//宏定义
#include<reg52.h>
sbit led=P1^7;                // 用 sbit 关键字定义 P1.7 引脚
//****************************************************************
// 延时子函数
void Delay（unsigned int t）
{
 while（--t）;
}
//****************************************************************
//主函数，控制 P1.7 引脚的 LED 灯闪烁
void main（void）
{
   while（1）               // 主循环
   {
```

```
        led=0;                  //将 P1.7 引脚置 0，对外输出低电平
        Delay（20000）;         //调用延时程序
        led=1;                  //将 P1.7 引脚置 1，对外输出高电平
        Delay（20000）;         //调用延时程序
    }
}
```

程序分析：

①“#include<reg52.h>”语句是头文件包含，包含这个头文件的目的是在后面编写程序时，可以直接对单片机内部的特殊功能寄存器操作，因为这个头文件已经对 51 单片机内部的特殊功能寄存器进行了声明。“reg52.h”头文件的内容如下：

```
/*************************************************************
REG52.H
Header file for generic 80C52 and 80C32 microcontroller.
Copyright（c）1988-2002 Keil Elektronik GmbH and Keil Software, Inc.
All rights reserved.
**************************************************************/

#ifndef __REG52_H__
#define __REG52_H__

/*  BYTE Registers  */
sfr P0 = 0x80;
sfr P1 = 0x90;
sfr P2 = 0xA0;
sfr P3 = 0xB0;
sfr PSW = 0xD0;
sfr ACC = 0xE0;
sfr B = 0xF0;
sfr SP = 0x81;
sfr DPL = 0x82;
sfr DPH = 0x83;
sfr PCON = 0x87;
sfr TCON = 0x88;
sfr TMOD = 0x89;
sfr TL0 = 0x8A;
sfr TL1 = 0x8B;
sfr TH0 = 0x8C;
sfr TH1 = 0x8D;
sfr IE = 0xA8;
sfr IP = 0xB8;
sfr SCON = 0x98;
sfr SBUF = 0x99;

/*  8052 Extensions  */
sfr T2CON = 0xC8;
```

```
sfr RCAP2L = 0xCA;
sfr RCAP2H = 0xCB;
sfr TL2 = 0xCC;
sfr TH2 = 0xCD;

/*   BIT Registers   */
/*   PSW   */
sbit CY = PSW^7;
sbit AC = PSW^6;
sbit F0 = PSW^5;
sbit RS1 = PSW^4;
sbit RS0 = PSW^3;
sbit OV = PSW^2;
sbit P = PSW^0; //8052 only

/*   TCON   */
sbit TF1 = TCON^7;
sbit TR1 = TCON^6;
sbit TF0 = TCON^5;
sbit TR0 = TCON^4;
sbit IE1 = TCON^3;
sbit IT1 = TCON^2;
sbit IE0 = TCON^1;
sbit IT0 = TCON^0;

/*   IE   */
sbit EA = IE^7;
sbit ET2 = IE^5; //8052 only
sbit ES = IE^4;
sbit ET1 = IE^3;
sbit EX1 = IE^2;
sbit ET0 = IE^1;
sbit EX0 = IE^0;

/*   IP   */
sbit PT2 = IP^5;
sbit PS = IP^4;
sbit PT1 = IP^3;
sbit PX1 = IP^2;
sbit PT0 = IP^1;
sbit PX0 = IP^0;

/*   P3   */
sbit RD = P3^7;
sbit WR = P3^6;
sbit T1 = P3^5;
```

```
sbit T0 = P3^4;
sbit INT1 = P3^3;
sbit INT0 = P3^2;
sbit TXD = P3^1;
sbit RXD = P3^0;

/*  SCON   */
sbit SM0 = SCON^7;
sbit SM1 = SCON^6;
sbit SM2 = SCON^5;
sbit REN = SCON^4;
sbit TB8 = SCON^3;
sbit RB8 = SCON^2;
sbit TI = SCON^1;
sbit RI = SCON^0;

/*  P1   */
sbit T2EX   = P1^1; // 8052 only
sbit T2 = P1^0; // 8052 only

/*  T2CON   */
sbit TF2 = T2CON^7;
sbit EXF2 = T2CON^6;
sbit RCLK = T2CON^5;
sbit TCLK = T2CON^4;
sbit EXEN2 = T2CON^3;
sbit TR2 = T2CON^2;
sbit C_T2 = T2CON^1;
sbit CP_RL2 = T2CON^0;
#endif
```

在该头文件中，“sfr P0 = 0x80;”语句的含义是把单片机内部地址 0x80 处这个寄存器重新起名为P0,以后我们在程序中可以直接操作P0,这就相当于直接对单片机内部的0x80地址处的寄存器进行操作。

“sbit CY = PSW^7;”语句的意思是将 PSW 这个寄存器的最高位重新命名为 CY，以后当要单独操作 PSW 寄存器的最高位时，便可直接操作 CY，其他类似。

程序第二行“sbit led=P1^7;”相当于给 P1.7 位重新命名为“led”，这里名称只要符合 C 语言标识符的规定即可。此处需要注意的是，P1 不可随意写，“P”是大写，若写成小写“p”，编译程序时将报错，因为在头文件中声明 P1 时用的是大写“P”。

对单片机编写程序，离不开对内部特殊功能寄存器的操作，所以每次在写程序之前，首先将关于对特殊功能寄存器声明的头文件包含进来。Keil C51 中自带的头文件还有“AT89X51”、“reg51.h”等，可以在 Keil 安装路径下“INC”文件夹里打开查看。

② void Delay（unsigned int t）为延时子函数，形参 t 为无符号整形变量，其值的范围是 0～65 535。在延时子函数中，通过“while（--t);”空循环语句来达到延时的目的。

③ 在主函数中，“led=0;”语句的含义是置 P1.7 引脚为低电平，数字电路中，“1”

表示高电平，“0”表示低电平，程序中之所以将 P1.7 引脚置低，是因为硬件电路中我们将发光二极管的阳极接+5V 电源，而阴极与 P1.7 端相连，所以当 P1.7 端输出低电平时会使发光二极管导通，进而点亮发光二极管。“Delay（20000）；”语句为调用延时子函数，实参为 20 000，即子函数中的变量 t 从 20 000 逐一减至 0 时退出循环，回到主函数。通过延时，让刚刚点亮的 LED 灯亮一段时间。“led=1；”语句是将 P1.7 引脚置为高电平，即关掉发光二极管。之后再延时，让 LED 灯熄灭一段时间。通过 while（1）主循环让程序不断地在“点亮→延时→熄灭→延时”之间执行，这样就实现了 LED 灯的闪烁。

**注意**：在软件编程中，通常使用空循环来达到延时的效果。延时时间的长短可以在 Keil C51 的调试状态下分析。

（4）软硬件联合调试。

在程序下载到实验板之前，可以在 Proteus 里加载可执行.hex 文件进行软硬件联合调试，通过仿真来观察实验结果。在 Proteus 中使用鼠标左键双击单片机 AT89C52，弹出对话框，如图 4.8 所示，单击加载可执行文件“*.hex”。

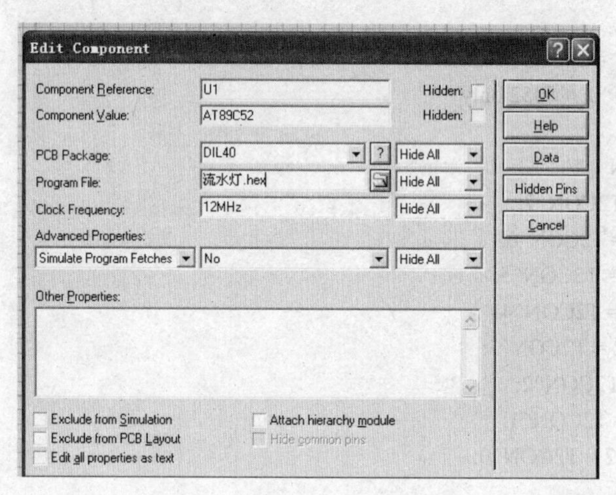


图 4.8　选择加载可执行文件

单击仿真运行开始按钮 ▶，可以观察到 LED 灯闪烁，同时还能清楚地观察到每一个引脚的电平变化，红色代表高电平，蓝色代表低电平。

## 任务 4.2　单片机控制多个循环 LED 灯

### 任务操作

1. 任务要求

设计一个电路，AT89C52 单片机的 P1 口连接 8 只 LED 灯，首先控制 P1.0 到 P1.7 连接的 8 只 LED 灯逐个轮流点亮，接下来再从 P1.0 到 P1.7 连接的 8 只 LED 依次全部点亮，然后控制从 P1.7 到 P1.0 连接的 8 只 LED 灯逐个轮流点亮，最后再从 P1.7 到 P1.0 连接的 8 只 LED 依次全部点亮，形成流水灯的效果。

### 2. 任务分析

任务要求单片机控制 8 个 LED 灯，如果像任务 4.1 一样，对 P1 口每一位声明之后逐位去控制 LED 灯，程序会显得非常复杂。当需要对某个 I/O 口的 8 位一起操作时，一般采用整体操作的方式，即总线的方式。在软件设计时可以定义一个变量来给 P1 口赋值，赋的值不同点亮的 LED 灯就不同。由于 8 只 LED 灯要按一定规律点亮，这就要求对给 P1 口赋的变量进行移位，移位操作既可以用标准 C 语言中的左移、右移运算符来实现，也可以用 C51 库自带的函数来实现，如表 4.3 和表 4.4 所示。

**表 4.3 移位运算符**

| 符　号 | 功　能 | 示　例 |
| --- | --- | --- |
| << | 按位左移 | int x；x=3<<1；表示将 0011 左移一位之后赋给 x |
| >> | 按位右移 | int x；x=3>>1；表示将 0011 右移一位之后赋给 x |

**表 4.4 循环移位函数**

| 函　数 | 功　能 | 示　例 |
| --- | --- | --- |
| _crol_（unsigned char c，unsigned char b） | 将字符 c 循环左移 b 位 | int x；x=_crol_（0xfe, 1）；表示将 11111110 循环左移一位之后赋给 x |
| _cror_（unsigned char c，unsigned char b） | 将字符 c 循环右移 b 位 | int x；x=_cror_（0x7f, 1）；表示将 01111111 循环右移一位之后赋给 x |

**注意**：循环移位函数_crol_( )和_cror_( )包含在 intrins.h 头文件中，因此如果在程序中要用到这类函数，就必须在程序的开头处包含 intrins.h 头文件。

### 3. 任务设计

（1）器件的选择。

本任务由于用到的发光二极管较多，每个发光二极管都需要限流电阻，硬件电路会显得比较复杂，所以我们这里使用了排阻。排阻，就是若干个参数完全相同的电阻，它们的一个引脚都连到一起，作为公共引脚，其余引脚正常引出。所以如果一个排阻是由 $n$ 个电阻构成的，那么它就有 $n$+1 个引脚，一般来说最左边的是公共引脚。它在排阻上一般用一个色点标出来，排阻的实物封装如图 4.9 所示。排阻一般应用在数字电路上，比如作为某个并行口的上拉或者下拉电阻用。使用排阻比用若干只固定电阻更方便。

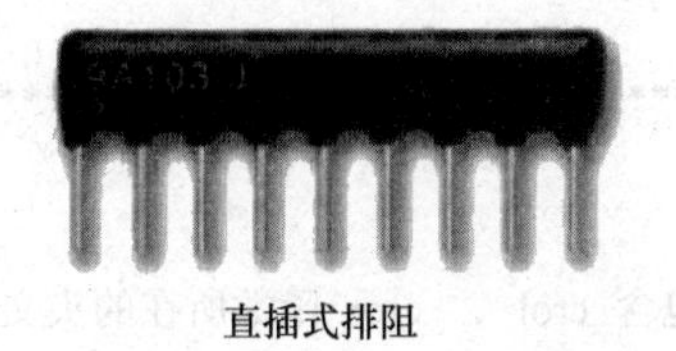
直插式排阻

贴片式排阻

图 4.9 排阻封装

本任务选择的器件清单如表 4.5 所示。

表 4.5 单片机控制多个循环 LED 器件清单

| 器件名称 | 数量（只） | 器件名称 | 数量（只） |
|---|---|---|---|
| AT89C52 | 1 | 10kΩ 电阻 | 1 |
| 12MHz 晶体 | 1 | 560Ω×8 排阻 | 1 |
| 22pF 瓷片电容 | 2 | 发光二极管 LED | 8 |
| 22μF 电解电容 | 1 | | |

（2）硬件原理图设计。

根据本任务的要求，AT89C52 的 P1 口连接 8 只发光二极管，并使用排阻限流，设计电路如图 4.10 所示。

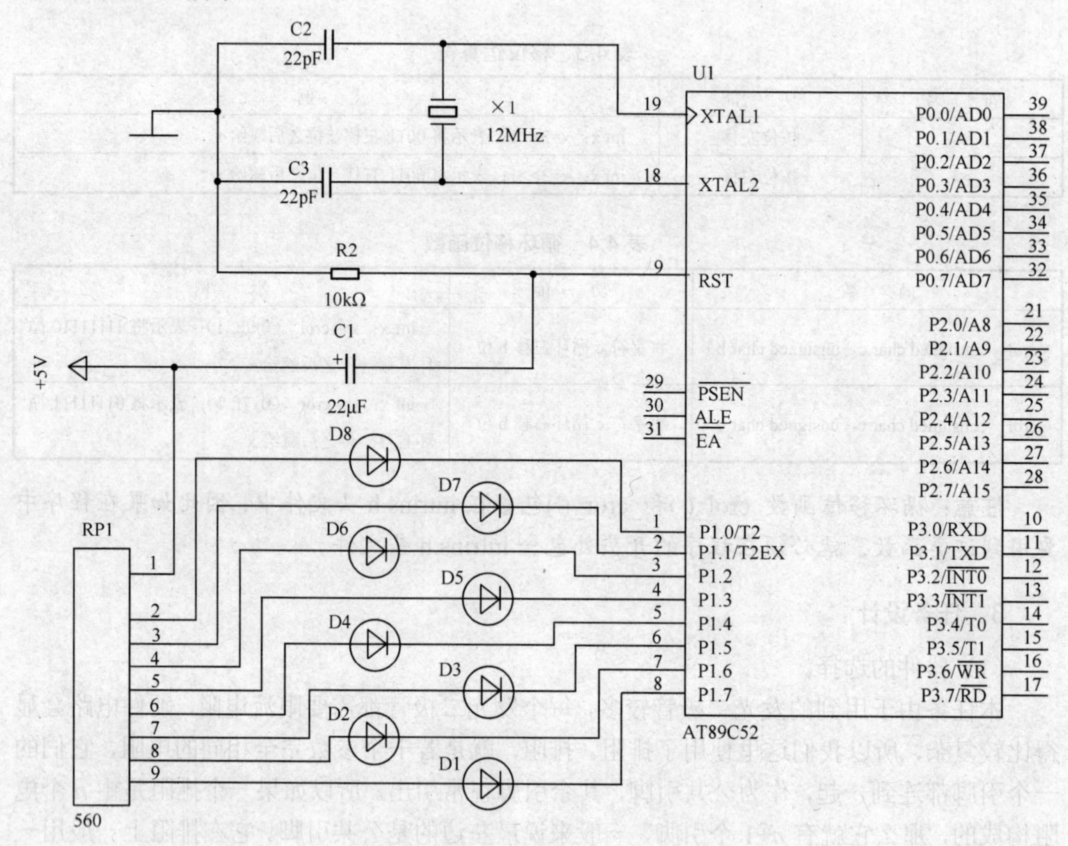


图 4.10 AT89C52 控制 8 只 LED 灯电路

（3）软件程序设计。

源程序编写如下：

```
//************************************************************************
//宏定义，52 单片机头文件
#include<reg52.h>
#include<intrins.h>                    //包含_crol_、_cror_函数所在的头文件
#define uint unsigned int
#define uchar unsigned char
```

```
//***********************************************************************
//延时子函数
void Delay（unsigned int t）
{   while（--t）;
}
//***********************************************************************
//主函数，循环点亮 LED 灯
void main（）
{ uchar k,recy;

while（1）                                   //大循环
{       recy=0xfe;
        for（k=1;k<=8;k++）                  //8 只 LED 灯从 P1.0 到 P1.7 逐个轮流点亮
            {  P1=recy;                       //先点亮 P1.0 的 LED 灯
               Delay（50000）;                //延时一段时间
               recy=_crol_（recy,1）;         //将 recy 循环左移 1 位后再赋给 recy
            }

        recy=0xfe;
        for（k=1;k<=8;k++）                  //8 只 LED 灯从 P1.0 到 P1.7 依次全部点亮
            {  P1=recy;
               Delay（50000）;
               recy=recy<<1;                  //将 recy 左移 1 位后再赋给 recy
            }

        P1=0xff;                                   //全部熄灭
        Delay（50000）;
        recy=0x7f;
        for（k=1;k<=8;k++）                  //8 只 LED 灯从 P1.7 到 P1.0 逐个轮流点亮
            {  P1=recy;                       //先点亮 P1.7 的 LED 灯
               Delay（50000）;
               recy=_cror_（recy,1）;         //将 recy 循环右移 1 位后再赋给 recy
            }

        recy=0x7f;
        for（k=1;k<=8;k++）                  //8 只 LED 灯从 P1.7 到 P1.0 依次全部点亮
            {  P1=recy;
               Delay（50000）;
               recy=recy>>1;                  //将 recy 右移 1 位后再赋给 recy
            }

        P1=0xff;                              //全部熄灭
        Delay（50000）;
}
}
//***********************************************************************
```

在程序中首先定义变量 recy 来给 P1 口赋值，“P1=recy;”语句是将变量 recy 的值从 P1 口送出去，recy 的初始值为 0xfe（1111 1110B），这样相当于置 P1.0 位为低电平，其余位为高电平，即点亮了 P1.0 的 LED 灯。延时是让刚刚点亮的灯亮一段时间。接下来执行“recy=_crol_（recy, 1);”语句，_crol_（）是一个带返回值的函数，程序执行时，先执行等号右边的表达式，即将 recy 这个变量循环左移一位，然后将结果再重新赋给 recy 变量，如 recy 的初值为 0xfe（11111110B），将它循环左移一位后变为 0xfd（11111101B），然后再将 0xfd 重新赋给 recy 变量，在 for 循环的第二次再将这个 recy 的值从 P1 口送出，这样就点亮了第二个 LED 灯，同时刚才点亮的一个 LED 灯熄灭。如此，for 循环 8 次，即可逐个点亮 LED 灯。退出 for 循环之后，由于程序处于 while（1）的大循环中，再次为 recy 赋初值，开始下一轮点亮 LED 灯。

（4）软硬件联合调试。

将编写的程序在 Keil C51 中编译成*.hex 后调入 Proteus 硬件电路图的 AT89C52 中运行，8 只 LED 灯灯从 P1.0 到 P1.7 逐个轮流点亮，接下来再从 P1.0 到 P1.7 依次全部点亮，然后全部熄灭后又从 P1.7 到 P1.0 逐个轮流点亮，最后再从 P1.7 到 P1.0 依次全部点亮，如此反复形成流水灯。

## 项目拓展　实验板彩灯的花式控制

在任务 4.2 中设计的流水灯为 8 个 LED 灯按一个方向循环点亮，此外我们还可以通过编程控制 LED 灯，使它以我们想要的各种方式点亮，而且 LED 灯点亮频率可以通过改变延时时间来实现。下面编写程序控制实验板上的 8 个 LED 灯按照不同花式循环点亮。

（1）实验板 LED 模块电路如附录 B 中“8 个 LED 灯”电路所示。RP1 为 390Ω 排阻；J9 为插针，用于连接需要使用的 I/O 口，此处用杜邦线连接单片机的 P1 口。

（2）编写程序，控制 8 个 LED 灯使其以 1s 左右的时间间隔按不同形式循环点亮。

```
//*******************************************************************
//宏定义
#include<reg52.h>
#define uint unsigned int
#define uchar unsigned char
//*******************************************************************
//声明延时函数
void delay（uint）;
uint a;                                        //定义循环用变量
//定义循环用数据表格
uchar code table[]={
0xff,                                          //全灭
0xfe,0xfd,0xfb,0xf7,0xef,0xdf,0xbf,0x7f,       //从第 0 位到第 7 位依次逐个轮流点亮
0xfe,0xfc,0xf8,0xf0,0xe0,0xc0,0x80,0x00,       //从第 0 位到第 7 位/依次全部点亮
0x80,0xc0,0xe0,0xf0,0xf8,0xfc,0xfe,0xff,       //从第 7 位到第 0 位依次全部熄灭
0x7e,0xbd,0xdb,0xe7,0xe7,0xdb,0xbd,0x7e,       //分别从第 7 位和第 0 位向中间靠拢逐个轮流点亮
                                               //然后从中间向两边分散逐个点亮
0x7e,0x3c,0x18,0x00,0x00,0x18,0x3c,0x7e,       //分别从第7位和第0位向中间靠拢依次全部点亮，
```

```
                                                //然后从中间向两边依次熄灭
0x00                                            //全亮
};                                              //定义循环用数据表格
//*********************************************************************
//延时子函数，通过 time 值改变延时时间
void delay（uint time）
{
    uint i,j;
    for（i=time;i>0;i--）
        for（j=110;j>0;j--）;
}
//*********************************************************************
//主函数，循环点亮 LED 灯
void main（）
{  while（1）
      { for（a=0;a<42;a++）
           { P1=table[a];                   //以 a 做索引号，从数组中取值送给 P1 口
             delay（1000）;                 //调用延时子程序，晶振频率 12MHz 时，延时约 1s
           }
      }
}
//*********************************************************************
```

程序分析：

在这个程序中，根据 LED 灯点亮的方式，将需要送向 P1 口的数据预先存放到数组中，程序运行时，只要按照顺序将这些数组元素送向 P1 口，就可以实现不同花式的彩灯。数组定义时，写“code”的含义是告诉单片机定义的数组要放在 ROM（程序存储区）中，写后就不能再更改。程序可以简单地分为 code（程序）区和 data（数据）区，code 区在运行的时候是不可以更改的，data 区放全局变量和临时变量，是要不断改变的，CPU 从 code 区读取指令，对 data 区的数据进行运算处理。由于单片机上的 RAM 区很小，而 ROM 区相对来说比较大，当需要定义的数据太多时，会存在 RAM 区放不下的情况。所以在编写程序时，对于那些在程序运行中一直不变的数据，可在数据类型名和变量名之间加上“code”，这样数据就会被存放到 ROM 区中，节省了 RAM 区的空间。

**注意：**在单片机编程中，要根据变量的取值范围，合理定义变量的数据类型，节省 RAM 区。

（3）将调试通过的程序下载到实验板观察效果，实验板上的单片机为 STC89C52，可直接使用 STC-ISP 下载软件将程序烧写到单片机上。STC-ISP 的界面如图 4.11 所示。按照界面中操作步骤，依次选取单片机型号、打开 HEX 文件、选择串口、单击“下载”按钮就可以将程序下载到单片机中。

**注意：**STC 单片机下载时必须进行冷启动，即在单击“下载”按钮之前实验板电源是关闭的，单击“下载”按钮后，大约 2 秒钟，打开实验板电源，出现蓝色进展条并有提示音表示下载成功。

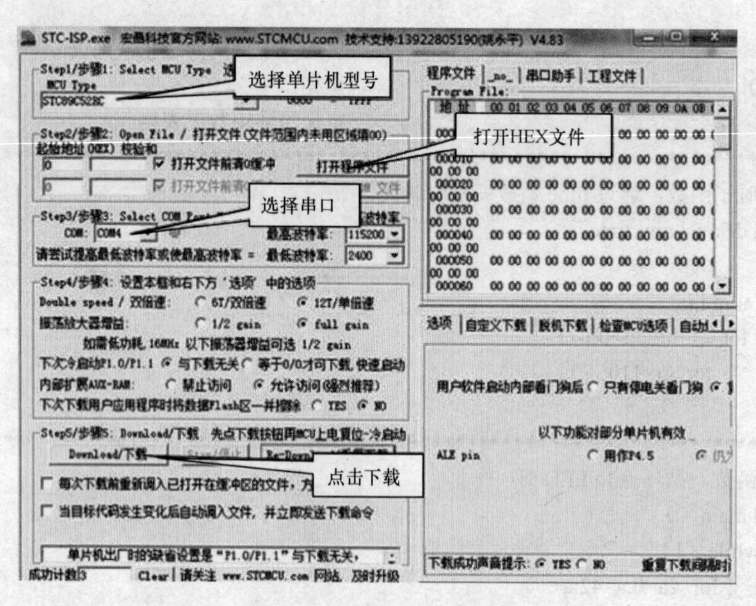


图 4.11　STC-ISP 的界面

## 项目小结

本项目主要介绍了 51 单片机 I/O 口结构和应用，通过两个任务实现了单片机对单个 LED 灯闪烁和多个循环 LED 灯的控制。

51 单片机有 4 个 8 位的并行 I/O 口：P0 口、P1 口、P2 口和 P3 口。对于 P0 口要注意其内部没有上拉电阻，所以在硬件设计中要给 P0 口外接上拉电阻，以保证 P0 口可以输出高电平。P1 口是唯一一个只有输入/输出功能的 I/O 口。P0 口和 P2 口是当有外部扩展存储器时，作为数据/地址的复用口。P3 口的每一位都具有第二功能。

对于单片机的编程，离不开对特殊功能寄存器的操作，所以在程序中一定要有包含对特殊功能寄存器声明的头文件。

## 思考与训练

（一）知识思考

1．P1 口与 P0 口在结构上有何区别？

2．P0 口～P3 口的负载能力分别如何？

3．51 单片机的 P0 口～P3 口在结构上有何不同？在使用上有什么特点？用做通用 I/O 口输入数据时，应注意什么？

4．P3 口的第二功能是什么？

5．单片机外部扩展存储器时，P0 口和 P2 口有什么作用？

6．在编写单片机程序时，添加“reg52.h”头文件的目的是什么？

**（二）项目训练**

1．如图 4.7 所示电路，请修改程序，使 P1.7 的 LED 灯大致按 1s 的时间间隔交替亮与灭。

2．如图 4.10 所示电路，请将设计稍做修改：控制从 P1.0 到 P1.7 连接的 8 只 LED 灯依次全部点亮，然后依次熄灭，接下来控制从 P1.7 到 P1.0 连接的 8 只 LED 灯依次全部点亮，再依次熄灭，最后 8 只 LED 灯全亮之后再全灭。请编写程序并调试。

# 项目 5

# 定时器与脉冲计数器的设计

## 学习目标

- 了解单片机定时/计数器的组成；
- 理解单片机定时/计数器的工作原理和 4 种工作方式；
- 掌握单片机定时/计数器的初始化方法；
- 恰当运用单片机定时/计数器的功能；
- 掌握定时器的设计方法；
- 掌握脉冲计数器的硬件电路和软件设计方法；
- 熟练编写单片机定时/计数器工作的程序。

## 工作任务

- 叙述单片机定时/计数器 4 种工作方式的工作原理；
- 叙述单片机定时/计数器的初始化方法；
- 设计定时器的工作程序；
- 设计脉冲计数器的电路和工作程序。

## 项目引入

在单片机控制系统中，尤其是单片机实时测控系统中，经常需要为 CPU 和 I/O 设备提供实时时钟，以实现定时检测、定时中断、定时扫描、定时显示等定时或延时的控制，或者对外部事件进行计数并将计数结果提供给 CPU。所以定时与计数的功能是单片机控制系统中经常要应用到的功能。

单片机怎样实现定时和计数呢？MSC-51 单片机内部设置了两个 16 位的可编程定时/计数器，可以编程选择其作为定时器或作为计数器来使用，可以方便地实现定时和计数功能。

本项目实现的就是应用单片机的定时/计数器设计实用的定时器和脉冲计数器，通过这两个任务的实现使我们掌握单片机定时/计数器的工作原理、初始化方法和使用方法。

本项目包含两个任务：定时器的设计；脉冲计数器的硬件和软件设计。

# 任务 5.1　定时器的设计

## 5.1.1　MCS-51 单片机内部定时/计数器的原理

### 5.1.1.1　单片机定时/计数器的结构

51 单片机内部有两个 16 位的可编程定时/计数器，称为定时器 0（T0）和定时器 1（T1），可编程选择其作为定时器用或作为计数器用，其逻辑结构如图 5.1 所示。

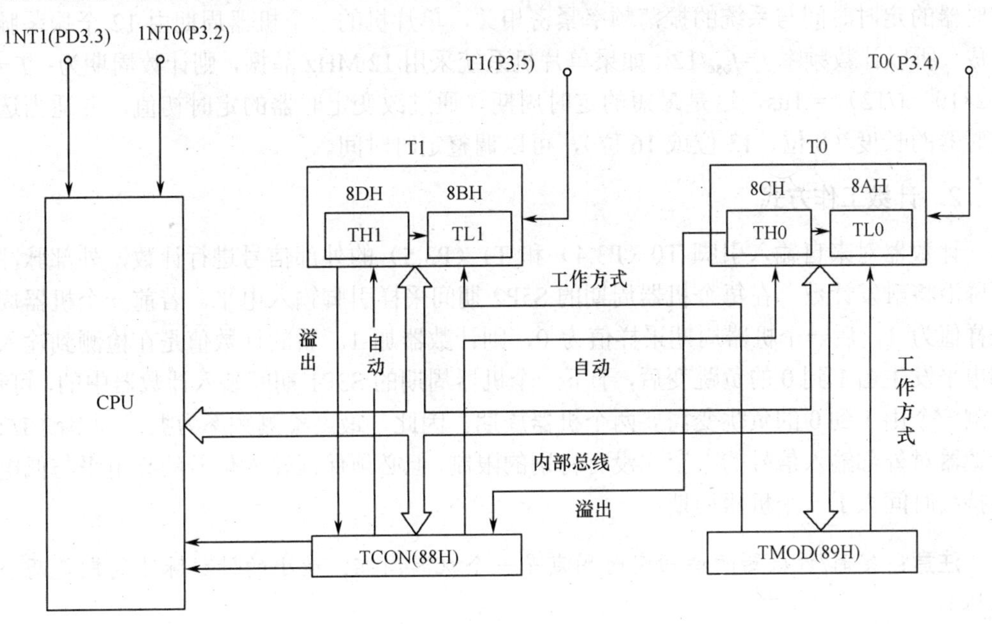


图 5.1　定时/计数器结构图

如图 5.1 所示，定时/计数器由 T0、T1、定时器方式寄存器 TMOD 和定时器控制寄存器 TCON 组成。2 个 16 位的可编程定时器/计数器 T0 和 T1 分别由 8 位计数器 TH0、TL0 和 TH1、TL1 构成，它们都是以加 1 的方式计数的；TMOD 为方式控制寄存器，主要用来设置定时器/计数器的工作方式；TCON 为状态控制寄存器，主要用来控制定时器/计数器的启动与停止，并保存 T0、T1 的溢出和中断标志。

T0 或 T1 用做计数器时，对引脚 T0（P3.4）或 T1（P3.5）上输入的脉冲进行计数，每输入一个脉冲，加法计数器加 1；用做定时器时，对内部机器周期脉冲进行计数。

TMOD、TCON 与 T0、T1 间通过内部总线及逻辑电路连接，定时器/计数器的工作方式、定时时间和启停控制都是通过指令设置这些寄存器的状态来实现的。

注意：定时器/计数器可编程是指其功能（如工作模式、定时时间等）可以通过编写程序来确定或改变。

#### 5.1.1.2　定时/计数器工作原理

16位的定时器/计数器实质上是一个加1计数器，可实现定时和计数两种功能，其功能由软件控制和切换。定时器属硬件定时和计数，是单片机中效率高且工作灵活的部件。

在定时器/计数器开始工作之前，CPU 必须将一些命令（称为控制字）写入定时器/计数器。将控制字写入定时器/计数器的过程称定时器/计数器的初始化。

在初始化程序中，要将工作方式控制字写入定时器方式寄存器（TMOD），工作状态控制字（或相关位）写入定时器控制寄存器（TCON），赋定时/计数初值给 TH0（TH1）和 TL0（TL1）。

**1．定时工作方式**

计数器对内部机器周期进行计数，每过一个机器周期，计数器加1，直至计满溢出。定时器的定时时间与系统的振荡频率紧密相关，单片机的一个机器周期由12个振荡脉冲组成，所以计数频率 $f_c=f_{osc}/12$。如果单片机系统采用12 MHz晶振，则计数周期为：$T=1/(12\times10^6\times1/12)=1\mu s$，这是最短的定时周期。通过改变定时器的定时初值，并适当选择定时器的长度（8位、13位或16位），可以调整定时时间。

**2．计数工作方式**

计数器对来自输入引脚 T0（P3.4）和 T1（P3.5）的外部信号进行计数，外部脉冲的下降沿将触发计数。在每个机器周期的 S5P2 期间采样引脚输入电平，若前一个机器周期采样值为1，后一个机器周期采样值为0，则计数器加1。新的计数值是在检测到输入引脚电平发生由1到0的负跳变后，于下一个机器周期的 S3P1 期间装入计数器中的，可见，检测一个由1到0的负跳变需要两个机器周期。因此，最高检测频率为振荡频率的1/24。计数器对外部输入信号的占空比没有特别的限制，但必须保证输入信号的高电平与低电平的持续时间大于一个机器周期。

注意：定时/计数器的最短定时周期是一个机器周期，最小的计数脉冲周期是两个机器周期。

#### 5.1.1.3　定时/计数器的初始化

单片机的定时器/计数器是一种可编程的部件，它的功能、工作方式、计数初值、启动和停止操作均要求在定时器工作之前，由 CPU 写入一些命令字来确定和控制，也就是要进行初始化。我们先来介绍与定时/计数器工作有关的寄存器。

**1．定时/计数器方式寄存器 TMOD**

T0 和 T1 的方式控制寄存器 TMOD，是一种可编程的特殊功能寄存器，用于设定 T0 和 T1 的工作方式，字节地址为 89H，不能进行位寻址。其中高4位控制 T1，低4位控制 T0。其格式如图 5.2 所示。

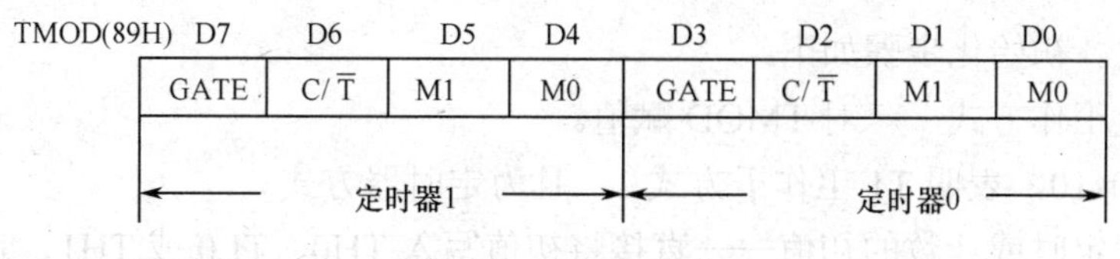


图 5.2　TMOD 格式

GATE：门控位，控制计数器的启动/停止操作方式。当 GATE=0 时，软件控制位 TR0 或 TR1 置 1 即可启动定时器；当 GATE=1 时，软件控制位 TR0 或 TR1 需置 1，同时还需外部中断信号 $\overline{\text{INT0}}$（P3.2）或 $\overline{\text{INT1}}$（P3.3）为高电平时方可启动定时器，即允许外部中断 $\overline{\text{INT0}}$ 和 $\overline{\text{INT1}}$ 启动定时器。

C/$\overline{T}$：功能选择位。C/$\overline{T}$=0 时，设置为定时器工作方式；C/$\overline{T}$=1 时，设置为计数器工作方式。

M1 和 M0：T0 和 T1 的工作方式选择位。定时/计数器的工作方式由 M1 和 M0 两位的编码状态决定，编码的 4 种方式决定了 4 种工作方式，如表 5.1 所示。

**表 5.1　定时/计数器的工作方式**

| M1 M0 | 工作方式 | 功能说明 |
| --- | --- | --- |
| 0　0 | 方式 0 | 13 位计数器 |
| 0　1 | 方式 1 | 16 位计数器 |
| 1　0 | 方式 2 | 自动重装初值的 8 位计数器 |
| 1　1 | 方式 3 | 方式 3 只针对 T0，T0 分成两个独立的 8 位定时/计数器；T1 无方式 3 |

## 2．定时/计数器控制寄存器 TCON

T0 和 T1 的控制寄存器 TCON 也是一种可编程的特殊功能寄存器。TCON 的作用是控制定时器的启动、停止，标志定时器的溢出和中断情况。定时器控制字 TCON 的格式如图 5.3 所示，其字节地址为 88H，可位寻址。

| TCON(88H) | 8FH | 8EH | 8DH | 8CH | 8BH | 8AH | 89H | 88H |
| --- | --- | --- | --- | --- | --- | --- | --- | --- |
| | TF1 | TR1 | TF0 | TR0 | IE1 | IT1 | IE0 | IT0 |

图 5.3　TCON 格式

TF1 和 TF0：T1 和 T0 溢出标志位。当 T1 和 T0 计满数产生溢出时，由硬件自动置 1。在中断允许时，该位向 CPU 发出中断请求；进入中断服务程序后，该位由硬件自动清 0。在中断屏蔽时，TF1 和 TF0 可作为查询测试用，此时只能由软件清 0。

TR1 和 TR0：T1 和 T0 启动/停止控制位。由软件对 TR1 和 TR0 置 1 或清 0 来启动或关闭 T1 和 T0。当 GATE=0 时，只要将 TR1 和 TR0 置 1 即可启动 T1 和 T0；当 GATE=1 时，不仅要 TR1 和 TR0 置 1，且外部中断信号置为高电平才能启动 T1 和 T0。

低 4 位为外部中断所用，此处暂时不介绍。

**注意**：实际编写定时/计数器的程序时，对 TCON 的设置通常采用位寻址的方式比较直观，如 TR1=1。

## 3．定时/计数器的初始化

由于定时/计数器的功能是由软件编程确定的，所以一般在使用定时/计数器前都要对其进行初始化。初始化步骤如下：

（1）确定工作方式——对TMOD赋值。

TMOD=0x10，表明T1工作于方式1，且为定时器方式。

（2）预置定时或计数的初值——直接将初值写入TH0、TL0或TH1、TL1。

定时/计数器的初值因工作方式的不同而不同。设最大计数值为 $M$，则各种工作方式下的 $M$ 值如下：

方式0：$M=2^{13}=8192$。

方式1：$M=2^{16}=65536$。

方式2：$M=2^{8}=256$。

方式3：定时器0分成两个8位计数器，所以两个定时器的 $M$ 值均为256。

因定时/计数器工作的实质是做“加1”计数，所以当最大计数值 $M$ 值已知时，初值 $X$ 可计算如下：

$$X = M-\text{计数值}$$

例如：T1采用方式1定时，$M$=65536，因要求每50 ms溢出一次，如采用12 MHz晶振，则计数周期 $T$=1 μs，计数值 =（50×1000）/1 = 50000，所以计数初值为：

$$X=65536-50000=15536=0x3CB0$$

将0x3C、0xB0分别预置给TH1、TL1。

（3）根据需要开启定时/计数器中断——直接对IE寄存器赋值。

（4）启动定时/计数器工作——将TR0或TR1置1。

GATE = 0时，直接由软件置位启动；GATE = 1时，除软件置位外，还必须在外中断引脚处加上相应的电平值才能启动。如果 GATE = 0，直接由软件置位启动，其指令为：TR1=1。

下面是完整的定时/计数器初始化过程：

```
TMOD=0x10;
TH1=0x3C;
TL1=0xB0;
TR1=1;
```

这样就完成了定时/计数器的初始化。

## 5.1.2 用单片机定时/计数器设计定时器（查询方式）

### 5.1.2.1 用定时/计数器的工作方式0设计定时器

通过对TMOD寄存器中M0、M1位进行设置，定时/计数器可选择4种工作方式。

当 M1M0=00 时，T0、T1 工作于方式 0。方式 0 是一个 13 位的计数器，由 TH0（TH1）的 8 位和 TL0（TL1）的低 5 位组成，TL0（TL1）的高 3 位未用，最大计数值为 *M*=213。

图 5.4 所示为 T0 工作方式 0 的逻辑结构图，T1 的结构和操作与 T0 完全相同。

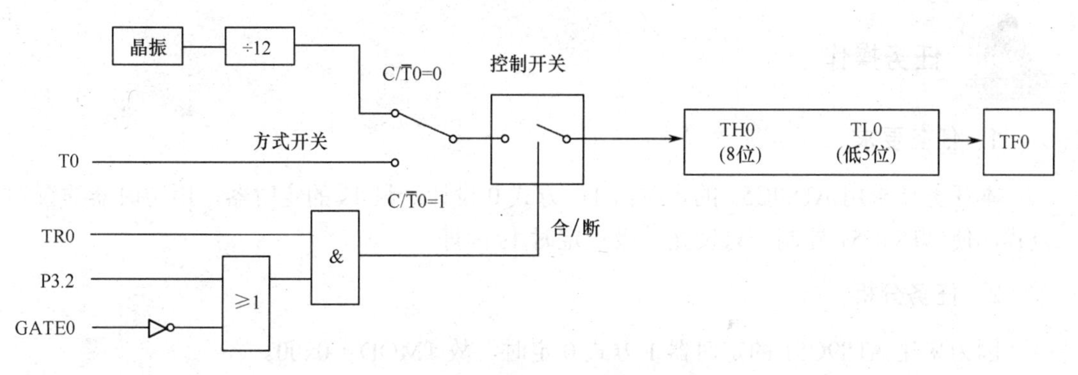


图 5.4 T0 工作方式 0 的逻辑结构图

当 C/$\overline{T}$ =0 时，多路开关连接 12 分频器输出，T0 对机器周期计数，此时 T0 为定时器。

当 C/$\overline{T}$ =1 时，多路开关与 T0（P3.4））连接，外部计数脉冲由 T0 脚输入，当外部信号电平发生由 1 到 0 的负跳变时，计数器加 1，此时 T0 为计数器。

当 GATE = 0 时，或门被封锁，$\overline{\text{INT0}}$ 信号无效。或门输出常 1，打开与门，TR0 直接控制定时器 0 的启动和关闭。TR0 = 1，则接通控制开关，定时器 0 从初值开始计数直至溢出。溢出时，16 位加法计数器为 0，TF0 置位并申请中断。如要循环计数，则定时器 0 需重置初值，且需用软件将 TF0 复位。TR0 = 0，则与门被封锁，控制开关被断开，停止计数。

当 GATE = 1 时，与门的输出由 $\overline{\text{INT0}}$ 的输入电平和 TR0 位的状态来确定。若 TR0 = 1，则与门打开，外部信号电平通过 $\overline{\text{INT0}}$ 引脚直接开启或断开定时器 0，当 $\overline{\text{INT0}}$ 为高电平时，允许计数，否则停止计数；若 TR0 = 0，则与门被封锁，控制开关被断开，停止计数。

当 TL0（TL1）低 5 位计数溢出时自动向 TH0（TH1）进位，而 TH0（TH1）计数溢出时，相应的溢出标志位 TF0（TF1）置位（硬件自动置位）并申请中断。如果允许中断，则当单片机进入中断服务程序时，由内部硬件自动清除该标志；如果不允许中断，则可以通过查询 TF0（TF1）的状态来判断 T0（T1）是否溢出，这种情况下需要通过软件清除 TF0（TF1）标志位。

方式 0 定时/计数器初值的计算方法：

用做定时器时，定时时间 $T$=($2^{13}$−初值 $X$)×振荡周期×12，则 $X$=$2^{13}$−$T$/(振荡周期×12)。将初值 $X$ 的十进制形式转换成二进制数，低 5 位送 TL0（TL1），TL0（TL1）的高 3 位数为任意值，一般取 0，高 8 位送 TH0（TH1），即实现了给定时器赋初值的要求。

用做计数器时，计数次数值 $N$=$2^{13}$−初值 $X$，则初值 $X$ = $2^{13}$−计数次数值 $N$。将初值 $X$ 的十进制形式转换成二进制数，低 5 位送 TL0（TL1），TL0（TL1）的高 3 位数为任意值，一般取 0，高 8 位送 TH0（TH1），即实现了给计数器赋初值的要求。

**注意**：定时/计数器的方式 0 为 13 位计数器，它不用低 8 位中的高 3 位，一般补 3 个 0。

## 任务操作

### 1．任务要求

本任务要求用 AT89C51 的定时器 1，方式 0 设计一只 1s 的定时器，用定时器的查询方式，使 AT89C51 控制一只发光二极管定时 1s 闪烁。

### 2．任务分析

因为采用 AT89C51 的定时器 1 方式 0 定时，故 TMOD = 0x00。

因为方式 0 采用 13 位计数器，其最大定时时间为：8192×1μs = 8.192 ms，可选择定时时间为 5 ms，再循环 200 次就可以定时为 1s 了。定时时间选定后，再确定计数值为 5000，则定时器 1 的初值为：

$$X = M\text{−计数值} = 8192-5000 = 3192$$
$$= 0\text{xC78} = 0110001111000\text{B}$$

因为 13 位计数器中 TL1 的高 3 位未用，应填写 0，TH1 占高 8 位，所以 $X$ 的值实际应为

$$X = 0110001100011000\text{B} = 0\text{x6318}$$

所以 TH1 赋值 0x63，TL1 赋值 0x18。

### 3．任务设计

（1）器件的选择。

用一只 AT89C51 单片机的定时/计数器工作方式 0 设置定时器，控制一只发光二极管定时闪烁，要用到的器件清单如表 5.2 所示。

表 5.2　方式 0 定时器设计器件清单

| 器件名称 | 数量（只） | 器件名称 | 数量（只） |
|---|---|---|---|
| AT89C51 | 1 | 1kΩ 电阻 | 1 |
| 12MHz 晶体 | 1 | 220Ω 电阻 | 1 |
| 22pF 瓷片电容 | 2 | 发光二极管 LED | 1 |
| 22μF 电解电容 | 1 | | |

（2）硬件原理图设计。

根据任务要求设计硬件电路如图 5.5 所示。将发光二极管的正极通过限流电阻连接到 +5V 电源，负极连接到 AT89C51 的 P1.0 口，给 P1.0 口送 0 则发光二极管点亮，给 P1.0 口送 1 则发光二极管熄灭。

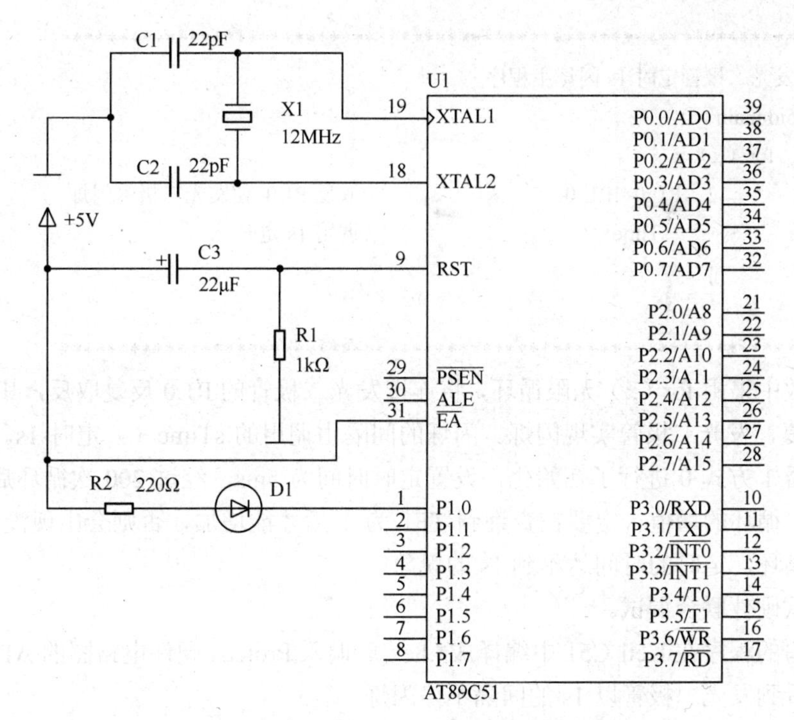


图 5.5　定时器控制发光二极管闪烁电路图

（3）软件程序设计。

源程序如下：

```
//****************************************************************
//宏定义
#include<AT89X51.h>
//****************************************************************
//定时 1s 子程序
void  sTime （ ）
{          unsigned int i;
           TMOD=0x00;              //设定时器 1 为方式 0
           TH1=0x63;               //置定时器初值
           TL1=0x18;
           TR1=1;                  //启动 T1
           for（i=0; i<=200 ;）
              {  if （ TF1 == 1）   //查询计数溢出
                        { i++;
                          TF1=0;
                          TH1=0x63;  //重新置定时器初值
                          TL1=0x18;}
              }
          return ;
}
```

```
//*************************************************************
//发光二极管定时 1s 闪烁主程序
void main（）
{   for（;;）
        {   P1_0=!P1_0;                        //取反 P1.0 使发光二极管闪烁
            sTime （）;                         //调用 1s 定时
        }
}
//*************************************************************
```

主函数中采用 for（;;）无限循环，将连接发光二极管的 P1.0 反复取反，其值就会在 0 和 1 间反复，发光二极管实现闪烁。闪烁的间隔由调用的 sTime（）定时 1s。sTime（）中对定时器 1 方式 0 进行了初始化，设置定时时间为 5ms，经过 200 次循环后达到 1s 的定时。其中循环的增值一定要在查询到 TF1 为 1 后才能增加，否则会出现没有计满就进行下一次循环，定时的时间达不到 1s 的现象。

（4）软硬件联合调试。

将编写的程序在 Keil C51 中编译成*.hex 后调入 Proteus 硬件电路图的 AT89C51 中运行，就会看到发光二极管以 1s 的间隔不停闪烁。

**注意：** 使用单片机的定时/计数器时一定要先初始化。只要将定时/计数器开启，加 1 计数器就会不停止地工作，直到关闭或断电为止。

### 5.1.2.2 用定时/计数器的工作方式 1 设计定时器

## 任务准备

当 TMOD 寄存器中的 M1M0=01 时，T0、T1 工作于方式 1。方式 1 是一个 16 位的计数器，由 TH0（TH1）作为高 8 位和 TL0（TL1）作为低 8 位组成，最大计数值 $M=2^{16}$。

如图 5.6 所示为 T0 工作方式 1 的逻辑结构图，T1 的结构和操作与 T0 完全相同，方式 1 和方式 0 的工作原理完全一样，只是其计数器是 16 位。

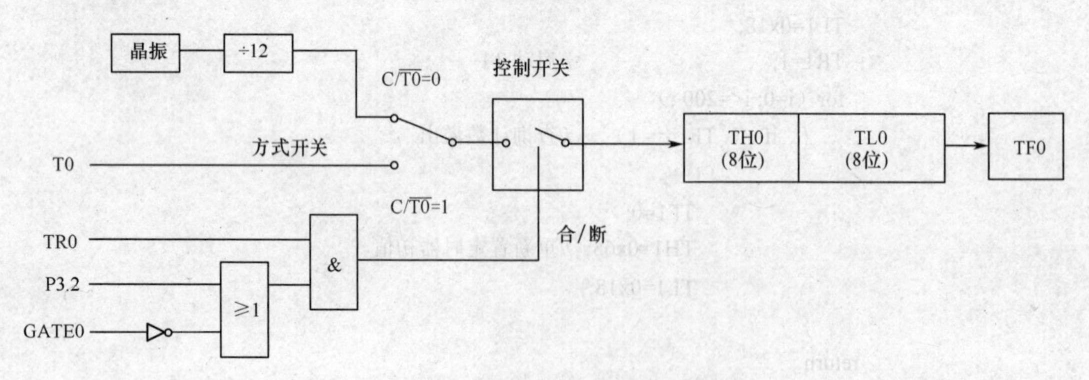


图 5.6　T0 工作方式 1 的逻辑结构图

方式 1 定时/计数器初值的计算：

用做定时器时，定时时间 $T$=（$2^{16}$−初值 $X$）×时钟周期×12，则初值 $X$=$2^{16}$−$T$/（时钟周期×12）。将初值 X 的十进制形式转换成二进制数，低 8 位送 TL0（TL1），高 8 位送 TH0（TH1）。用做计数器时，计数次数值 $N$=$2^{16}$−初值 $X$，则初值 $X$=$2^{16}$−计数次数值 $N$。将初值 X 的十进制形式转换成二进制数，低 8 位送 TL0（TL1），高 8 位送 TH0（TH1）。

## 任务操作

### 1．任务要求

本任务要求用 AT89C51 的定时器 0 方式 1 设计一只 1s 的定时器，使 AT89C51 的 P0 口和 P2 口控制的 2 组 16 只 LED 流水灯定时 1s 滚动点亮。

### 2．任务分析

因为采用 AT89C51 的定时器 0 方式 1 定时，故 TMOD = 0x01。

因为方式 1 采用 16 位计数器，其最大定时时间为：65 536×1μs = 65.536 ms，可选择定时时间为 50ms，再循环 20 次就可以定时为 1s 了。定时时间选定后，再确定计数值为 50 000，则定时器 1 的初值为：

$$X = M - \text{计数值} = 65\,536 - 50\,000 = 15\,536$$

（65 536−50 000）/256 是其高 8 位，赋给 TH0；（65 536−50 000）%256 是其低 8 位，赋给 TL0。

所以 TH0 =（65 536−40 000）/256，TL0 =（65 536−40 000）%256。

### 3．任务设计

（1）器件的选择。

根据任务要求，用一只 AT89C51 单片机的定时/计数器工作方式 1 设置定时器，控制 2 组 16 只 LED 灯定时 1s 滚动点亮，要用到的器件清单如表 5.3 所示。

**表 5.3 方式 1 定时器设计器件清单**

| 器件名称 | 数量（只） | 器件名称 | 数量（只） |
|---|---|---|---|
| AT89C51 | 1 | 1kΩ 电阻 | 1 |
| 12MHz 晶体 | 1 | 220Ω 电阻 | 16 |
| 22pF 瓷片电容 | 2 | 发光二极管 LED | 16 |
| 22μF 电解电容 | 1 | | |

（2）硬件原理图设计。

根据任务要求设计硬件电路，如图 5.7 所示。将发光二极管的正极通过限流电阻连接到+5V 电源，负极连接到 AT89C51 的 P0 口和 P2 口，给端口送 0 则发光二极管点亮，给端口送 1 则发光二极管熄灭。P0.0～P0.7 分别控制 D1～D8，P2.0～P2.7 分别控制 D16～D9。

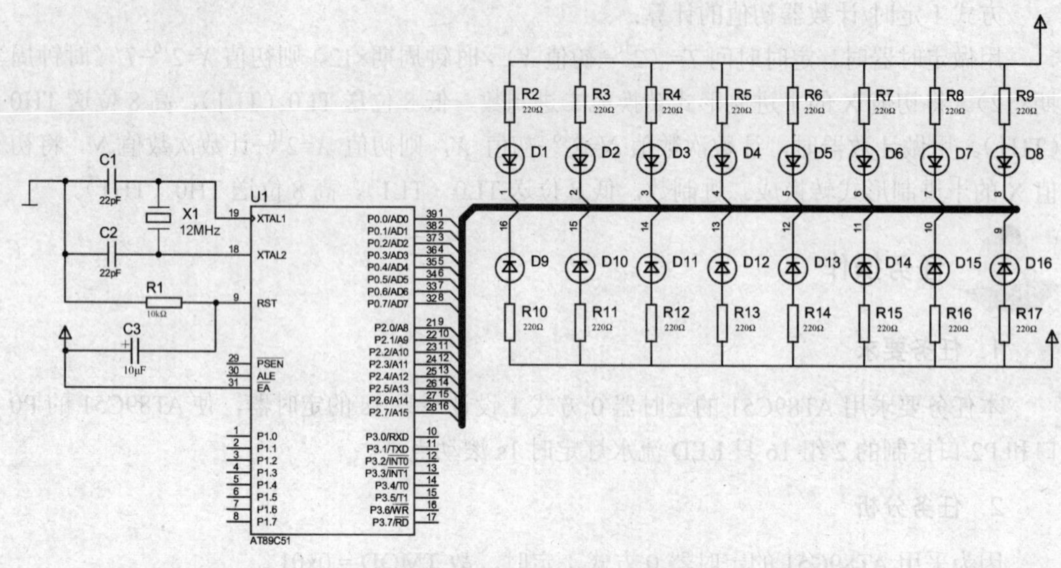


图 5.7　定时器控制流水灯电路图

（3）软件程序设计。

源程序如下：

```
//*******************************************
//宏定义
#include<AT89X51.h>
#include<intrins.h>
#define uchar unsigned char
//*************************************************************
//流水灯定时 1s 滚动主程序
void main（ ）
{   uchar T_Count = 0;              //累加计数溢出发生的次数
    P0 = 0xFE;                      //点亮 D1 灯
    P2 = 0xFE;                      //点亮 D16 灯
    TMOD = 0x01;                    //定时器 0 工作于方式 1
    TH0 =（65536-50000）/256;       //50ms 定时初值
    TL0 =（65536-50000）%256;
    TR0 = 1;                        //启动定时器
    while（1）
      {    if（TF0 = = 1）           //定时溢出标志位为 1 时表示计时溢出
             {  TF0 = 0;            //软件清零
                TH0 =（65536−50000）/256;   //重置 50ms 定时
                TL0 =（65536−50000）%256;
                if（++T_Count == 20）          //50×20=1000ms 后 LED 滚动一次
                  {  P0 = _crol_（P0,1）;
                     P2 = _crol_（P2,1）;
                     T_Count = 0;
                  }
```

```
            }
        }
    }
    //**************************************************************
```

程序开始设置一个累计定时器溢出次数的变量 T_Count，将 D1 和 D16 两只灯点亮。对定时器 0 的工作方式 1 初始化，开启定时器。在 while（1）无限循环中，只要查询到 TF0 为 1，首先将其清零，给 T0 重赋初值，同时判断加 1 之后的 T_Count 是否为 20，没有到 20 的话 T0 继续下一次计数，如果 T_Count 为 20 则说明经过了 20 次的溢出，即 50ms×20=1s，这时将 P0 和 P2 的值都循环左移一位，这样 D2 和 D15 灯就亮了，以此循环，形成流水灯。

（4）软硬件联合调试。

将编写的程序在 Keil C51 中编译成*.hex 后调入 Proteus 硬件电路图的 AT89C51 中运行，就会看到发光二极管以 1s 的间隔不停闪烁。

**注意：**定时/计数器的方式 1 是单次计数值最大的一种方式，实际应用较多。

### 5.1.2.3 用定时/计数器的工作方式 2 设计定时器

**任务准备**

当 TMOD 寄存器中的 M1M0=10 时，T0、T1 工作于方式 2。在方式 2 下 TH0（TH1）和 TL0（TL1）被当做两个 8 位计数器，计数过程中，TH0（TH1）寄存 8 位初值并保持不变，由 TL0（TL1）进行加 1 计数，最大计数值做 $M=2^8$。当 TL0（TL1）计数溢出时，除了可产生中断申请外，还将 TH0（TH1）中保存的内容向 TL0（TL1）重新装入，以便从预定计数初值开始重新计数，而 TH0（TH1）中的初值仍然保留，在下轮计数时再对 TL0（TL1）进行重装初值。T0 工作方式 2 的逻辑结构如图 5.8 所示。

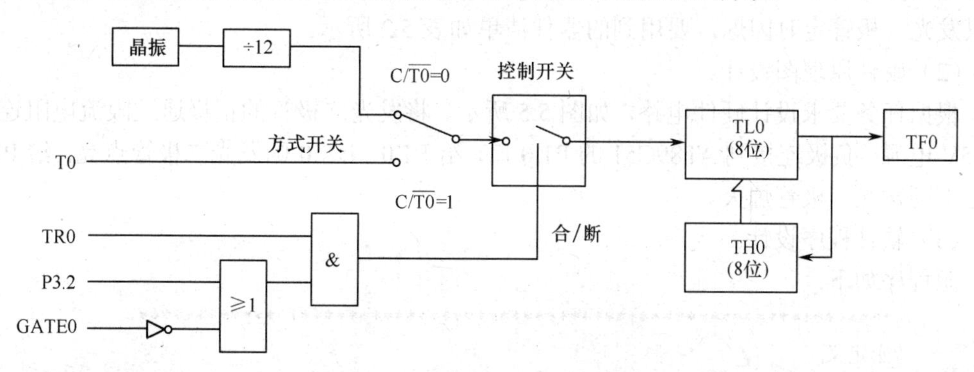


图 5.8 T0 工作方式 2 的逻辑结构图

方式 0 和方式 1 用于循环计数，在每次计满溢出后，计数器都复位为 0，所以要进行新一轮计数时还需重置计数初值。这不仅导致编程麻烦，而且影响定时时间精度。方式 2 具有初值自动装入功能，不需要在溢出后用软件重新装入计数初值，避免了上述缺陷，因此，方式 2 对于连续计数比较有利，适合用做较精确的定时脉冲信号发生器。但方式 2

的最大计数值只有 $2^8$=256，计数的长度受到很大的限制。方式 2 适用于串行口波特率发生器。

方式 2 定时/计数器初值的计算：

用做定时器时，定时时间 $T$=（$2^8$−初值 $X$）×时钟周期×12，则初值 $X=2^8-T$/（时钟周期×12）。将初值 $X$ 的十进制形式转换成二进制数，分别送给 TL0（TL1）和 TH0（TH1）。

用做计数器时，计数次数值 $N=2^8$−初值 $X$，则初值 $X=2^8$−计数次数值 $N$。将初值 $X$ 的十进制形式转换成二进制数，分别送给 TL0（TL1）和 TH0（TH1）。

## 任务操作

### 1．任务要求

本任务要求用 AT89C51 的定时器 1 方式 2 设计一只 1s 的定时器，用定时器的查询方式，使 AT89C51 控制一只发光二极管定时 1s 闪烁。

### 2．任务分析

因为采用 AT89C51 的定时器 1 方式 2 定时，故 TMOD = 0x20。

因为方式 2 采用 8 位计数器，其最大定时时间为：256×1 μs = 256 μs，则可选择定时时间为 250 μs，再循环 4000 次就可以定时为 1s 了。定时时间选定后，再确定计数值为 250，则定时器 1 的初值为：

$$X = M - \text{计数值} = 256 - 250 = 6 = 0x06$$

所以 TL1 赋值 0x06，TH1 也赋值 0x06，用于存储初值。

### 3．任务设计

（1）器件的选择。

根据任务要求，用一只 AT89C51 单片机的定时/计数器工作方式 2 设置定时器，控制一只发光二极管定时闪烁，要用到的器件清单如表 5.2 所示。

（2）硬件原理图设计。

根据任务要求设计硬件电路，如图 5.5 所示。将发光二极管的正极通过限流电阻连接到+5V 电源，负极连接到 AT89C51 的 P1.0 口，给 P1.0 口送 0 则发光二极管点亮，给 P1.0 口送 1 则发光二极管熄灭。

（3）软件程序设计。

源程序如下：

```
//*************************************************************************
//宏定义
#include<AT89X51.h>
//*************************************************************************
//定时 1s 子程序
void  sTime （ ）
{          nsigned int i;
           TMOD=0x20;                    //设定时器 1 为方式 2
           TH1=0x06;                     //置定时器初值
```

```
        TL1=0x06;
        TR1=1;                          //启动 T1
        for（i=0; i<=4000; ）
          { if （ TF1 == 1）             //查询计数溢出
               { i++;
                 TF1=0;
               }
          }
      return ;
}
//*****************************************************************
//发光二极管定时 1s 闪烁主程序
void main（）
{  while （1）
      {  P1_0=!P1_0;                   //取反 P1.0 使发光二极管闪烁
         sTime （ ）;                    //调用 1s 定时
      }
}
//*****************************************************************
```

主函数中采用 while（1）无限循环，将连接发光二极管的 P1.0 反复取反，其值就会在 0 和 1 间反复，发光二极管实现闪烁。闪烁的间隔由调用的 sTime（）定时 1s。sTime（）中对定时器 1 方式 2 进行了初始化，设置定时时间为 250μs，经过 4000 次循环后达到 1s 的定时。其中循环的增值一定要在查询到 TF1 为 1 后才能增加，否则会出现没有计满就进行下一次循环，而定时的时间达不到 1s。程序中当查询到 TF1 为 1 后不需要重置初值，因为方式 2 时 TH1 中一直装载初值，它会在计数器溢出后将初值自动送给 TL1，方式 2 的这个功能使定时的时间更加准确。

（4）软硬件联合调试。

将编写的程序在 Keil C51 中编译成*.hex 后调入 Proteus 硬件电路图的 AT89C51 中运行，就会看到发光二极管以 1s 的间隔不停闪烁。

**注意：** 定时/计数器的方式 2 能自动装载初值，使用时更加简单，但是它单次计数值较小，只有 256，应用时循环的次数较多。

#### 5.1.2.4 用定时/计数器的工作方式 3 设计定时器

### 任务准备

当 TMOD 寄存器中的 M1M0=11 时，T0 工作于方式 3。只有 T0 可以工作在方式 3。在方式 3 下，T0 被拆成两个独立工作的 8 位计数器 TL0 和 TH0。其中 TL0 用原 T0 的控制位、引脚和中断源，即 $C/\overline{T}$、GATE、TR0 和 P3.4 引脚、P3.2 引脚，均用于 T0 的控制。它既可以按计数方式工作，又可以按定时方式工作。当 $C/\overline{T}=1$ 时，TL0 作为计数器使用，计数脉冲来自引脚 P3.4；当 $C/\overline{T}=0$ 时，TL0 作为定时器使用，计数脉冲来自内部振荡器的 12 分频时钟（机器周期）。T0 工作方式 3 的逻辑结构如图 5.9 所示。

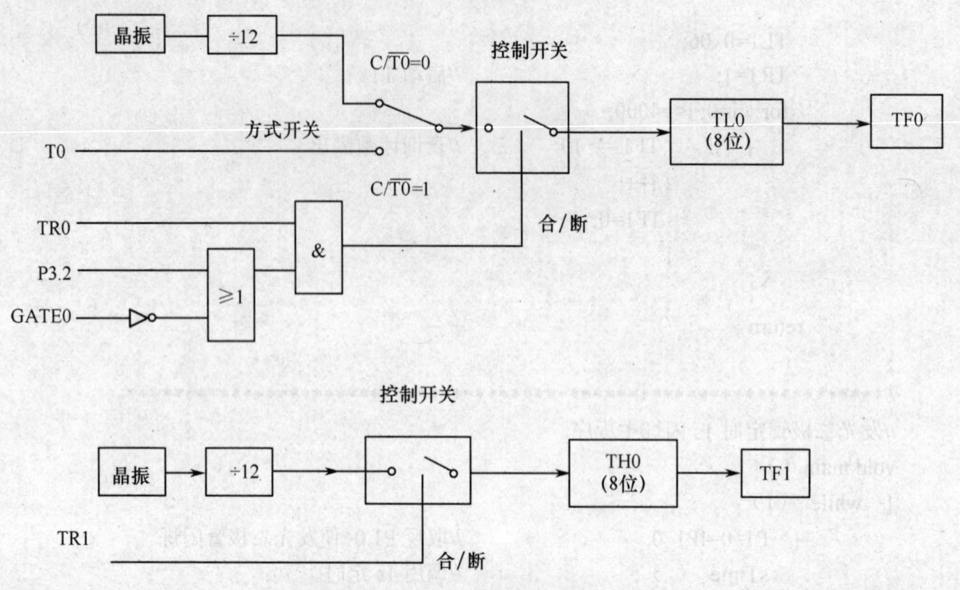


图 5.9　T0 工作方式 3 的逻辑结构图

由图 5.9 所示可以看出，在方式 3 下，TH0 只可以用做定时功能，它占用原 T1 的控制位 TR1 和 T1 的中断标志位 TF1，其启动和关闭仅受 TR1 的控制。当 TR1=1 时，控制开关接通，TH0 对 12 分频的时钟信号（机器周期）计数；当 TR1=0 时，控制开关断开，TH0 停止计数。可见，方式 3 为 T0 增加了一个 8 位定时器。

当 T0 工作在方式 3 时，T1 仍可设置为方式 0、方式 1 和方式 2。T0 工作于方式 3 时，T1 的结构如图 5.10 所示。

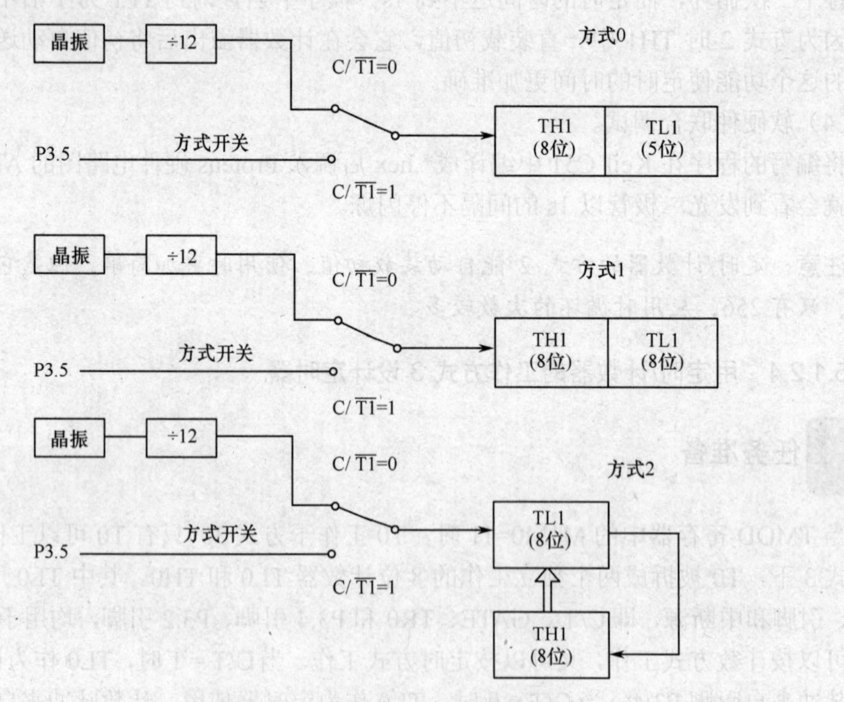


图 5.10　T0 工作方式 3 时 T1 的结构图

由于 TR1 与 TF1 已被定时器 0 占用，此时仅有控制位 C/$\overline{T}$ 切换 T1 的定时或计数工作方式，计数溢出时，不能使中断标志位 TF1 置 1。在这种情况下，T1 一般作为串行口的波特率发生器使用，或用在不需要中断的场合。当给 TMOD 赋值后，即确定了 T1 的工作方式后，定时器 T1 自动开始启动；若要停止 T1 的工作，只需要送入一个设置 T1 为方式 3 的控制字即可。通常把定时器 1 设置为方式 2 作为串行口的波特率发生器比较方便。

## 任务操作

### 1．任务要求

本任务要求用 AT89C51 的定时器 0 方式 3 设计一只 1s 的定时器，用定时器的查询方式，使 AT89C51 控制一只发光二极管定时 1s 闪烁。

### 2．任务分析

因为采用 AT89C51 的定时器 0 方式 3 定时，这里采用 TL0 和 TH0 结合使用的方法，让 TL0 工作在计数方式，故 TMOD = 0x07。

因为方式 3 中定时器 0 中的 TH0 只能作为定时器，TH0 是 8 位计数器，其最大定时时间为：256×1 μs = 256 μs，可选择定时时间为 250 μs。这样 TH0 的初值为：

$$X=（256-250）=6=0x06$$

TL0 设置为计数器，TL0 是 8 位计数器，其最大计数值为 256，可选择计数值为 200。这样 TL0 计数初值为：

$$X=M-\text{计数值}=256-200=56=0x38$$

所以 TL0 赋值 0x38，TH0 赋值 0x06。

当 TH0 计满溢出后，用软件复位的方法使 T0（P3.4）引脚产生负跳变，TH0 每溢出一次，T0 引脚便产生一个负跳变，TL0 便计数一次。TL0 计满溢出时，延时时间应为 50 ms，循环 20 次便可得到 1s 的延时。

### 3．任务设计

（1）器件的选择。

根据任务要求，用一只 AT89C51 单片机的定时/计数器工作方式 3 设置定时器，控制一只发光二极管定时闪烁，要用到的器件清单如表 5.2 所示。

（2）硬件原理图设计。

根据任务要求设计硬件电路，如图 5.5 所示。将发光二极管的正极通过限流电阻连接到+5V 电源，负极连接到 AT89C51 的 P1.0 口，给 P1.0 口送 0 则发光二极管点亮，给 P1.0 送 1 则发光二极管熄灭。

（3）软件程序设计。

源程序如下：

```
//*********************************************************************
//宏定义
#include<AT89X51.h>
//*********************************************************************
```

```
//定时 1s 子程序
void sTime ( )
{    unsigned int i ;
     TMOD=0x07;                    //置定时器 0 为方式 3 计数
     TH0=0x06 ;                    //置 TH0 初值
     TL0=0x38 ;                    //置 TL0 初值
     TR0=1 ;                       //启动 TL0
     TR1=1 ;                       //启动 TH0
     for (i=0; i<=20 ; )
       { if (TF0==0)               //在 TL0 没有溢出时
         { if (TF1==1)             //查询 TH0 计数溢出
             { TF1=0;
               TH0=0x06;           //重置 TH0 初值
                P3_4=0;            //T0 引脚产生负跳变
                P3_4=0;            //负跳变持续
                P3_4=1;            //T0 引脚恢复高电平
             }
             continue;
         }
        TF0=0;
        i++;
       TL0=0x38 ;                  //重置 TL0 初值
     }
     return ;
}
//***************************************************************
//发光二极管定时 1s 闪烁主程序
void main ()
{  while  (1)
     {  P1_0=!P1_0;                //取反 P1.0 使发光二极管闪烁
        sTime  ( ) ;               //调用 1s 定时
     }
}
//***************************************************************
```

主函数依然采用 while（1）无限循环，将连接发光二极管的 P1.0 反复取反，其值就会在 0 和 1 间反复，发光二极管实现闪烁。闪烁的间隔由调用的 sTime（）定时 1s。sTime（）中对定时器 0 方式 3 进行了初始化，设置 TH0 定时时间为 250μs，TL0 计数值为 200，当 TH0 溢出一次 TL0 就计数一次，这样经过 200 次计数，就经过了 200×250 μs，即 50ms；经过 20 次循环后就达到 1s 的定时。由于 TH0 和 TL0 都要用到，初始化时要将 TR0 和 TR1 都开启，当查询 TF1 为 1 后，软件给 P3.4 引脚送两次 0，由于 P3.4 开机复位后就是 1，这样就产生了大于两个机器周期的负跳变，TL0 就计数一次。当 TL0 计数到 200 时，TF0 置 1，经过了 50ms，循环 20 次后达到 1s 的定时。

（4）软硬件联合调试。

将编写的程序在 Keil C51 中编译成*.hex 后调入 Proteus 硬件电路图的 AT89C51 中运行，就会看到发光二极管以 1s 的间隔不停闪烁。

**注意：** 定时/计数器的方式 3 比较特别，由 TR0、TF0 控制和标志 TL0 定时或计数，由 TR1、TF1 控制和标志 TH0 定时，其应用形式灵活多样。

# 任务 5.2 脉冲计数器的设计

## 任务操作

### 1. 任务要求

本任务要求用 AT89C51 设计一个计数范围为 0～99 的脉冲计数器，也就是用 AT89C51 的定时/计数器采样计数外部按键输送的脉冲信号，并用数码管将计数的数值显示出来。

### 2. 任务分析

根据任务要求，用 AT89C51 设计一个脉冲计数器，由于只需要计数范围为 0～99。在 P3.4（T0）端口连接一只接地的按键，端口在开机时为高电平，一旦按键被按下与地接通下跳变为低电平，按键被释放后又恢复高电平，所以每按一次键相当于给 P3.4 送入一个脉冲信号。

设置 T0 为计数方式，计数外部的脉冲，工作在方式 2，所以 TMOD=0x06。方式 2 的最大计数值为 256，如果把初值设置为 255，当 P3.4 管脚接收到一个由高到低的下跳变时，计数值加 1 溢出，查询到 TF0=1 后，就将显示的计数值加 1，实现脉冲计数器计数。这样将 TL0 的初值设置为：

$$X=（256-1）=255=0xFF$$

将 TL0= 0xFF，TH0= 0xFF，每次溢出后 TH0 自动将初值装入 TL0。

### 3. 任务设计

（1）器件的选择。

根据任务要求，用一只 AT89C51 单片机的定时/计数器设置计数器，对按键产生的脉冲计数，要用到的器件清单如表 5.4 所示。

**表 5.4 脉冲计数器设计器件清单**

| 器件名称 | 数量（只） | 器件名称 | 数量（只） |
|---|---|---|---|
| AT89C51 | 1 | 10kΩ 电阻 | 1 |
| 12MHz 晶体 | 1 | 1kΩ×8 排阻 | 1 |
| 22pF 瓷片电容 | 2 | 轻触按键 | 2 |
| 10μF 电解电容 | 1 | 一位共阴极数码管 | 2 |

（2）硬件原理图设计。

根据前面的分析，我们来设计脉冲计数器的电路图。将输送脉冲的按键 K1 一端连接到定时/计数器的 T0（P3.4）外部输入脚，另一端接地，这样一旦按下按键，P3.4 就会产生一个由高电平到低电平的下跳变信号，释放按键后 P3.4 又由低电平转换为高电平，形成脉冲信号。P3.2 管脚连接 K2 按键，用于随时将计数清零。计数值的显示采用两只共阴极的数码管，数码管采用静态显示的方式，P0 口控制十位数字的显示，P2 口控制个位数字的显示，由于共阴极的数码管段码要高电平点亮，P0 口作为段码输出需要上拉，用 RP1 排阻上拉到电源。这样，脉冲计数器电路图如图 5.11 所示。

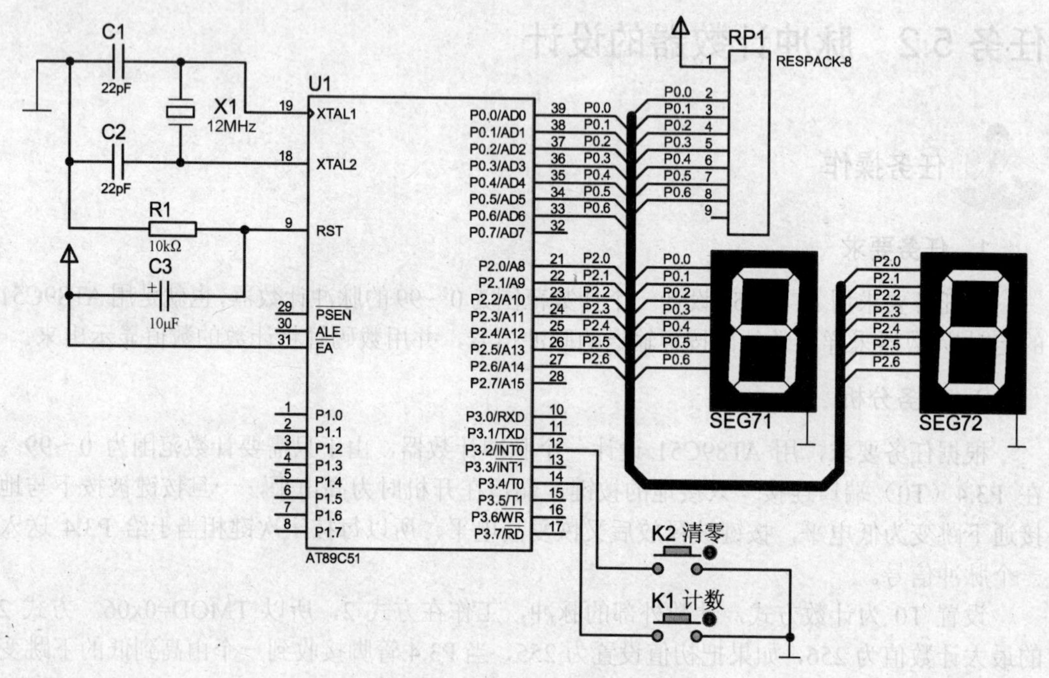


图 5.11 脉冲计数电路图

（3）软件程序设计。

源程序如下：

```
//*****************************************************************************
//宏定义
#include<AT89X51.h>
//数码管段码定义
unsigned char code DSY_CODE[ ]={0x3f,0x06, 0x5b, 0x4f, 0x66, 0x6d, 0x7d, 0x07, 0x7f, 0x6f,
                              0x00};
unsigned char count=0;
//*****************************************************************************
//主程序
//*****************************************************************************
void main（）
{ P0=DSY_CODE[0];
  P2=DSY_CODE[0];
  TMOD=0x06;                               //置定时器 0 为方式 2 计数
```

```
        TH0=0xFF ;                          //置 TH0 初值
        TL0=0xFF ;                          //置 TL0 初值
        TR0=1 ;                             //启动 TL0 计数
        while （1）
            { if（TF0==1）                  //查询 TF0 是否为 1
                { TF0=0;                    //TF0 清零
                 count = （count +1）%100;  //计数值控制在 100 以内
                 P0=DSY_CODE[count /10 ];   //显示计数值高位
                P2=DSY_CODE[count %10 ];    //显示计数值低位
                }
              if（P3_2==0）                 //查询到 P3.2 上有低电平
                {count = 0;                 //计数值清零
               P0=DSY_CODE[0];              //显示清零
               P2=DSY_CODE[0];              //显示清零
                }
            }
        }
//************************************************************************
```

把共阴极的数码管段码（0～9 码字）放在 DSY_CODE 数组中，设置一个计数的变量 count，开机将两只数码管都显示“0”，所以将 DSY_CODE[0]送给 P0 和 P2。按照任务分析的结果，给定时器的 TMOD 赋值，然后赋初值，开启 T0。在 while（1）无限循环中，一直进行 TF0 是否为 1 的查询，按下 K1 键一次，T0 中计数器就加 1，由于初值为 0xFF，加 1 就会溢出，硬件就会自动将 TF0 置 1，等到 TF0 为 1 时，将其清零，计数值 count 加 1，把 count 的十位显示在 P0，个位显示在 P2。一旦按下 K2 键，P3.2 端口就会为低电平，也就是 P3.2=0 时表明要求全部清零，这时将 count 清零重新计数，显示也全部清零。这样程序循环工作实现了脉冲计数的功能。

（4）软硬件联合调试。

将编写的软件在 Keil C51 中编译成*.hex 文件后调入 Proteus 绘制的电路（如图 5.10 所示）中运行，数码管显示“00”，按一次 K1 键，显示“01”，再按一次显示“02”，以此类推，可以显示计数值到“99”，其间任意时刻按下 K2 键，显示清零，从头计数。这样，即实现了一个简易的脉冲计数器。

**注意：**在编写和分析定时/计数的工作程序时一定要结合硬件的工作，程序不是独立的，离开了硬件不可能很好地理解程序。

## 项目拓展　实验板分频器的设计

我们可以采用单片机的定时/计数器（查询方式）产生所需要频率的方波波形。这里我们在实验板上产生多路不同频率的方波来设计分频器。

实验板采用的是 STC89C52 单片机，如附录 B 中“单片机与扩展插座”电路所示。我们要在 P1.0～P1.7 端口上产生不同频率的方波，周期分别为 1ms、2ms、4ms、8ms、16ms、32ms、64ms、128ms，这就相当于实现了不同级别的分频。

首先，我们用 STC89C52 的定时/计数器来设置时间，选用 T0 的方式 1，第一个方波周期是 1ms，方波周期的一半是 500μs，单片机外围的晶体采用的是 12MHz，其机器周期是 1μs，所以每轮计数 500 次就可以达到 500μs，这样初值为（65536～500），高 8 位送 TH0，低 8 位送 TL0。

我们来看看十进制数转换成二进制数的规律，如表 5.5 所示。我们发现随着数值的增加，最低位是“10”重复出现，相当于方波的一个周期，如果“1”的时长为 500μs，“0”的时长为 500μs，则正好形成周期为 1ms 的方波。倒数第二位是“1100”重复出现，这样“11”和“00”的时长都为 1ms，这样正好形成 2ms 周期的方波，相当于将前一方波 2 分频。以此类推，数值从 1 一直累加到 255 的过程中，二进制数从低到高位正好逐位成倍地增加，这样就形成了周期分别为 1ms、2ms、4ms、8ms、16ms、32ms、64ms、128ms 的 8 路方波，也就实现了 4 分频、8 分频等。所以只要把 0～255 的数值按照每 500μs 的间隔送给 P1 口，就可以在 P1 的 8 根端口线上输出 8 路不同频率的方波，这样 P1 口就相当于 8 个分频器了。

表 5.5　十进制与二进制的对应表

| 十进制数 | 二进制数（8 位） | 十进制数 | 二进制数（8 位） |
|---|---|---|---|
| 1 | 00000001 | 6 | 00000110 |
| 2 | 00000010 | 7 | 00000111 |
| 3 | 00000011 | 8 | 00001000 |
| 4 | 00000100 | 9 | 00001001 |
| 5 | 00000101 | 10 | 00001010 |

分频器源程序如下：

```
//*************************************************************************
//宏定义
#include<reg52.h>
//*************************************************************************
//T0 定时 500μs 子程序
void  Timer0（）
{ TMOD = 0x01;           //使用模式 1，16 位定时器，
  TH0=（65536-500）/256;  //赋初值，12MHz 晶振，机器周期 1μs，500×2=1ms 方波
  TL0=（65536-500）%256;
  TR0=1;                 //定时器开关打开
  While(1)
  {if(TF0==1)
    {TF0=0;
     return;
    }
  }
}
//*************************************************************************
//主程序
main（）
{ static unsigned char i;    // i 的范围 0～255
  while（1）
    { i++;
      P1=i;                  //P1 口 8 路输出不同频率，相当于一个分频器，用示波器测量
```

```
                         //P1.0 输出 1ms 方波，P1.1 输出 2ms，P1.2 输出 4ms，以此类推
        Timer0（）;
      }
   }
   //*************************************************************************
```

将以上程序编译成*.hex 文件后下载到实验板的 STC89C52 中，用示波器测量 P1.0～P1.7 各端口，能分别检测到周期为 1ms、2ms、4ms、8ms、16ms、32ms、64ms、128ms 的 8 路方波。这里实现的是 1ms 周期的 2 分频、4 分频、8 分频、16 分频、32 分频、64 分频和 128 分频。只要改变程序中 Timer0( )的延时时间，可以实现任何频率的分频。

## 项目小结

本项目主要介绍了 51 单片机的定时/计数器的组成和工作原理。定时/计数器由 T0、T1、定时器方式寄存器 TMOD 和定时器控制寄存器 TCON 组成。工作在定时方式时它是对单片机的内部机器周期进行计数；工作在计数方式时它是对 P3.4（T0）或 P3.5（T1）的外部脉冲进行计数，所以定时/计数器实质上就是一个加 1 计数器。

定时/计数器有 4 种工作方式。方式 0 是一个 13 位的计数器，由 TH0（TH1）的 8 位和 TL0（TL1）的低 5 位组成，TL0（TL1）的高 3 位未用，最大计数值 $M=2^{13}$。方式 1 是一个 16 位的计数器，由 TH0（TH1）作为高 8 位和 TL0（TL1）作为低 8 位组成，最大计数值 $M=2^{16}$。方式 2 是自动重装载初值的 8 为计数器，TH0（TH1）寄存 8 位初值并保持不变，由 TL0（TL1）进行加 1 计数，最大计数值 $M=2^{8}$。方式 3 是 T0 被拆成两个独立的 8 位计数器 TL0 和 TH0，TL0 用 T0 的控制位、引脚和中断源控制，TH0 只可以用做定时功能，它占用 TR1 和 TF1，所以只有 T0 可以工作在方式 3，此时 T1 仍可设置为方式 0、方式 1 和方式 2。

单片机要使用定时/计数器时首先要对其进行初始化，初始化的步骤为：

（1）确定工作方式——对 TMOD 赋值。

（2）预置定时或计数的初值——直接将初值写入 TH0、TL0 或 TH1、TL1。

（3）根据需要开启定时/计数器中断——直接对 IE 寄存器赋值。

（4）启动定时/计数器工作——将 TR0 或 TR1 置 1。

## 思考与训练

### （一）知识思考

1．MCS-51 单片机定时/计数器的定时功能和计数功能有什么不同？分别应用在什么

场合？

2．MCS-51 单片机片内有几个定时计数器？它们由哪些特殊功能寄存器组成？

3．MCS-51 单片机定时/计数器做定时和计数时，其计数脉冲分别由谁提供？

4．简述 MCS-51 单片机定时/计数器的 4 种工作方式的特点及如何选择和设定这 4 种工作方式。

5．当定时/计数器工作于方式 1 时，晶振频率为 6 MHz，请计算最短定时时间和最长定时时间。

6．MCS-51 单片机的定时/计数器做定时器用时，其定时时间与哪些因素有关？做计数器时对外界计数频率有何限制？

7．当定时器 T0 工作于方式 3 时，如何使运行中的定时器 T1 停止下来？

8．使用一个定时器，如何通过软硬件结合的方法，实现较长时间的定时？

（二）项目训练

1．若 AT89C51 单片机的时钟频率为 12MHz，要求 T1 产生 40ms 的定时，试对 T1 进行初始化编程。

2．编写用定时器 1，方式 1 采用查询方式实现 1s 的延时子程序。

3．已知单片机系统晶振频率为 6MHz，试编写程序，用定时器工作方式 1，使 P1.0 输出如下图 5.12 所示周期为 0.1s 的波形。

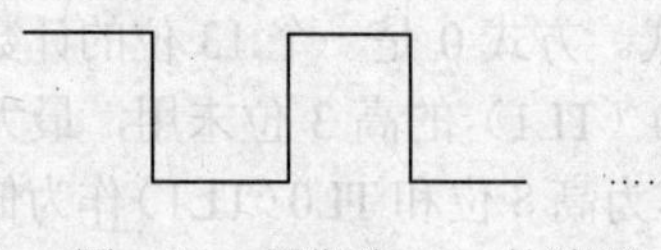

图 5.12　周期为 0.1s 的波形

项目6

# 交通信号灯的设计

## 学习目标

- 了解7段LED数码管的内部结构和工作原理；
- 理解数码管的静态和动态显示原理；
- 掌握LED数码管静态和动态显示接口电路和软件的设计；
- 了解51单片机中断系统的结构；
- 理解51单片机中断的原理；
- 掌握51单片机中断系统的初始化方法；
- 掌握交通信号灯控制系统的设计方法。

## 工作任务

- 叙述LED数码管静态和动态显示原理；
- 叙述51单片机外部中断的工作原理；
- 设计LED数码管静态显示的工作电路和控制软件；
- 设计LED数码管动态显示的工作电路和控制软件；
- 设计交通信号灯控制系统的硬件电路和控制软件。

## 项目引入

在日常生活中，我们会接触到许许多多的数码显示，如家中DVD播放机、机顶盒的频道显示，空调、洗衣机、热水器的温度和功能显示，电梯的楼层指示，十字路口的交通信号灯时间显示等。这些都是采用LED数码管或LCD数码管来实现的，而数码管的显示却是由单片机来控制的。

本项目我们就来学习单片机怎样控制LED数码管显示数字或简单的字符，以及怎样运用单片机的中断系统来控制交通信号灯。交通信号灯在马路上随处可见，主要用于指导十字路口车辆及行人的通过，以减少交通事故的发生，它需要定时指示红绿灯和显示倒计时的时间，这是一个比较综合的应用设计。

本项目包含3个任务：LED数码管显示数字的设计；中断控制流水灯的设计和交通信号灯的设计。

# 任务 6.1　LED 数码管显示数字的设计

## 6.1.1　单只 LED 数码管静态显示数字

### 6.1.1.1　LED 数码管结构与显示原理

在单片机系统中，显示器是常用的输出装置，主要用来显示系统输出数据与工作状态。常用的显示器有：发光二极管显示器，简称 LED（Light Emitting Diode）；液晶显示器，简称 LCD（Liquid Crystal Display）；辉光显示器；荧光显示器；等等。因为辉光数码管体积大，工作电压高（180V），且不能和集成电路匹配，已被其他数码器件所替代。目前，只有在老式数字测量仪表中能见到它。荧光数码管虽然体积小、亮度高、响应速度快，又可以和集成电路匹配使用，但是它的工作电压仍需 20V，现也很少使用。

液晶显示器和发光二极管显示器都有两种显示结构：段显示和点阵显示。点阵显示器按照点阵规模大小分为 5×7、5×8、8×8 等。段显示器按照段数分为 7 段和“米”字形等。

为了能以十进制数字直观地显示单片机系统的测量与处理结果，目前广泛使用了 7 段显示器。因其由 7 段可发光的线段拼合而成，以不同组合来显示数字和符号，故又称为七段数码管。数码管由 8 个发光二极管构成，通过不同的组合可显示数字 0～9、字符 A～F、H、L、P、R、U、Y、符号“-”及小数点“.”。常见的 7 段显示器有 LED 数码管和 LCD 数码管两种。

图 6.1（a）所示为 LED 数码管的引脚图，它内部由 8 个发光二极管组成，其中 7 个发光二极管（a～g）作为 7 段笔画组成“8”字结构（故也称 7 段 LED 数码管），剩下的 1 个发光二极管（h 或 DP）组成小数点，所有发光二极管已在内部完成连接，根据接法不同分为共阴 LED 数码管和共阳 LED 数码管两类，如图 6.1（b）和（c）所示。共阴 LED

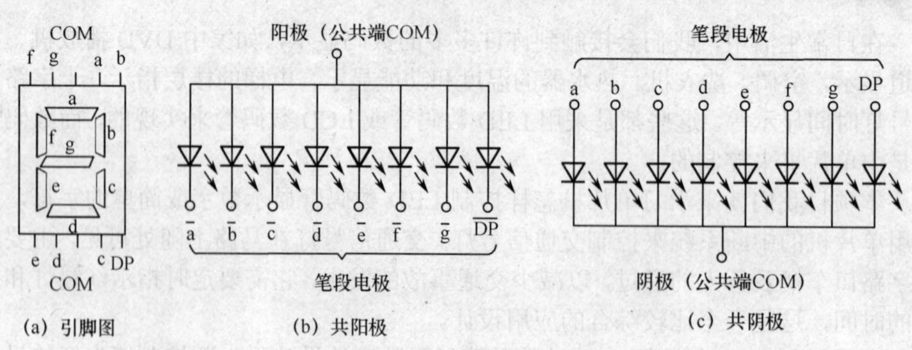


（a）引脚图　（b）共阳极　（c）共阴极

图 6.1　LED 数码管内部原理图

数码管把所有发光二极管的负极（阴极）连接在一起，作为公共端 COM；每个发光二极管对应的正极分别作为独立引脚（称笔段电极），其引脚名称分别为 a、b、c、d、e、f、g 及 DP（小数点）。共阴 LED 数码管把所有发光二极管正极（阳极）连接在一起，作为公共端 COM；每个发光二极管对应的负极分别作为独立引脚，其引脚名称分别为 a、b、c、d、e、f、g 及 DP（小数点）。

若按规定使某些笔段上的发光二极管点亮，就能够显示出不同的字符。例如，要显示“0”，就是让 a 段亮、b 段亮、c 段亮、d 段亮、e 段亮、f 段亮、g 段不亮及 DP 段不亮（不显示小数点）。对于共阴极 LED 数码管，公共端要接地，a、b、c、d、e、f 各端接高电平，g 脚及 DP 脚接低电平。而共阳极 LED 数码管，公共端要接电源，a、b、c、d、e、f 各端接低电平，g 脚及 DP 脚接高电平。也就是说，显示同一个字符，两种接法的 LED 数码管的 7 段显示控制信息是不同的，互为反码。

**注意**：使 LED 数码管某段点亮必须具备两个条件：共阴极管的公共端接低电平或接地，共阳极管的公共端接高电平或电源；共阴极管的笔段电极端接高电平或电源，共阳极管的笔段电极端低电平或接地。

### 6.1.1.2　LED 数码管显示方式

#### 1．段码和位码

段码是数码管显示的一个基本概念，也叫字形码或段选码，它是指数码管为了显示一个数字或符号，在各笔段电极上所加电平按照一定顺序排列所组成的数字，与数码管类型和排列顺序有关。LED 数码管段码如表 6.1 所示。可以看出，段码是相对的，它由各字段在字节中所处位决定。例如，按格式“DP g f e d c b a”形成“1”的段码为 06H（共阴）和 F9H（共阳）；而按格式“a b c d e f g DP”形成“1”的段码为 60H（共阴）和 9FH（共阳）。

**表 6.1　LED 数码管段码表**

| 显示字符 | 字形 | 共阳极 | | | | | | | | | 共阴极 | | | | | | | | |
|---|---|---|---|---|---|---|---|---|---|---|---|---|---|---|---|---|---|---|---|
| | | DP | g | f | e | d | c | b | a | 字形码 | DP | g | f | e | d | c | b | a | 字形码 |
| 0 | 0 | 1 | 1 | 0 | 0 | 0 | 0 | 0 | 0 | C0H | 0 | 0 | 1 | 1 | 1 | 1 | 1 | 1 | 3FH |
| 1 | 1 | 1 | 1 | 1 | 1 | 1 | 0 | 0 | 1 | F9H | 0 | 0 | 0 | 0 | 0 | 1 | 1 | 0 | 06H |
| 2 | 2 | 1 | 0 | 1 | 0 | 0 | 1 | 0 | 0 | A4H | 0 | 1 | 0 | 1 | 1 | 0 | 1 | 1 | 5BH |
| 3 | 3 | 1 | 0 | 1 | 1 | 0 | 0 | 0 | 0 | B0H | 0 | 1 | 0 | 0 | 1 | 1 | 1 | 0 | 4FH |
| 4 | 4 | 1 | 0 | 0 | 1 | 1 | 0 | 0 | 1 | 99H | 0 | 1 | 1 | 0 | 0 | 1 | 1 | 0 | 66H |
| 5 | 5 | 1 | 0 | 0 | 1 | 0 | 0 | 1 | 0 | 92H | 0 | 1 | 1 | 0 | 1 | 1 | 0 | 1 | 6DH |
| 6 | 6 | 1 | 0 | 0 | 0 | 0 | 0 | 1 | 0 | 82H | 0 | 1 | 1 | 1 | 1 | 1 | 0 | 0 | 7DH |
| 7 | 7 | 1 | 1 | 1 | 1 | 1 | 0 | 0 | 0 | F8H | 0 | 0 | 0 | 0 | 0 | 1 | 1 | 1 | 07H |
| 8 | 8 | 1 | 0 | 0 | 1 | 0 | 0 | 0 | 0 | 80H | 0 | 1 | 1 | 1 | 1 | 1 | 1 | 1 | 7FH |
| 9 | 9 | 1 | 0 | 0 | 0 | 0 | 0 | 0 | 0 | 90H | 0 | 1 | 1 | 0 | 1 | 1 | 1 | 1 | 6FH |
| A | A | 1 | 0 | 0 | 0 | 1 | 0 | 0 | 0 | 88H | 0 | 1 | 1 | 1 | 0 | 1 | 1 | 1 | 77H |
| B | B | 1 | 0 | 0 | 0 | 1 | 0 | 0 | 0 | 83H | 0 | 1 | 1 | 1 | 1 | 1 | 0 | 0 | 7CH |

（续表）

| 显示字符 | 字形 | 共阳极 | | | | | | | | | 共阴极 | | | | | | | | |
|---|---|---|---|---|---|---|---|---|---|---|---|---|---|---|---|---|---|---|---|
| | | DP | g | f | e | d | c | b | a | 字形码 | DP | g | f | e | d | c | b | a | 字形码 |
| C | C | 1 | 1 | 0 | 0 | 0 | 1 | 1 | 0 | C6H | 0 | 0 | 1 | 1 | 1 | 0 | 0 | 1 | 39H |
| D | D | 1 | 0 | 1 | 0 | 0 | 0 | 0 | 1 | A1H | 0 | 1 | 0 | 1 | 1 | 1 | 1 | 0 | 5EH |
| E | E | 1 | 0 | 0 | 0 | 0 | 1 | 1 | 0 | 86H | 0 | 1 | 1 | 1 | 1 | 0 | 0 | 1 | 79H |
| F | F | 1 | 0 | 0 | 0 | 1 | 1 | 1 | 0 | 8EH | 0 | 1 | 1 | 1 | 0 | 0 | 0 | 1 | 71H |
| H | H | 1 | 0 | 0 | 0 | 1 | 0 | 0 | 1 | 89H | 0 | 1 | 1 | 1 | 0 | 1 | 1 | 0 | 76H |
| L | L | 1 | 1 | 0 | 0 | 0 | 1 | 1 | 1 | C7H | 0 | 0 | 1 | 1 | 1 | 0 | 0 | 0 | 38H |
| P | P | 1 | 0 | 0 | 0 | 1 | 1 | 0 | 0 | 8CH | 0 | 1 | 1 | 1 | 0 | 0 | 1 | 1 | 73H |
| R | R | 1 | 1 | 0 | 0 | 1 | 1 | 1 | 0 | CEH | 0 | 0 | 1 | 1 | 0 | 0 | 0 | 1 | 31H |
| U | U | 1 | 1 | 0 | 0 | 0 | 0 | 0 | 1 | C1H | 0 | 0 | 1 | 1 | 1 | 1 | 1 | 0 | 6EH |
| Y | Y | 1 | 0 | 0 | 1 | 0 | 0 | 0 | 1 | 91H | 0 | 1 | 1 | 0 | 1 | 1 | 1 | 0 | 6EH |
| — | — | 1 | 0 | 1 | 1 | 1 | 1 | 1 | 1 | BFH | 0 | 1 | 0 | 0 | 0 | 0 | 0 | 0 | 40H |
| . | . | 0 | 1 | 1 | 1 | 1 | 1 | 1 | 1 | 7FH | 1 | 0 | 0 | 0 | 0 | 0 | 0 | 0 | 80H |
| 熄灭 | 灭 | 1 | 1 | 1 | 1 | 1 | 1 | 1 | 1 | FFH | 0 | 0 | 0 | 0 | 0 | 0 | 0 | 0 | 00H |

位码也叫位选码，通过数码管的公共端选中某一位数码管。通常我们把数码管公共端叫做“位选线”，笔段端叫做“段选线”，单片机输出“段码”控制段选线，输出“位码”控制位选线，这样即可控制数码管显示任意字。

假设某一单片机应用系统外接了8个共阳极数码管，所有数码管的8个笔段“a-b-c-d-e-f-g-DP”的同名端已连在一起，单片机I/O口与数码管的引脚的对应控制关系如表6.2所示。

表6.2　单片机I/O口与数码管的引脚的对应控制关系

| 单片机I/O口 | P0.0 | P0.1 | P0.2 | P0.3 | P0.4 | P0.5 | P0.6 | P0.7 |
|---|---|---|---|---|---|---|---|---|
| 数码管的引脚 | a | b | c | d | e | f | g | DP |
| 单片机I/O口 | P2.0 | P2.1 | P2.2 | P2.3 | P2.4 | P2.5 | P2.6 | P2.7 |
| 数码管的引脚 | 第①个数码管COM | 第②个数码管COM | 第③个数码管COM | 第④个数码管COM | 第⑤个数码管COM | 第⑥个数码管COM | 第⑦个数码管COM | 第⑧个数码管COM |

当P0口的口线输出低电平时，其对应控制数码管的段就被点亮，否则熄灭。当P2口的口线输出高电平时，其对应控制的数码管被选中，否则被关闭。如果想在第二个显示器显示“6”，单片机输出的段码应为“10000010”，位码应为“00000010”。

## 操作实例

应用实例：单片机I/O口与数码管的引脚的对应控制关系如表6.2所示，试确定数字0～9的段选码并填入表6.3，确定每个数码管的位码并填入表6.4中。如果想在第四个显示器显示“4”，试问单片机输出的段码和位码应该是多少？

表6.3　数字与段选码对应表

| 显示字形 | 0 | 1 | 2 | 3 | 4 | 5 | 6 | 7 | 8 | 9 |
|---|---|---|---|---|---|---|---|---|---|---|
| 段码 | | | | | | | | | | |

表 6.4 数码管与位选码对应表

| 数码管 | 第①个 | 第②个 | 第③个 | 第④个 | 第⑤个 | 第⑥个 | 第⑦个 | 第⑧个 |
|---|---|---|---|---|---|---|---|---|
| 位码 | | | | | | | | |

## 2. LED 数码管静态显示方式

单片机驱动 LED 数码管有很多种方法，按显示方式分为静态显示和动态显示。

LED 数码管工作在静态显示方式时，各位数码管的公共端连接在一起接地（共阴极）或接电源（共阳极），每位数码管的每一个段都由一个 I/O 口线单独进行驱动。之所以称为静态显示，是因为单片机将所要显示的数据送出后就不再控制 LED 了，直到下一次再传送一次新的显示数据为止，在单片机的两次传送数据之间，LED 数码管显示内容静止不变，不需要动态刷新。

图 6.2 所示为一个 4 位静态显示电路。4 个 LED 数码管的位选线（公共端）均共同连接到+VCC 或 GND，每个数码管的 8 根段选线分别连接一个 8 位并行 I/O 口。因为 4 个数码管由不同的口线控制，所以可显示不同的字符，而且只要保持段选线上的电平不变，数码管就一直能保持显示相同的字符。

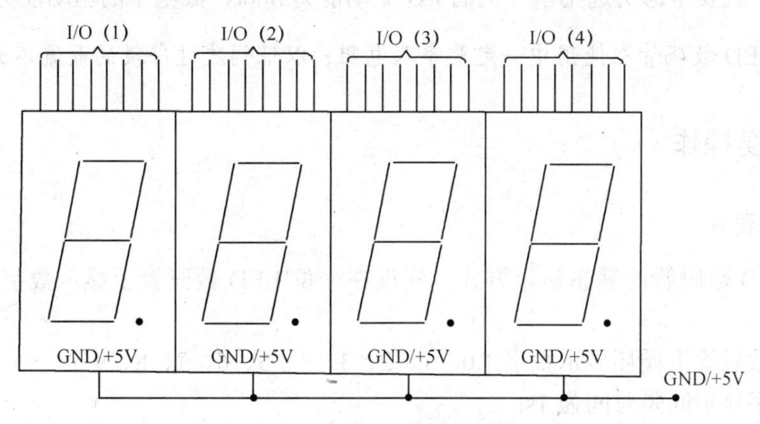


图 6.2 4 位静态显示电路

静态显示方式的优点是编程简单、显示亮度高，缺点是占用 I/O 口线资源较多。如驱动 4 个数码管，若用单片机的 I/O 口，则需要占用 4×8＝32 根 I/O 口来驱动，要知道一个 MCS-51 系列单片机一共才有 32 个 I/O 口线。如果显示器位数过多的话，静态显示方式是不适合使用的。

**注意：** *静态显示方式适用于驱动电路具有锁存功能和显示位数较少的场合。*

### 6.1.1.3 单只 LED 数码管静态显示数字

## 任务准备

### 1. LED 数码管的种类

（1）按发光的颜色分类。LED 数码管可分为红色、橙色、黄色和绿色等多种，发光颜色与发光二极管的半导体材料及其所掺杂质有关。

图 6.3　LED 数码管实物图

（2）按发光强度分类。LED 数码管可分为普通亮度 LED 数码管和高亮度 LED 数码管。

（3）按显示位数分类。LED 数码管可分为一位 LED 数码管、双位 LED 数码管和多位 LED 数码管，如图 6.3 所示。双位及多位数码管将同名段连在一起共用一个引脚引出，位选线（各位数码管的公共端 COM）单独引出。

2. LED 数码管驱动问题

发光二极管 LED 工作电压与发光颜色有关，普通的发光二极管正偏压降：红色 1.6V，黄色 1.4V，蓝白至少 2.5V。工作电流 5～20mA。而 LED 数码管的笔段是由发光二极管构成的，每段的工作电流也必然在 5～20mA。电流过小，显示器亮度就低；电流过大，显示器就很容易损坏。

我们可以采用直接驱动、并行驱动、串行驱动等多种方法驱动 LED 数码管，如果采用直接驱动，就要考虑所选用单片机的 I/O 驱动能力和高、低电平的驱动能力。

注意：LED 数码管在使用中一定要串联电阻，以限制流过每段的电流不大于额定值。

## 任务操作

1. 任务要求

采用 LED 数码管的静态显示方式，实现在一位 LED 数码管上显示数字。具体要求如下：

（1）在数码管上循环显示数字“0、1、2、3、4、5、6、7、8、9”；

（2）数字显示间隔时间为 1s；

（3）利用查表法实现数字到段码的转换。

2. 任务分析

（1）在单片机的 4 个并行 I/O 口中，选用单片机的 P1 口与 LED 数码管的段选线相连，其输出的段码控制数码管各段点亮与熄灭，从而显示不同的字形。为了使各笔段正常发光，电路中串联了限流电阻 R1～R8，限流电阻可用下式计算：

$$R = \frac{(V_{CC} - U_F)}{I_F} = \frac{(5-1.6)}{0.01} = 340(\Omega)$$

式中，$U_F$：段正向压降；$I_F$：段工作电流。

电路中 R 取 330Ω。

（2）利用查表法完成显示数字到段码的转换。事先把数字 0～9 的共阳极段码放在程序存储器中，实现方法如下：

```
unsigned char code table[]={ 0xc0，0xf9，0xa4，0xb0，0x99，0x92，0x82，0xf8，0x80，0x90};
```

table 是用户自行定义的数组名字，关键字 code 使数组元素存储在程序存储区。

要显示某个数字时，只要从存储器中取出其段码，通过 P1 口送给数码管即可。假如要显示“5”，数组元素 table[5]的内容就是“5”的段码，执行 C 语言语句 P1=table[5]，就可以在数码管上显示“5”了。

### 3. 任务设计

（1）器件的选择。

根据任务要求，用一只 AT89C51 单片机控制一只共阳极的数码管，要用到器件清单如表 6.5 所列。

表 6.5 单只数码管静态显示器件清单

| 器件名称 | 数量（只） | 器件名称 | 数量（只） |
|---|---|---|---|
| AT89C51 | 1 | 1kΩ 电阻 | 1 |
| 12MHz 晶体 | 1 | 330Ω 电阻 | 8 |
| 22pF 瓷片电容 | 2 | LED 数码管（红色共阳极） | 1 |
| 22μF 电解电容 | 1 | | |

（2）硬件原理图设计。

根据 AT89C51 和数码管的连接方式，在 Proteus 软件中设计单只数码管静态显示电路如图 6.4 所示。

（3）软件程序设计。

任务要求在显示器上循环显示数字“0～9”，因为要显示的数据之间是递增关系，因此在程序设计中采用了循环结构，通过循环控制变量 $i$ 改变显示数据和控制数字的循环。数字到段码的转换是通过查表法实现的，具体如图 6.5 所示主程序流程图所示和 C 语言源程序。

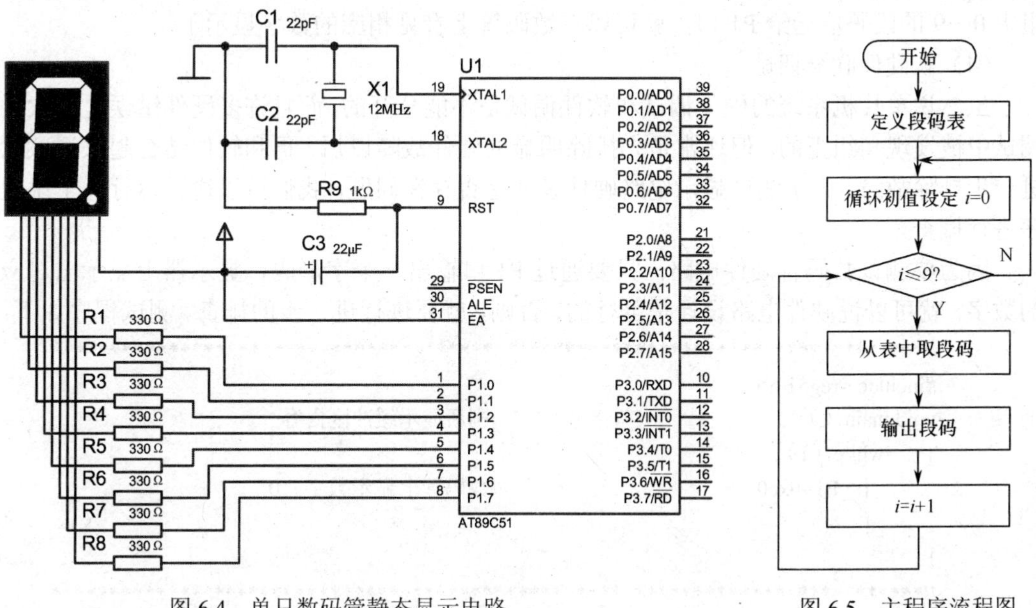


图 6.4 单只数码管静态显示电路　　　　图 6.5 主程序流程图

源程序如下：

```
//****************************************************************************
//宏定义
#include<reg51.h>
#define uchar unsigned char
#define uint unsigned int
//定义共阳极数码管的段码表
unsigned char code    table[]={0xc0,0xf9,0xa4,0xb0, 0x99,0x92,0x82,0xf8,0x80,0x90};
//****************************************************************************
//延时子函数，大约 xms 延时
void DelayMS（uint x）
{  uchar i;
   while（x--）
   for（i=o;i<120;i++）;
}
//****************************************************************************
//主函数，循环显示数字“0～9”
void  main（）
{     uchar i;
      while（1）
         {   for（i=0;i<=9;i++）
                 { P1=table[i];               //从段码表中取段码并通过 P1 口输出
                   DelayMS（1000）;           //调用延时函数，延时 1s
                 }
         }
}
//****************************************************************************
```

在数组 table 中列出了共阳极数码管显示 0～9 数字的段码，只要按照 1s 的间隔将数组中 0～9 的段码值送给 P1 口，就可以在数码管上看见相应的数字显示了。

（4）软硬件联合调试。

虽然说单片机系统的硬件调试和软件调试是不能分开的，而且许多硬件错误是在软件调试中被发现和纠正的。但通常是先排除明显的硬件故障以后，再和软件结合起来调试以进一步排除故障。为了测试显示电路硬件设计是否存在问题，我们可以通过运行一个小程序进行排查。

因为要测试数码管硬件电路，只要通过 P1 口输出一个字形码，显示器上显示出对应的数字，就可以说硬件电路设计是可行的，否则，就要进行进一步的排查。测试程序如下：

```
//****************************************************************************
#include <reg51.h>
void main（）                                  //刷新显示缓冲区内容
{    while（1）
        {  P1=0xc0;                            //数码管上显示数字“0”
        }
}
//****************************************************************************
```

上述测试通过后，将.hex文件下载到单片机中，观察显示器能否正常显示。如果不能正常显示，问题出在程序上的可能性大一些，因为前面对硬件电路已经测试过了。这时应该回到Keil平台上，用单步运行的方法排错，然后再到Proteus平台上进行仿真，直到可以正常运行为止。

## 6.1.2 8位LED数码管动态显示数字

### 任务准备

**LED数码管动态显示方式**

当LED数码管位数较多时，为了简化电路，通常会将所有数码管的同名段选线并联在一起，由一个I/O口控制。而各位数码管的位选线（公共极COM）各自独立由I/O线控制。当单片机输出字形码时，所有数码管都接收到相同的字形码，但究竟是哪个数码管会显示出字形，取决于单片机对LED数码管COM端的控制，只要输出要选通数码管的对应位码，该位就显示出字形，没有选通的数码管就不会亮。之所以称为动态显示，是因为即便LED数码管显示内容不变，对其的驱动信号也不能静止，需要不断地进行动态刷新。

图6.6所示为4位动态显示电路。这4个共阳极LED数码管的同名段选线已并联在一起，由单片机的一个8位I/O口控制。4个数码管的位选线占用4个I/O口线。为了让4个数码管显示相应的字符，需要采用动态扫描方式，即在某一时刻，只让某一位数码管的位选线处于选通状态，其他处于关闭状态，同时，段选线上输出要显示字符的段码。这样，此刻只有选通的数码管显示出相应字符，其他数码管则熄灭不显示。同样，可以让下一位数码管显示相应字符，其他数码管则熄灭不显示，如此循环下去，可实现在4个数码管上显示不同的相应字符。虽然数码管不是同时点亮，但是只要每位数码管显示间隔足够短，由于人眼的视觉暂留现象和发光二极管的余辉效应，便可产生多位数码管同时点亮的效果。动态显示方式的优点是能够节省大量的I/O口，而且功耗较低；缺点是编程比较复杂，显示亮度不如静态显示。动态显示方式一般适用于显示位数较多的场合。

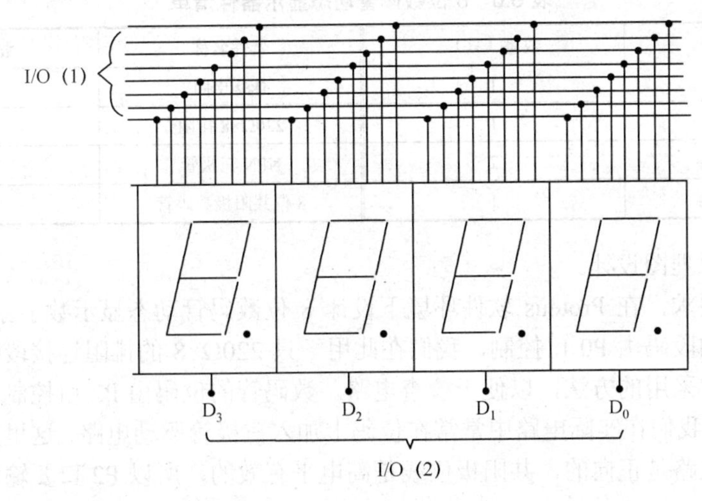


图6.6 4位动态显示电路

注意：动态显示方式，每秒的刷新次数以 25 次左右为好。每次刷新，每位数码管的点亮时间为 1～2ms，具体时间应根据实际情况而定。

## 任务操作

### 1．任务要求

采用动态显示方式，使用 AT89C51 单片机控制 8 位共阳极 LED 数码管，要求同时显示数字“01234567”。

### 2．任务分析

（1）共阳极段码表定义方法如下：

```
unsigned char code table1[]={0xC0, 0xF9, 0xA4, 0xB0, 0x99, 0x92, 0x82, 0xF8, 0x80, 0x90};
```

（2）位码表定义方法如下：

```
unsigned char code table2[]={ 0x01，0x02，0x04，0x08，0x10，0x20，0x40，0x80};
```

由于采用共阳极数码管，高电平点亮位，低电平熄灭位，所以位码值如上所述。

在动态扫描过程中，需要分时点亮各位数码管，本设计通过查表的方法，分时从存储器中取出并送出位码，使各位数码管的位选线分时高电平有效，从而实现动态显示。若想在某位数码管显示字符，其他数码管熄灭，只要从存储器中取出这位数码管的位码，送到数码管的位选线上即可。例如，数组元素 table2[0]的内容是第一个数码管的位码，执行 C 语言语句 P2=table2[0]之后，结果第一个显示器上显示了相应字符，而其他显示器是熄灭的。

### 3．任务设计

（1）器件的选择。

根据任务要求，需要选用 1 只 8 位共阳极数码管，采用 12MHz 晶体，数码管的位选都用三极管驱动，电路设计需要的器件清单如表 6.6 所示。

表 6.6　8 位数码管动态显示器件清单

| 器件名称 | 数量（只） | 器件名称 | 数量（只） |
|---|---|---|---|
| AT89C51 | 1 | 1kΩ 电阻 | 1 |
| 12MHz 晶体 | 1 | 220Ω×8 排阻 | 1 |
| 22pF 瓷片电容 | 2 | NPN 三极管 | 8 |
| 22μF 电解电容 | 1 | 8 位共阳极数码管 | 1 |

（2）硬件原理图设计。

根据任务要求，在 Proteus 软件环境下设计 8 位数码管动态显示数字原理图如图 6.7 所示。数码管的段码由 P0 口控制，我们在此用一只 220Ω×8 的排阻连接段码线，这是实际电路数据线常采用的方法，以便于检查电路。数码管的位码由 P2 口控制，由于动态显示的亮度较弱，我们在实际电路中常常在位码上加入三极管驱动电路，这里采用 NPN 管，由于放大驱动电路是正向的，共阳极位线是高电平有效的，所以 P2 口要输出高电平点亮相应位。

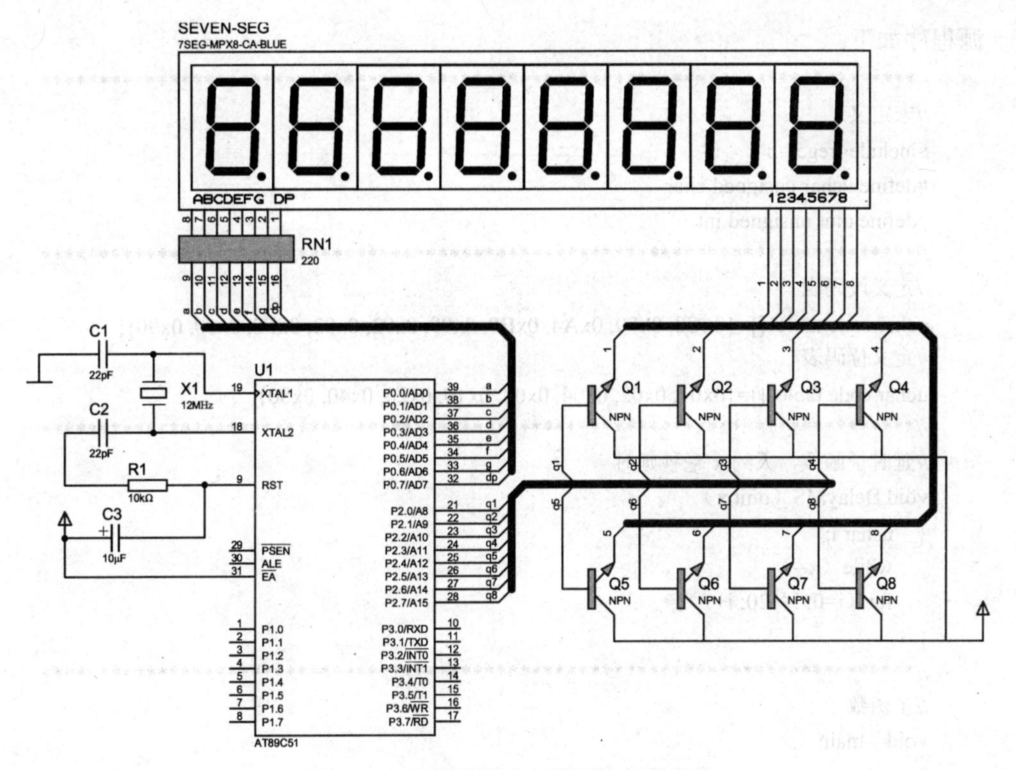

图 6.7　8 位数码管动态显示数字原理图

（3）软件程序设计。

任务要求在视觉效果上感觉各位数码管同时显示数字，这就需要轮流向各位数码管送出字形码和位码，利用人眼的视觉暂留现象和发光二极管的余晖效应，使人感觉好像各位数码管同时被点亮，这就是所谓的动态显示。整个过程是由程序控制的，具体如图 6.8 所示主程序流程图和 C 语言源程序。

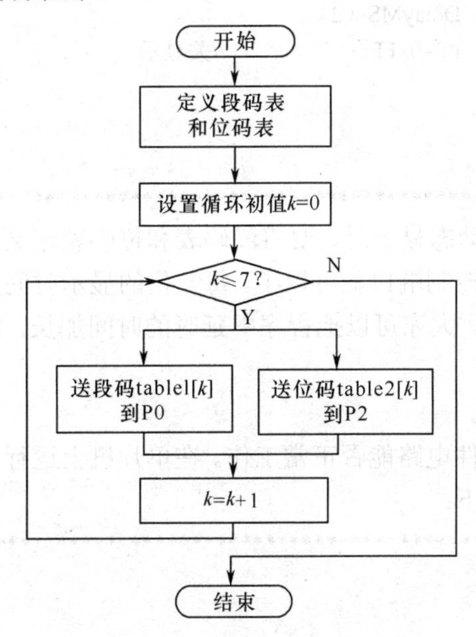

图 6.8　主程序流程图

源程序如下：

```
//*************************************************************************
//宏定义
#include<reg51.h>
#define uchar unsigned char
#define uint unsigned int
//*************************************************************************
//定义段码表
uchar code table1[]={0xC0, 0xF9, 0xA4, 0xB0, 0x99, 0x92, 0x82, 0xF8, 0x80, 0x90};
//定义位码表
uchar code table2[]={0x01, 0x02, 0x04, 0x08, 0x10, 0x20, 0x40, 0x80};
//*************************************************************************
//延时子函数，大约 x 毫秒延时
void DelayMS（uint x）
{   uchar i;
    while（x--）
    for（i=0; i<120; i++）;
}
//*************************************************************************
//主函数
void   main（）
{   uchar   k;
    P0=0xFF;                        //关显示
    P2=0x00;                        //关显示
    while（1）
        {  for（k=0;k<=7;k++）
              {   P0= table1[k];     //发送段码
                  P2= table2[k];     //发送位码
                  DelayMS（2）;
                  P0=0xFF;           //关显示
              }
        }
}
//*************************************************************************
```

我们发现，在数码管动态显示时，要将段码表和位码表定义好，程序非常简单，只要将对应的段码和位码送给控制端口就可以了。每一位的显示时间只要几毫秒，那么我们看到的就是同时显示的效果。大家可以把程序中延时的时间加长，比如几十毫秒，那么将看到各位字符轮流显示。

（4）软硬件联合调试。

先测试一下数码管硬件电路能否正常工作。在单片机上运行一个小程序，使所有数码管显示“8”，测试程序如下：

```
//*************************************************************************
#include <reg51.h>
void main（）
{     while（1）
```

```
        { P0=0xC0;              //送出段码
          P0=0x01;              //送出位码
        }
    }
    //*****************************************************************
```

硬件电路通过了上述测试，然后就可以将*.hex 文件加载到 Proteus 仿真图中的单片机中，按下运行健，观察电路反应。如果显示器没有显示或显示乱码，那么此问题出在程序上的可能性会大一些，因为前面对硬件电路已经测试过了。这时应该回到 Keil 平台上，用单步运行的方法排错，然后再到 Proteus 平台上进行仿真，直到可以正常运行为止。

在动态显示电路调试过程中，可能出现如下问题：

① 程序定义的控制端口线与 Proteus 仿真图中不一致，显示器不显示。

② 段码和位码送出之后，忘了关闭显示器，结果出现乱码。

③ 段码表有错误，出现乱码。

④ 程序中定义的位码表和 Proteus 仿真图实际连线不一致，出现显示数据错位。

**注意：数码管在动态显示时每位显示之间一定要关显示，起到消隐的作用，否则多位数码的动态显示不能实现。**

# 任务 6.2　中断控制流水灯的设计

## 知识准备

### 6.2.1　MCS-51 单片机的中断系统

#### 6.2.1.1　中断的概念

**1．中断的定义**

所谓中断，就是指单片机在执行程序的过程中，由于某种外部或内部事件的作用（如外部设备请求与单片机传送数据或单片机在执行程序的过程中出现了异常），强迫单片机停止当前正在执行的程序而转去为该事件服务，待该事件服务结束后，又能自动返回到被中断了的程序中继续执行，这一过程称为中断，其示意图如图 6.9 所示。

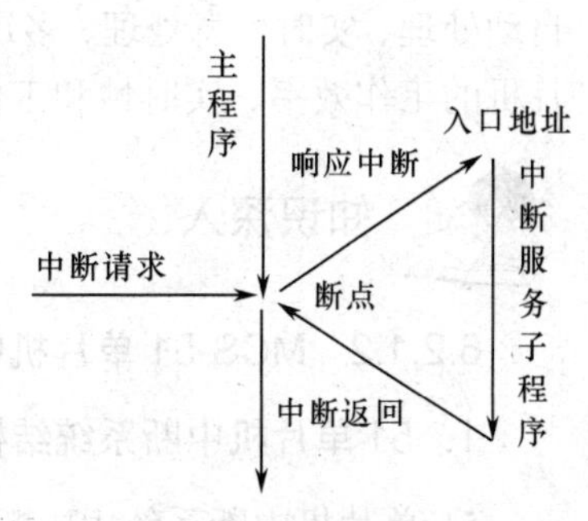


图 6.9　中断过程示意图

**2．中断响应过程**

单片机处理中断的 4 个步骤：中断请求、中断响应、中断服务和中断返回。

（1）中断请求。中断源发出请求信号，单片机在运行主程序的同时，不断地检测是否有中断请求产生，在检测到有中断请求信号后，决定是否响应中断。

（2）中断响应。当单片机满足响应中断后，进入中断服务程序。在响应中断后，必须保存主程序断点的地址（即当前 PC 值）和保护现场。

（3）中断服务。执行中断服务程序。

（4）中断返回。中断服务程序执行完成后，单片机重新返回到原来的程序中继续工作，并恢复断点、恢复现场。

相对被中断的程序来说，中断处理程序是临时嵌入的一段程序，所以一般将被中断的程序称为主程序，而将中断处理程序称为中断子程序（或中断服务子程序）。主程序被中止的地方称为断点，也就是下一条指令所在内存的地址。中断服务子程序一般存放在内存中一个固定的区域内，它的起始地址称为中断服务子程序的入口地址。

**3．中断源**

完成中断处理功能的部件称为中断系统，向单片机发出中断请求的来源或引起中断的原因称为中断源。中断源要求服务的请求称为中断请求。中断源可分为两大类：一类来自单片机内部，称之为内部中断源；另一类来自单片机外部，称之为外部中断源。

通常单片机的中断源不止一个，当有多个中断源同时向单片机发出中断请求，要求为它服务时，单片机如何处理呢？通常会根据事件的轻重缓急进行排队，单片机优先处理最紧急事件，即事先规定中断源的中断优先级，单片机总是响应中断优先级最高的中断源的中断申请。

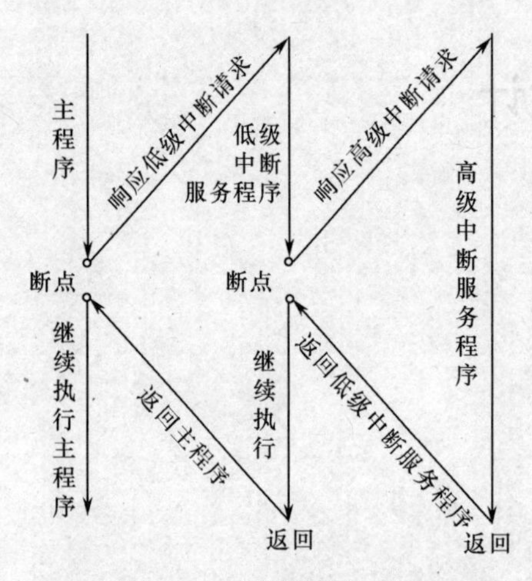


图 6.10　中断嵌套示意图

**4．中断嵌套**

当单片机正在处理某一中断请求时，发生了另一个优先级比它高的中断请求。如果单片机暂停对原来中断源的处理程序，转而去处理优先级更高的中断源，处理完以后再返回处理原低级中断源，这样的过程称为中断嵌套，如图 6.10 所示。

中断是单片机的重要功能。最初中断技术引入计算机系统，只是为了解决快速的 CPU 与慢速的外部设备之间传送数据的矛盾。随着计算机技术的发展，中断技术不断被赋予新的功能，如计算机故障检测与自动处理、实时信息处理、多道程序分时操作和人机交互等。采用中断技术大大提高了单片机的工作效率、实时性和工作可靠性。

**知识深入**

### 6.2.1.2　MCS-51 单片机中断系统

**1．51 单片机中断系统结构**

51 单片机中断系统由中断源、中断寄存器和查询硬件等组成。中断系统提供了 5 个中断源和 4 个中断寄存器。用户可以用软件设置中断的允许或屏蔽，也可设置中断的优先级。中断服务还可以实现嵌套。51 单片机中断系统结构示意图如图 6.11 所示。

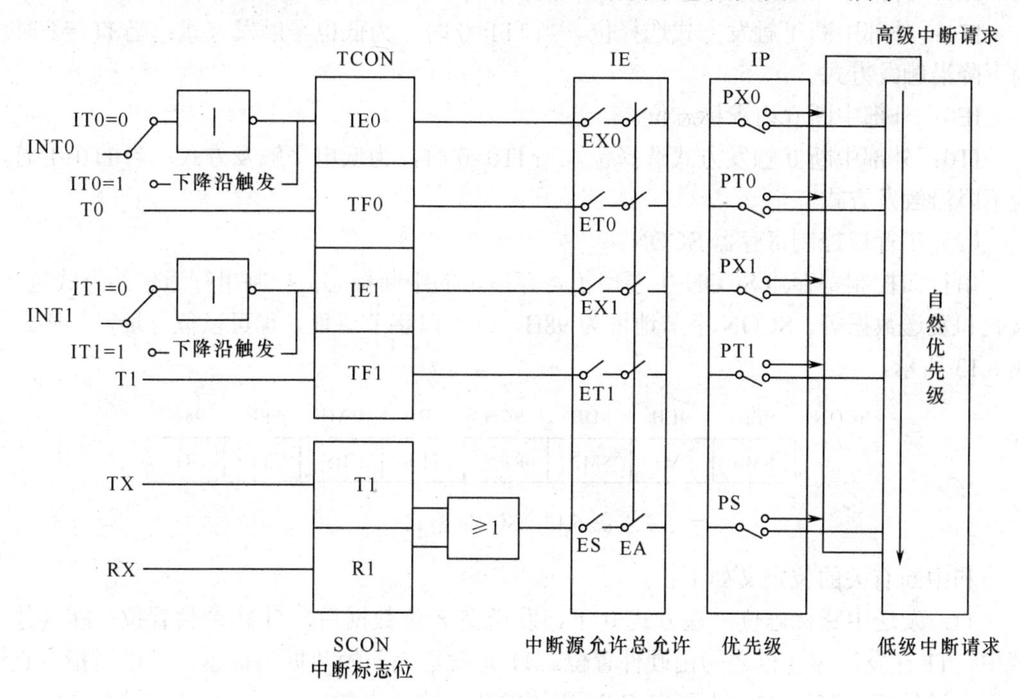


图 6.11　51 单片机中断系统结构示意图

4 个中断寄存器：中断源寄存器 TCON（保存中断信息）和 SCON（保存中断信息）、中断允许控制寄存器 IE（控制中断的开放和关闭）、中断优先级控制寄存器 IP（设定优先级别）。中断的控制与管理就是通过以上特殊功能寄存器完成的。

### 2．中断源和中断标志

51 单片机的中断源有 5 个：外部中断 0（$\overline{\text{INT0}}$），外部中断 1（$\overline{\text{INT1}}$），由引脚 P3.2 和 P3.3 引入；定时器/计数器 0，定时器/计数器 1 和串行口中断。各中断源有相应的中断矢量入口地址。每一个中断源对应一个中断标志，当某个中断源申请时，相应的中断标志由硬件置 1，5 个中断源的中断标志位在寄存器 TCON 和 SCON 中。

（1）定时器/计数器控制寄存器 TCON。

正如第 5 章所介绍的，定时器/计数器控制寄存器 TCON 可以控制定时器的启、停，除此之外，主要用于寄存外部中断请求标志和定时器溢出标志，进行外部中断触发方式的选择。该寄存器的字节地址是 88H，可以位寻址，其格式如图 6.12 所示。

| TCON (88H) | 8FH | 8EH | 8DH | 8CH | 8BH | 8AH | 89H | 88H |
|---|---|---|---|---|---|---|---|---|
| | TF1 | TR1 | TF0 | TR0 | IE1 | IT1 | IE0 | IT0 |

图 6.12　TCON 格式

和中断有关的位定义如下：

TF1：定时器 1 溢出标志位。当定时器 1 计满溢出时，由硬件使 TF1 置 1，并且申请中断。进入中断服务程序后，由硬件自动清 0，在查询方式下用软件清“0”。

TF0：定时器 0 溢出标志。其功能及操作情况同 TF1。

IE1：外部中断 1 请求标志位。

IT1：外部中断 1 触发方式选择位。当 IT1=0 时，为低电平触发方式；当 IT1=1 时，为下降沿触发方式。

IE0：外部中断 0 请求标志位。

IT0：外部中断 0 触发方式选择位。当 IT0=0 时，为低电平触发方式；当 IT0=1 时，为下降沿触发方式。

（2）串行口控制寄存器 SCON。

串行口控制寄存器 SCON 主要用于寄存串口的中断标志、控制串行通信的方式选择、接收和发送数据等。SCON 字节地址为 98H，既可以字节寻址，也可以位寻址，其格式如图 6.13 所示。

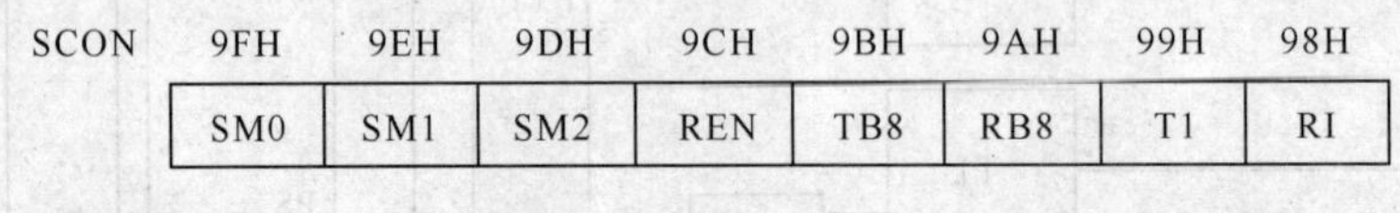


图 6.13　SCON 格式

和中断有关的位定义如下：

TI：发送中断标志位。在方式 0 下，发送完 8 位数据后，TI 由硬件置位；在其他方式中，TI 在发送停止位之初由硬件置位。TI 是发送完一帧数据的标志，可以用指令查询是否发送结束。TI=1 时，也可向 CPU 申请中断，响应中断后，必须由软件清除 TI。

RI：接收中断标志位。在方式 0 下，接收完 8 位数据后，RI 由硬件置位；在其他方式中，RI 在接收停止位的中间由硬件置位。同 TI 一样，也可以通过指令查询是否接收完一帧数据。RI=1 时，也可向 CPU 申请中断，响应中断后，必须由软件清除 RI。

### 3. 中断控制

（1）中断屏蔽。

中断系统有两种中断：一类为非屏蔽中断，不能用软件加以禁止；另一类为可屏蔽中断，可以通过软件来控制是否允许某中断源的中断，允许中断称为中断开放，不允许中断称为中断屏蔽。51 单片机的 5 个中断源都是可屏蔽中断，专用寄存器 IE 用于控制 CPU 对各中断源的开放或屏蔽。IE 寄存器的字节地址为 A8H，各位位地址为 A8H～AFH，其格式如图 6.14 所示。

| IE (A8H) | D7 | D6 | D5 | D4 | D3 | D2 | D1 | D0 |
|---|---|---|---|---|---|---|---|---|
| | EA | × | × | ES | ET1 | EX1 | ET0 | EX0 |

图 6.14　IE 格式

IE 各位定义如下：

① IE.7（EA）：总中断允许控制位。EA = 1，开放所有中断，各中断源的允许和禁止还要通过相应的中断允许位单独加以控制；EA = 0，禁止所有中断。

② IE.4（ES）：串行口中断允许位。ES = 1，允许串行口中断；ES = 0，禁止串行口中断。

③ IE.3（ET1）：定时器 1 中断允许位。ET1 = 1，允许定时器 1 中断；ET1 = 0，禁止定时器 1 中断。

④ IE.2（EX1）：外部中断 1 中断允许位。EX1 = 1，允许外部中断 1 中断；EX1 = 0，禁止外部中断 1 中断。

⑤ IE.1（ET0）：定时器 0 中断允许位。ET0 = 1，允许定时器 0 中断；ET0 = 0，禁止定时器 0 中断。

⑥ IE.0（EX0）：外部中断 0 中断允许位。EX0 = 1，允许外部中断 0 中断；EX0 = 0，禁止外部中断 0 中断。

51 单片机系统复位后，IE 中各中断允许位均被清 0，即禁止所有中断。

（2）中断优先级。

51 单片机的中断优先级控制比较简单，只设置了高、低两个级别，各中断源的优先级别由优先寄存器（IP）进行控制，IP 寄存器的字节地址为 B8H，其格式如图 6.15 所示。

| IP (B8H) | D7 | D6 | D5 | D4 | D3 | D2 | D1 | D0 |
|---|---|---|---|---|---|---|---|---|
| | × | × | × | PS | PT1 | PX1 | PT0 | PX0 |

图 6.15　IP 格式

IP 各位定义如下：

PS：串口中断优先控制位。

PT1：T1 中断优先控制位。

PX1：INT1 中断优先控制位。

PT0：T0 中断优先控制位。

PX0：INT0 中断优先控制位。

当某一中断优先控制位的状态设定为 1 时，与之相对应的中断源为高优先级中断；当某一中断优先控制位的状态设定为 0 时，与之相对应的中断源为低优先级中断；当单片机开机/复位时，IP 各位清零，各中断源均为低优先级中断。

当中断源的优先级设定为同一级别时，它们的优先排队顺序已由硬件电路确定了自然优先级，高低顺序，中断源特性如表 6.7 所示。其中，外部中断源 0 的自然优先级最高，串行口的自然优先级最低。

**表 6.7　中断源特性**

| 中断源和中断标志 | 中断服务程序入口地址 | 中断编号 | 自然优先级顺序 |
|---|---|---|---|
| 外部中断 0 中断（IE0） | 0003H | 0 | 最高 |
| 定时/计数器 0（TF0） | 000BH | 1 | ↑ |
| 外部中断 1 中断（IE1） | 0013H | 2 | ↑ |
| 定时/计数器 1（TF1） | 001BH | 3 | ↑ |
| 串口（RI 或 TI） | 0023H | 4 | 最低 |

如果程序中没有中断优先级设置指令，则中断源按自然优先级进行排列。实际应用中常把 IP 寄存器和自然优先级相结合，使中断的使用更加方便、灵活。

注意：CPU 响应中断的基本条件。

（1）首先要有中断源发出中断申请。

（2）CPU 是开放中断的，即中断总允许位 EA=1，CPU 允许所有中断源申请中断。

（3）申请中断的中断源的中断允许位为 1，即此中断源可以向 CPU 申请中断。

### 4．中断服务函数和中断编号

中断函数的格式如下：

函数类型 函数名（形式参数列表）interrupt n [using m]

此处的 interrupt 和 using 是 C51 的关键字，interrupt 表示该函数是一个中断服务函数；*m* 表示使用的工作寄存器组号，一般情况下采用默认值 0 即可；*n* 是中断编号，取值范围为 0～4，表示该中断服务函数所对应的中断源，中断源与中断编号的对应关系如表 6.7 所示。

注意：

（1）中断函数不能进行参数传递。

（2）中断函数没有返回值。

（3）在任何情况下都不能直接调用中断函数。

### 5．外部中断源的扩展

51 单片机仅有两个外部中断请求输入端 $\overline{\text{INT0}}$ 和 $\overline{\text{INT1}}$。在实际应用中，根据要求可扩充外部中断源。

（1）用定时器做外部中断源。

51 单片机有两个定时器，具有两个内中断标志和外计数引脚，它们的中断可作为外部中断请求使用。此时，可将定时器设置为计数方式，计数初值可设为满量程，则当它们的计数输入端 T0（P3.4）或 T1（P3.5）引脚发生负跳变时，计数器将加 1 产生溢出中断。因此，可以把 T0 引脚或 T1 引脚作为外部中断请求输入线，把计数器的溢出中断作为外部中断请求标志。

例：将定时器 0 扩展为外部中断源。

解：将定时器 0 设定为方式 2(自动恢复计数初值)，TH0 和 TL0 的初值均设置为 0xFF，允许定时器 0 中断，CPU 开放中断。源程序如下：

```
TMOD=0x06;
TH0=0xFF;
TL0=0xFF;
TR0=1;
ET0=1;
EA=1;
```

当连接在 T0（P3.4）引脚上的外部中断请求输入线发生负跳变时，TL0 加 1 溢出，TF0 置 1，向 CPU 发出中断申请；同时，TH0 的内容自动送至 TL0，使 TL0 恢复初值。这样，T0 引脚每输入一个负跳变，TF0 都会置 1，向 CPU 请求中断。此时，T0 引脚相当于边沿触发的外部中断源输入线。

同样，也可将定时器 1 扩展为外部中断源。

（2）中断和查询相结合。

两根外部中断输入线（$\overline{\text{INT0}}$和$\overline{\text{INT1}}$脚）的每一根都可以通过线或的关系连接多个外部中断源。利用这两根外部中断输入线和并行输入端口线作为多个中断源的识别线，可达到扩展外部中断源的目的，电路如图 6.16 所示。

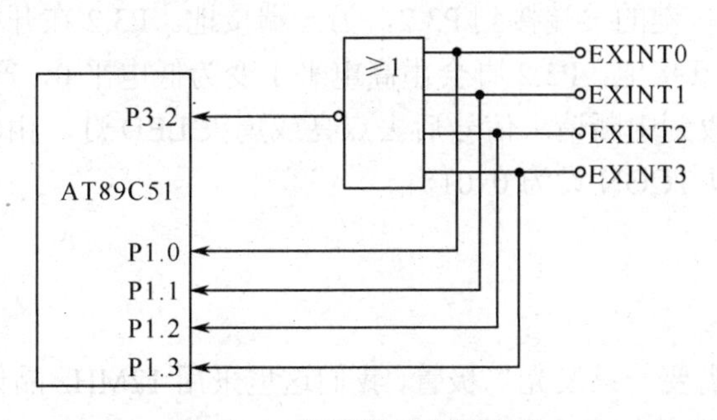


图 6.16　扩展外部中断电路

由图 6.16 所示可知，4 个外部扩展中断源通过 1 个 OC 门电路组成线或取非后再与$\overline{\text{INT0}}$（P3.2）相连；若 4 个外部扩展中断源 EXINT0～EXINT3 中有一个或几个出现高电平，则输出为 0，使$\overline{\text{INT0}}$脚为低电平，从而发出中断请求。因此，这些扩充的外部中断源都是电平触发方式（高电平有效）。CPU 执行中断服务程序时，先依次查询 P1 口的中断源输入状态，然后转入相应的中断服务程序执行。4 个扩展中断源的优先级顺序由软件查询顺序决定，即最先查询的优先级最高，最后查询的优先级最低。

## 6.2.2　中断控制 LED 灯的亮灭

### 任务准备

中断控制实质上是对 4 个与中断有关的特殊功能寄存器 TCON、SCON、IE 和 IP 进行管理和控制，具体实施如下：

（1）CPU 的开、关中断。

（2）具体中断源中断请求的允许和禁止（屏蔽）。

（3）各中断源优先级别的控制。

（4）外部中断请求触发方式的设定。

中断管理和控制程序一般都包含在主程序中，根据需要通过几条指令来完成。中断服务程序是一种具有特定功能的独立程序段，可根据中断源的具体要求进行服务。

### 任务操作

#### 1. 任务要求

在 AT89C51 电路中，用其外部中断$\overline{\text{INT0}}$控制 LED 灯的亮与灭。P3.2 连接一个轻触按键，由按键来控制 LED 灯的亮灭，当按下按键时 LED 灯亮，再次按下按键 LED 灯灭，如此反复。

2．任务分析

根据任务要求，需要通过按键来触发$\overline{\text{INT0}}$中断，一旦产生中断就去点亮或熄灭LED灯。我们可以将轻触按键的一端接到P3.2，另一端接地。P3.2在开机初始化为高电平1，这样一旦按下按键使其接地，P3.2脚会由高电平1变为低电平0，产生一个下跳变，触发$\overline{\text{INT0}}$中断，CPU接收到中断请求信号后去点亮或熄灭LED灯。由于$\overline{\text{INT0}}$设为下降沿触发，IT0要为1，所以TCON设为0x01。

3．任务设计

（1）器件的选择。

根据任务要求，需要一只发光二极管，我们这里采用12MHz晶体，P0.0控制LED灯，电路设计需要的器件清单如表6.8所示。

表6.8 中断控制LED点亮器件清单

| 器件名称 | 数量（只） | 器件名称 | 数量（只） |
|---|---|---|---|
| AT89C51 | 1 | 10kΩ 电阻 | 1 |
| 12MHz 晶体 | 1 | 220Ω 电阻 | 1 |
| 22pF 瓷片电容 | 2 | 发光二极管 LED | 1 |
| 10μF 电解电容 | 1 | 轻触按键 | 1 |

（2）硬件原理图设计。

在Proteus环境下首先将AT89C51的工作时钟和复位电路连接好，在P0.0端口连接一只LED灯，在P3.2（$\overline{\text{INT0}}$）和地之间连接一只轻触按键，如图6.17所示。

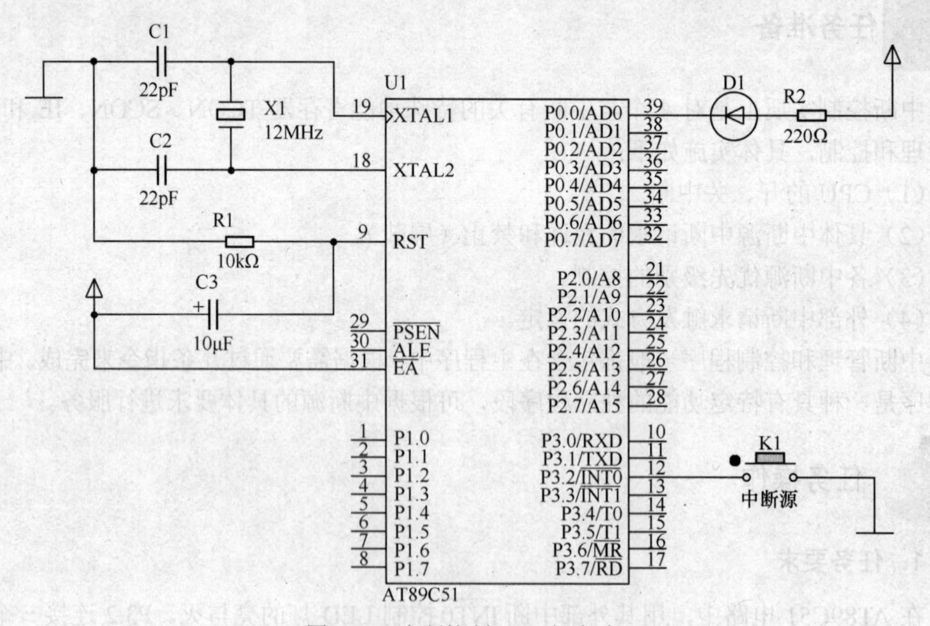


图6.17 中断控制LED灯电路

（3）软件程序设计。

源程序如下：

```
//****************************************************************
//宏定义
#include<reg51.h>
//****************************************************************
//定义端口
sbit LED = P00;
//****************************************************************
//主程序
void main（ ）
{    LED = 1;
     EA = 1;                    //开中断
     EX0 = 1;                   //允许 INT0 中断，可用 IE=0x81 代替上两行
     TCON = 0x01;               //即 IT0 = 1
     while（1）;
 }
//****************************************************************
//中断子程序
void External_Interrupt_0（ ）interrupt 0
{     LED =！LED;
}
//****************************************************************
```

主程序中只要将 EA 和 EX0 打开，并设置好 $\overline{\text{INT0}}$ 的触发方式为下降沿触发，即 IT0 为 1 就可以了，只要工作的硬件电路中 K1 键被按下，则 P3.2 上有下降沿信号就会触发中断，CPU 会自动执行中断子程序。

（4）软硬件联合调试。

将编写的程序在 Keil C51 中编译成*.hex 后调入 Proteus 硬件电路图的 AT89C51 中运行，第一次按下 K1 键 D1 点亮，第二次按下 K1 键 D1 熄灭，如此反复。

**注意：开启的中断源一定要与中断子程序中的中断编号一致。在主程序中无须调用中断子程序，只要中断被触发，CPU 会自动进入中断子程序工作。**

## 6.2.3　中断控制流水灯

### 任务准备

定时/计数器的核心器件就是一个可预置初值的加 1 计数器，计数器被预置初值后即可开始计数，对外来负脉冲（计数方式）或机器周期（定时方式）进行计数。当加 1 计数器变为全 1 时，再输入一个脉冲就会使计数器回零，且由硬件自动置定时/计数器的溢出

中断标志 TF0（或 TF1）=1，表示定时时间或计数值已到，并向 CPU 发出中断请求。在中断允许的情况下，CPU 响应中断进入中断服务程序，之后由硬件自动清除溢出中断标志 TF0（或 TF1）=0，至此，完成了中断方式定时或计数。当定时/计数器工作于计数方式，计数值等于 2*n*−预置初值（*n* 为计数器的长度）；当定时/计数器工作于定时方式，定时时间等于计数值（2*n*−预置初值）乘以机器周期。如果需要循环定时且定时时间固定不变，在中断服务程序中要给定时/计数器重新装入原初值（定时/计数器工作在方式 2 除外）。

在实际生产、生活中，定时的长度往往是秒、分钟、小时，甚至更长时间，而 51 单片机的定时/计数器最长定时只有 65ms 左右（系统时钟为 12MHz）。为了解决这个问题，一般可以采用“软件法”，在程序中可以加入一个变量作为计数器，累计中断次数来扩展定时时间。假如要定时 0.5s，可先定时 50ms，在定时/计数器产生溢出时并不去执行要做的工作，而是给一个变量加 1，这样反复做定时，当变量值为 10 时，也就是说定时/计数器溢出 10 次的时候，才执行要做的工作，50ms×10=500ms 即 0.5s。那么 2s、10s 或更长的定时，只需要更改反复溢出的次数即可。尽管这种方法实现定时的精度没有硬件方式高，但因为简单并不增加成本，所以在精度要求不很高的情况下非常适用。

## 任务操作

### 1．任务要求

用 AT89C51 的定时/计数器中断法设计一个流水灯控制电路。具体要求如下：

（1）系统时钟频率为 12MHz。

（2）利用 P2 口控制 8 个发光二极管，以 1s 时间间隔从左到右依次点亮，模拟流水灯效果。

### 2．任务分析

（1）定时 1s。

由于系统时钟频率为 12MHz，则机器周期为 1μs，定时/计数器 T0 工作在方式 1，最长定时只有 65ms 左右。为了实现 1s 的长定时，本任务采用“软件法”，先定时 50ms，然后用变量 count 累计定时中断的次数，当中断的次数达到 20 次时，即实现了 1s 定时。

（2）初始化程序设计。

本任务采用定时器中断方式工作。初始化程序包括定时器初始化和中断系统初始化，主要是对寄存器 IP、IE、TCON、TMOD 的相应位进行正确的设置，并将计数初值送入定时器中。具体如下：

```
TMOD=0x01;                        //T0 工作在方式 1
TH0=（65536-50000）/256;
TL0=（65536-50000）%256;          //50 000×1μs =50ms
EA=1;                             //CPU 允许中断
ET0=1;                            //允许 T0 中断
TR0=1;                            //开启 T0
```

### 3．任务设计

（1）器件的选择。

根据任务要求，需要 8 只发光二极管，这里采用 12MHz 晶体，P2 口控制 8 只 LED 灯，电路设计需要的器件清单如表 6.9 所示。

表 6.9　中断控制流水灯器件清单

| 器件名称 | 数量（只） | 器件名称 | 数量（只） |
| --- | --- | --- | --- |
| AT89C51 | 1 | 10kΩ 电阻 | 1 |
| 12MHz 晶体 | 1 | 220Ω 电阻 | 8 |
| 22pF 瓷片电容 | 2 | 发光二极管 LED | 8 |
| 10μF 电解电容 | 1 | | |

（2）硬件原理图设计。

在 Proteus 环境下首先将 AT89C51 的工作时钟和复位电路连接好，在 P2 的端口连接 8 只 LED 灯，如图 6.18 所示。

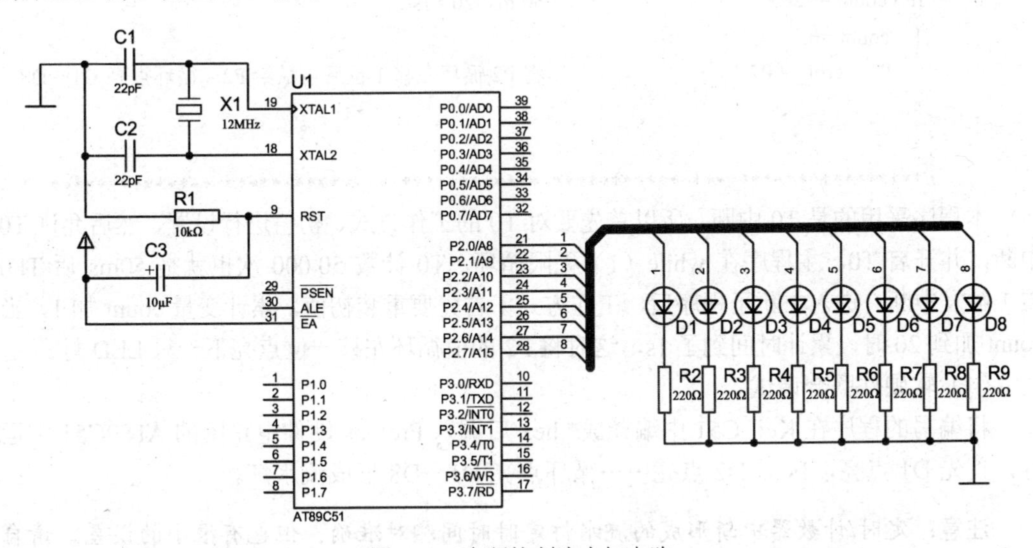


图 6.18　中断控制流水灯电路

（3）软件程序设计。

源程序如下：

```
//*************************************************************************
//宏定义
#include<reg51.h>
#include<intrins.h>
#define uchar unsigned char
//*************************************************************************
//定义延时倍数
uchar count=0;
//*************************************************************************
//主程序
```

```
void main（ ）
{   TMOD=0x01;                         //T0 工作在方式 1
    TH0=（65536-50000）/256;
    TL0=（65536-50000）%256;           //50 000×1μs =50ms
    EA=1;                              //CPU 允许中断
    ET0=1;                             //允许 T0 中断
    TR0=1;                             //开启 T0
    P2=0x01;                           //点亮 D1
    while（1）;
}
//*************************************************************************
//中断子程序
void Time_0（ ） interrupt 1
{   TH0=（65536-50000）/256;           //重装初值
    TL0=（65536-50000）%256;
    count++;
  if（count ==20）                     //50 ms×20 =1s
  { count =0;
    P2=_crol_（P2,1）;                 //将 P2 循环左移 1 位后再赋给 P2，循环点亮 D1～D8
  }
}
//*************************************************************************
```

本程序采用的是 T0 中断，所以首先要对 T0 的工作方式、初值进行设置，然后允许 T0 中断，并开启 T0。主程序在 while（1）无限循环，T0 计数 50 000 次也就是 50ms 后 TF0 置 1 触发中断。进入中断子程序后，工作方式 1 首先要重装初值，累计变量 count 加 1，当 count 加到 20 时，累计时间到了 1s，这时将 P2 的值循环左移一位点亮下一只 LED 灯。

（4）软硬件联合调试。

将编写的程序在 Keil C51 中编译成*.hex 后调入 Proteus 硬件电路图的 AT89C51 中运行，首先 D1 点亮，1s 后 D2 点亮……循环点亮 D1～D8 形成流水灯。

**注意：**定时/计数器中断形成的流水灯定时时间相对准确，但也有很小的误差。请自己分析原因。

## 任务 6.3　交通信号灯的设计

### 任务操作

**1. 任务要求**

用单片机 AT89C51 的 T0 中断模拟控制十字路口的交通信号指示灯（红、绿、黄）。

具体要求如下：

（1）东西方向的绿灯与南北方向的红灯同时亮 5s；

（2）东西方向的绿灯熄灭，同时东西方向的黄灯闪烁 5 次，闪烁间隔 400ms；

（3）东西方向的红灯与南北方向的绿灯同时亮 5s；

（4）南北方向的绿灯熄灭，同时南北方向的黄灯闪烁 5 次。

（1）～（4）操作按顺序反复执行。

### 2．任务分析

单片机控制交通信号灯，主要是对时间的控制，我们可以很直接地运用单片机的定时/计数器来控制时间，采用中断的方式来执行相应的操作任务。在硬件连接上非常简单，选用高电平点亮的红、绿、黄信号灯，东西方向的信号灯用 P0.0～P0.2 控制，南北方向的信号灯用 P0.3～P0.5 控制，由于 P0 口内部没有上拉电阻，信号灯又是高电平点亮，所以 P0 口要外接上拉电阻，可用排阻来实现。

十字路口的信号灯通常都是按规定的时间交替变化的，我们的任务是要求红、绿、黄灯按 4 种类型的操作反复循环执行，可以就采用开关语句，分成 4 种情况来完成。点亮灯的时间和闪烁的时间由 T0 控制。我们把 T0 设置工作在方式 1，最大计数值是 65 536，为了容易定时 5s 和 400ms，我们将 T0 的初值设为 15 536，AT89C51 是 12MHz，机器周期为 1μs，这样计数一轮是 50ms，每次计数满 TF0 置 1 触发中断，经过 8 次中断正好为 400ms，经过 100 次中断正好为 5s。按照这样的方法去操作 4 种规定时间的信号灯就可以了。

### 3．任务设计

（1）器件的选择。

根据任务要求，交通信号灯的设计电路需要的器件清单如表 6.10 所示。

表 6.10 交通信号灯设计器件清单

| 器件名称 | 数量（只） | 器件名称 | 数量（只） |
| --- | --- | --- | --- |
| AT89C51 | 1 | 10kΩ 电阻 | 1 |
| 12MHz 晶体 | 1 | 200Ω×8 排阻 | 1 |
| 22pF 瓷片电容 | 2 | 红、绿、黄信号灯 | 4 |
| 10μF 电解电容 | 1 | | |

（2）硬件原理图设计。

在 Proteus 软件中，绘制好 AT89C51 的最小工作系统电路，将 4 只红、绿、黄交通信号灯连接到 P0 口控制。由于东西方向的信号灯亮法是一样的，所以可以由同一个端口进行控制，P0.0 连接红灯，P0.1 连接绿灯，P0.2 连接黄灯。同样，南北方向的红灯连接 P0.3，绿灯连接 P0.4，黄灯连接 P0.5。信号灯是控制端送 1 点亮，送 0 熄灭，所以 P0 口用排阻上拉。交通信号灯的控制电路如图 6.19 所示。

（3）软件程序设计。

交通信号灯的控制软件相对比较复杂，分为 4 种操作类型，每种操作类型都相对独立。

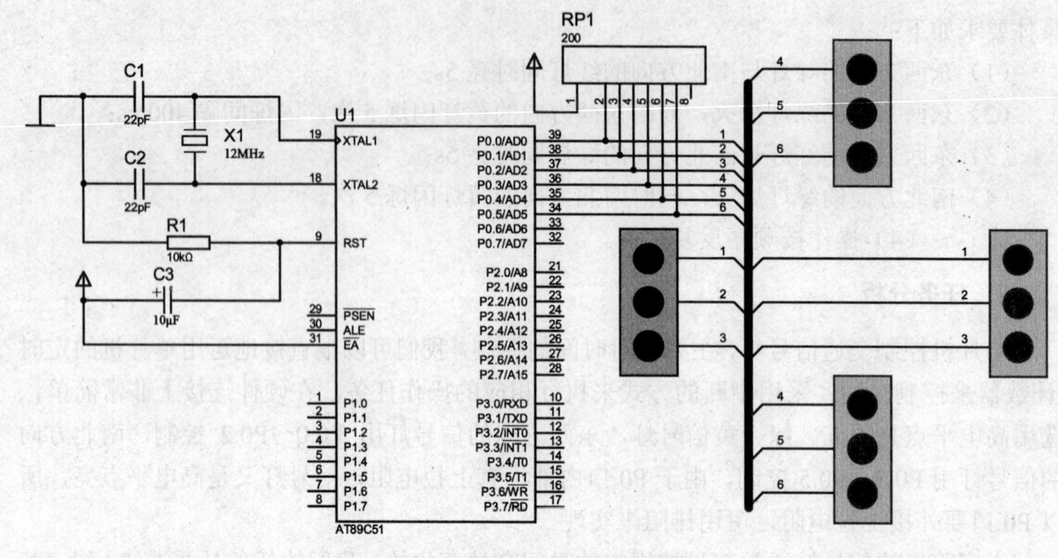


图 6.19　交通信号灯控制电路

源程序如下：

```
//*******************************************************************
//宏定义
#include<reg51.h>
#define uchar unsigned char
#define uint unsigned int
//*******************************************************************
//定义控制端口
sbit    RED_A = P00;                //东西向信号灯
sbit    YELLOW_A = P01;
sbit    GREEN_A = P02;
sbit    RED_B = P03;                //南北向信号灯
sbit    YELLOW_B = P04;
sbit    GREEN_B = P05;
//*******************************************************************
//定义全局变量
uchar Time_Count =0;                       //延时倍数
uchar Flash_Count =0;                      //闪烁次数
uchar Operation_Type =1;                   //操作类型变量
//*******************************************************************
//T0 中断子程序
void    T0_INT（）interrupt 1
{   TH0 = −50000/256;
    TL0 = −50000%256;
    switch （Operation_Type）
       { case 1:                           //东西向绿灯与南北向红灯亮 5s
                RED_A = 0; YELLOW_A = 0; GREEN_A = 1;
                RED_B = 1; YELLOW_B = 0; GREEN_B = 0;
                //5s 后切换操作（50ms×100=5s）
```

```
            if (++ Time_Count != 100)   return;
            Time_Count = 0;
            Operation_Type = 2;              //进入操作类型 2
            break;
      case 2:  //东西向黄灯开始闪烁，绿灯灭
            if  (++ Time_Count != 8)  return;
            Time_Count = 0;
            YELLOW_A = ! YELLOW_A;
            GREEN_A = 0;
            //闪烁 5 次
            if  (++ Flash_Count != 10)  return;
            Flash_Count = 0;
            Operation_Type = 3;              //进入操作类型 3
            break ;
      case 3:  //东西向红灯与南北向绿灯亮 5s
            RED_A = 1; YELLOW_A = 0; GREEN_A = 0;
            RED_B = 0; YELLOW_B = 0; GREEN_B = 1;
            //南北向绿灯亮 5s 后切换
            if (++ Time_Count != 100)   return;
            Time_Count = 0;
            Operation_Type = 4;              //进入操作类型 4
            break;
      case 4:  //南北向黄灯开始闪烁，绿灯灭
            if  (++ Time_Count != 8)  return;
            Time_Count =0;
            YELLOW_B = ! YELLOW_B;
            GREEN_B = 0;
            //闪烁 5 次
            if  (++ Flash_Count != 10)  return;
            Flash_Count = 0;
            Operation_Type = 1;              //回到操作类型 1
            break ;
      }
}
//************************************************************************
//主程序
void    main  ()
{   TMOD = 0x01;                              //T0 工作在方式 1
    TH0 = -50000/256;                         //赋初值，计数 50000 次
    TL0 = -50000%256;
    EA=1 ;                                    //允许总中断
    ET0=1;                                    //允许 T0 中断
    TR0 = 1 ;                                 //启动 T0
    while (1) ;
}
//************************************************************************
```

程序中用 Time_Count 变量来表示操作（1）和操作（3）类型中的点亮灯时间的倍数，主程序中对 T0 和中断都做了初始化，计数初值为 15 536，每中断一次的时间是 50ms，Time_Count 加 1，当 Time_Count 加到 100 时，延时时间刚好 5s，对应的各色灯正好点亮 5s。

Flash_Count 变量用来表示操作（2）和操作（4）类型中黄灯闪烁时亮灭的次数，要求闪烁 5 次，其实是亮 5 次、灭 5 次，每次时间 400ms，Flash_Count 为 10 时刚好完成 5 次闪烁。

Operation_Type 变量是 4 种操作类型的变量，每完成一种操作 Operation_Type 加 1，当 Operation_Type 为 4 时重置 1。

主程序将 T0 的中断初始化之后，T0 计数器就开始不停地反复计数，每次计数溢出 TF0 就置 1，直接进入中断子程序。这里把 4 种操作类型写入中断子程序中，按照顺序逐个按时间要求来执行，完成红、绿、黄灯的交替点亮或闪烁。

**注意：**理解单片机中断控制交通信号灯的程序的关键是理解 T0 中断的时间和过程。

（4）软硬件联合调试。

将编写的程序在 Keil C51 中编译成*.hex 文件后调入 Proteus 硬件电路图的 AT89C51 中运行，交通信号灯就会按照（1）～（4）的规定交替点亮或闪烁。这里设置的时间较短，不符合实际交通灯的要求，如果将其修改为实际的时间，只要修改程序中相应的部分就可以了。

在联合调试时一定会发现在开机一瞬间所有的灯都会闪亮一下，时间非常短。那是因为 P0 口在一开始由于排阻上拉瞬间是高电平，所以连接的灯就都亮了一瞬间。怎么消除这开机瞬间的所有灯点亮的现象呢？请自己思考。

## 项目拓展　实验板 LCD 液晶显示的设计

在现实生活中，所看到的电子产品除了 LED 数码管显示之外，还有很多采用 LCD 液晶显示，而且 LCD 的应用也越来越广泛。我们的实验板上预留了两个 LCD 液晶显示屏接口，LCD1 接口是连接 LCD12864 模块的，LCD2 接口是连接 LCD1602 模块的，可以把配备的 LCD 小模块插入相应的接口。LCD1602 模块接入实验板液晶显示电路如图 6.20 所示。

图 6.20　LCD1602 接入实验板液晶显示电路

## 1. LCD1602介绍

LCD1602 是长沙太阳人电子有限公司生产的一种专门用于显示字母、数字、符号等点阵式字符型 LCD 液晶显示模块。LCD1602 分为带背光和不带背光两种，其控制器大部分为 HD44780，带背光的比不带背光的厚，但在应用中并无差别。

LCD1602 主要技术参数如下：

- 显示容量：16×2 个字符。
- 芯片工作电压：4.5～5.5V。
- 工作电流：2.0mA（5.0V）。
- 模块最佳工作电压：5.0V。
- 字符尺寸：2.95mm×4.35mm（*W*×*H*）

LCD1602 引脚功能说明如表 6.11 所示。

表 6.11 LCD1602 引脚功能说明

| 编 号 | 符 号 | 引 脚 说 明 | 编 号 | 符 号 | 引 脚 说 明 |
|---|---|---|---|---|---|
| 1 | VSS | 电源地 | 9 | D2 | 数据 |
| 2 | VDD | 电源正极，+5V | 10 | D3 | 数据 |
| 3 | VL | 液晶显示偏压 | 11 | D4 | 数据 |
| 4 | RS | 数据/命令选择，高电平数据、低电平指令寄存器 | 12 | D5 | 数据 |
| 5 | R/W | 读/写选择，高电平读，低电平写 | 13 | D6 | 数据 |
| 6 | E | 使能信号，下跳变有效 | 14 | D7 | 数据 |
| 7 | D0 | 数据 | 15 | BLA | 背光源正极 |
| 8 | D1 | 数据 | 16 | BLK | 背光源负极 |

LCD1602 液晶模块内部的控制器共有 11 条控制指令，如表 6.12 所示，其读写操作、屏幕和光标的操作都是通过指令编程来实现的。

表 6.12 LCD1602 控制指令

| 序号 | 指 令 | RS | R/W | D7 | D6 | D5 | D4 | D3 | D2 | D1 | D0 |
|---|---|---|---|---|---|---|---|---|---|---|---|
| 1 | 清显示 | 0 | 0 | 0 | 0 | 0 | 0 | 0 | 0 | 0 | 1 |
| 2 | 光标返回 | 0 | 0 | 0 | 0 | 0 | 0 | 0 | 0 | 1 | * |
| 3 | 置输入模式 | 0 | 0 | 0 | 0 | 0 | 0 | 0 | 1 | I/D | S |
| 4 | 显示开/关控制 | 0 | 0 | 0 | 0 | 0 | 0 | 1 | D | C | B |
| 5 | 光标或字符移位 | 0 | 0 | 0 | 0 | 0 | 1 | S/C | R/L | * | * |
| 6 | 置功能 | 0 | 0 | 0 | 0 | 1 | DL | N | F | * | * |
| 7 | 置字符发生存储器地址 | 0 | 0 | 0 | 1 | 字符发生存储器地址 | | | | | |
| 8 | 置数据存储器地址 | 0 | 0 | 1 | 显示数据存储器地址 | | | | | | |
| 9 | 读忙标志或地址 | 0 | 1 | BF | 计数器地址 | | | | | | |
| 10 | 写数到 CGRAM 或 DDRAM | 1 | 0 | 要写的数据内容 | | | | | | | |
| 11 | 从 CGRAM 或 DDRAM 读数 | 1 | 1 | 读出的数据内容 | | | | | | | |

LCD1602 显示字符时要先输入显示字符地址，也就是告诉模块在哪里显示字符，1602 的内部显示地址如图 6.21 所示。

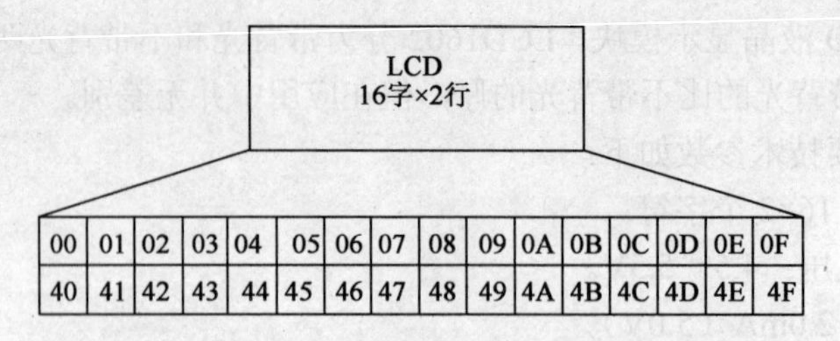


图 6.21　LCD1602 内部显示地址

LCD1602 液晶模块内部的字符发生存储器（CGROM）已经存储了 160 个不同的点阵字符图形，如表 6.13 所示。这些字符有：阿拉伯数字、英文字母的大小写、常用的符号和日文假名等。每一个字符都有一个固定的代码，如大写英文字母“A”的代码是 010000010B（41H），显示时模块把地址 41H 中的点阵字符图形显示出来，就能看到字母“A”了。

表 6.13　CGROM 和其中字符代码与字符图形对应表

| 高位<br>低位 | 0000 | 0010 | 0011 | 0100 | 0101 | 0110 | 0111 | 1010 | 1011 | 1100 | 1101 | 1110 | 1111 |
|---|---|---|---|---|---|---|---|---|---|---|---|---|---|
| ××××0000 | CGRAM<br>（1） | | 0 | ə | P | \ | p | | – | タ | 三 | *a* | P |
| ××××0001 | （2） | ! | 1 | A | Q | a | q | 口 | ア | チ | ム | ä | q |
| ××××0010 | （3） | ″ | 2 | B | R | b | r | ┌ | イ | 川 | メ | β | θ |
| ××××0011 | （4） | # | 3 | C | S | c | s | ┘ | ウ | ラ | モ | ε | ∞ |
| ××××0100 | （5） | $ | 4 | D | T | d | t | \ | エ | ト | ヤ | μ | Ω |
| ××××0101 | （6） | % | 5 | E | U | e | u | ロ | オ | ナ | ユ | B | ü |
| ××××0110 | （7） | & | 6 | F | V | f | v | テ | カ | ニ | ヨ | P | Σ |
| ××××0111 | （8） | ’ | 7 | G | W | g | w | ア | キ | ヌ | ラ | g | π |
| ××××1000 | （1） | （ | 8 | H | X | h | x | イ | ク | ネ | リ | ∫ | X̄ |
| ××××1001 | （2） | ） | 9 | I | Y | i | y | ウ | ケ |丿 | ル | –1 | y |
| ××××1010 | （3） | * | : | J | Z | j | z | エ | コ | リ | レ | j | 千 |
| ××××1011 | （4） | + | ; | K | [ | k | { | オ | サ | ヒ | ロ | x | 万 |
| ××××1100 | （5） | , | < | L | ¥ | l | \| | ヤ | シ | フ | ワ | *e* | 円 |
| ××××1101 | （6） | — | = | M | ] | m | } | ユ | ス | ＼ | ソ | ≠ | ÷ |
| ××××1110 | （7） | 。 | > | N | ^ | n | → | ヨ | セ | ホ | ハ | n̄ | |
| ××××1111 | （8） | / | ? | O | _ | o | ← | ツ | ソ | マ | ロ | ö | |

LCD1602 的一般初始化（复位）过程如下。延时 15ms，写指令 38H（不检测忙信号）；延时 5ms，写指令 38H（不检测忙信号）；延时 5ms，写指令 38H（不检测忙信号），以后每次写指令、读/写数据操作均需要检测忙信号。写指令 38H（显示模式设置），写指令 08H（显示关闭），写指令 01H（显示清屏），写指令 06H（显示光标移动设置），写指令 0CH（显示开及光标设置）。

2．实验板 LCD1602 应用

实验板的 LCD1602 电路见附录 B2 中“1602 液晶插座及对比度条件”电路，用 STC89C52 的 P0 口连接 LCD1602 的数据线，P2.4～P2.6 连接控制线，液晶显示偏压由 W1 调节。

这里运用实验板的 LCD1602 液晶屏简单地静态显示字符，源程序如下：

```
//*************************************************************************
//宏定义
#include<reg52.h>
#include<intrins.h>
//端口定义
sbit   RS = P2^4;
sbit   RW = P2^5;
sbit   EN = P2^6;
//控制信号定义
#define   RS_CLR    RS=0
#define   RS_SET    RS=1
#define   RW_CLR    RW=0
#define   RW_SET    RW=1
#define   EN_CLR    EN=0
#define   EN_SET    EN=1
#define   DataPort   P0
//*************************************************************************
// μs 延时子函数
void DelayUs2x（unsigned char t）
{    while（--t）;
}
//*************************************************************************
//ms 延时子函数，大致延时 1mS
void DelayMs（unsigned char t）
{  while（t--）
   {  DelayUs2x（245）;
       DelayUs2x（245）;
   }
}
//*************************************************************************
//判忙函数
bit LCD_Check_Busy（void）
{  DataPort= 0xFF;
   RS_CLR;
   RW_SET;
   EN_CLR;
   _nop_（）;
   EN_SET;
   return （bit）（DataPort & 0x80）;
```

```
}
//*****************************************************************
//写入命令函数
void LCD_Write_Com（unsigned char com）
{  while（LCD_Check_Busy（））;                //忙则等待
   DelayMs（5）;
   RS_CLR;
   RW_CLR;
   EN_SET;
   DataPort= com;
   _nop_（）;
   EN_CLR;
}
//*****************************************************************
//写入数据函数
 void LCD_Write_Data（unsigned char Data）
 {  while（LCD_Check_Busy（））;               //忙则等待
   DelayMs（5）;
   RS_SET;
   RW_CLR;
   EN_SET;
   DataPort= Data;
   _nop_（）;
   EN_CLR;
}
//*****************************************************************
//清屏函数
void LCD_Clear（void）
{  LCD_Write_Com（0x01）;
   DelayMs（5）;
}
//*****************************************************************
//写入字符串函数
void LCD_Write_String（unsigned char x,unsigned char y,unsigned char *s）
{  if （y == 0）
      {  LCD_Write_Com（0x80 + x）;             //表示第①行
      }
   else
      {  LCD_Write_Com（0xC0 + x）;             //表示第②行
      }
   while （*s）
      {  LCD_Write_Data（ *s）;
         s ++;
      }
}
```

```
//***************************************************************************
//写入字符函数
void LCD_Write_Char（unsigned char x,unsigned char y,unsigned char Data）
{    if （y == 0）
       {  LCD_Write_Com（0x80 + x）;
       }
     else
       {  LCD_Write_Com（0xC0 + x）;
       }
     LCD_Write_Data（ Data）;
}
//***************************************************************************
//初始化函数
void LCD_Init（void）
{    LCD_Write_Com（0x38）;                    // 显示模式设置
     DelayMs（5）;
     LCD_Write_Com（0x38）;
     DelayMs（5）;
     LCD_Write_Com（0x38）;
     DelayMs（5）;
     LCD_Write_Com（0x38）;
     LCD_Write_Com（0x08）;                    //显示关闭
     LCD_Write_Com（0x01）;                    //显示清屏
     LCD_Write_Com（0x06）;                    //显示光标移动设置
     DelayMs（5）;
     LCD_Write_Com（0x0C）;                    //显示开及光标设置
}
//***************************************************************************
//主函数
void main（void）
{    LCD_Init（）;
     LCD_Clear（）;                                 //清屏
     while （1）
       {  LCD_Write_Char（7,0,'o'）;
          LCD_Write_Char（8,0,'k'）;
          LCD_Write_String（1,1, " www.doflye.net " ）;
          while（1）;
}
}
//***************************************************************************
```

主函数中首先初始化 LCD1602，然后再次清屏进入主循环，主循环中第①行通过写字符的方式写入“ok”，第②行写字符串“www.doflye.net”。编写的静态显示字符程序经过编译之后下载到实验板的 STC89C52 中，液晶屏显示如图 6.22 所示。

ok
www.doflye.net
VSS VDD VEE RS RW E D0 D1 D2 D3 D4 D5 D6 D7

图 6.22　实验板 LCD1602 显示

液晶屏处理除简单的静态显示外，还有动态显示、滚动显示、移动显示等多种显示方式，自己可以深入学习。

## 项目小结

本项目涉及的知识点比较多，主要是单片机中非常实用的 LED 数码管显示技术和单片机的中断概念。

单片机系统通常采用 LED 或 LCD 来显示其工作过程和结果。LED 显示器有 7 段数码管和点阵式两种。7 段 LED 数码管分为共阳极和共阴极两种，根据其连接方式的不同有不同的显示段码。LED 数码管的显示方式有静态显示和动态显示两种，静态显示工作相对简单，但是硬件电路比较浪费端口，动态显示电路简单，但控制程序相对复杂。通常单片机需要的显示位多于 2 位时我们都采用动态显示。

在单片机的应用中，中断系统使其功能更强大、应用更方便。51 单片机的中断系统包括 5 个中断源、4 个中断寄存器和查询硬件等。5 个中断源按照自然优先级由高到低分别是外部中断 0（$\overline{INT0}$）、定时/计数器 0、外部中断 1（$\overline{INT1}$）、定时/计数器 1 和串行口中断。4 个中断寄存器分别是 TCON、SCON、IE 和 IP，单片机对中断的应用就是对寄存器的设置。单片机对中断源的响应顺序是按 IP 中的设置和自然优先级结合考虑的。中断的处理过程包括中断请求、中断响应、中断服务和中断返回。

本项目中的各个任务分别对应了以上知识点，如单片机对交通信号灯的控制中，我们运用中断来实现信号灯的点亮和时间，还可以运用 LED 数码管来显示信号灯点亮的时间。

## 思考与训练

（一）知识思考

1．简述 LED 共阳极数码管和共阴极数码管的工作原理。

2．LED 数码管的工作方式有哪几种？分别叙述其工作原理。

3．LED 数码管动态显示的特点是什么？应用时有哪些需要注意的地方？

4．MCS-51 单片机的中断系统有哪几个寄存器？它们的作用是什么？

5．MCS-51 单片机有哪几个中断源？如何设定它们的优先级？

6．MCS-51 单片机外部中断有哪两种触发方式？对触发脉冲或电平有什么要求？如何选择和设定？

7．叙述 MCS-51 单片机 CPU 响应中断的过程。

8．请简述应用单片机中断时的初始化过程。

9．LCD1602 各引脚的功能是怎样的？应用时怎么与单片机连接？

10．简述 LCD1602 的初始化过程。

**（二）项目训练**

1．用 AT89C51 单片机控制 4 位集成式共阳极的数码管在相应位以 1s 间隔循环显示数字“1、2、3、4”。设计电路并编写工作程序。

2．用 AT89C51 单片机控制 8 位集成式共阴极的数码管在相应位同时显示字符串“ABCDEFHL”2s，又同时熄灭 2s，如此反复。设计电路并编写工作程序。

3．用 51 单片机的定时器 1（方式 2）中断实现 LED 灯按 1s 的间隔亮灭交替。设计电路并编写工作程序。

4．用 51 单片机的 T0 中断控制交通信号灯，执行步骤如下：

（1）东西向绿灯与南北向红灯亮 30s。

（2）东西向绿灯与南北向红灯灭，东西向黄灯与南北向黄灯闪烁 5 次。

（3）东西向红灯与南北向绿灯亮 30s。

（4）东西向红灯与南北向绿灯灭，东西向黄灯与南北向黄灯闪烁 5 次。

（1）～（4）操作反复，同时用一只 2 位的共阴极数码管倒计时显示当前的秒数。要求绘制电路原理图并编写工作程序。

项目 7

# 模拟电子闹钟的设计

## 学习目标

- 了解常用键盘的分类；
- 掌握键盘的工作原理；
- 理解矩阵键盘的识别和控制方法；
- 掌握秒表的设计方法；
- 掌握模拟闹钟的设计方法；
- 熟练编写键盘识别程序。

## 工作任务

- 叙述键盘的类别和工作原理；
- 叙述矩阵键盘的识别方法；
- 设计秒表的硬件电路和控制程序；
- 设计模拟闹钟的硬件电路和控制程序。

## 项目引入

单片机组成的电子产品系统怎样接收操作人的信息呢？也就是怎么实现人与机器的对话呢？我们有过许多家用电器的使用经验，如电视机、机顶盒、空调、洗衣机等。其实，我们要将自己的思想传达给机器，采用的都是机器上的按键。通过按键，我们把要完成的工作类型告诉机器内部的CPU，如单片机。按键在单片机智能控制系统中常作为人机交互中输入信息的部件，我们通过按键输入各种信息，调整各种参数或发出控制指令。所以按键处理是一个很重要的功能模块，按键处理程序关乎整个系统的交互性能，也影响系统的稳定性，按键检测处理是单片机学习开发的基本功，我们必须很好地学习掌握按键处理技术。

本项目要求设计一只模拟的电子闹钟，我们要通过按键对闹钟的工作进行设置，然后完成闹钟的功能。所以该项目主要实现的就是单片机对于输入键盘的识别，也包含前面学习过的定时计数器的定时功能。

本项目包含三个任务：键盘的应用，分别学习对独立键盘和矩阵键盘的应用方法；秒表的设计，主要学习用单片机的定时器来设计秒表；模拟闹钟的硬件电路和软件程序设计。从基本的键盘识别开始到简单的秒表的设计，循序渐进，将前面所讲的知识进行综合，设计出相对复杂一些的模拟闹钟。

## 任务 7.1 键盘的应用

### 知识准备

键盘是一种常见的输入设备，根据按键的识别方法分类，键盘有编码键盘和非编码键盘两种。键盘上闭合键的识别由专用的硬件编码器实现，并产生键编码号或键值的称为编码键盘，如计算机键盘、遥控器键盘等。通过软件编程来识别或产生键代码的称为非编码键盘。在单片机组成的各种系统中，使用最多的是非编码键盘。

根据键盘的结构分类，键盘可分为独立式按键键盘和行列式按键键盘。所需按键较少时，多采用独立式按键键盘；所需按键较多时，通常把键排列成矩阵形式形成矩阵式键盘，也称行列式键盘。

单片机与键盘的接口及其软件的任务主要包括以下几个方面：

（1）检测并判断是否有键按下；

（2）按键开关的延时去抖动功能；

（3）计算并确定按键的键值；

（4）程序根据计算出的键值进行一系列的动作处理和执行。

### 7.1.1 独立键盘控制 LED 灯的点亮

#### 7.1.1.1 独立键盘的工作原理

通常所用的按键为轻触机械开关，是一种电子开关，在正常情况下按键的接点是断开的，使用时轻轻点按开关按钮就可使开关接通。轻触按键的内部是靠金属弹片受力弹动来实现通断的。如图 7.1 所示，轻触按键有各种规格，如插件式、贴片式、侧插式、大/中/小龟形等。由于轻触按键体积小、重量轻，在家用电器方面得到广泛的应用，如影音产品、数码产品、遥控器、通信产品、家用电器、安防产品、玩具、电脑产品等。

（a）四脚直插式按键

（b）四脚贴片式按键

（c）两脚贴片式按键

（d）自锁按键

图 7.1 各种类型的轻触按键

由于机械触点的弹性作用，一个按键开关在闭合时不会马上稳定地接通，在断开时也不会一下子断开。因此机械触点在闭合及断开的瞬间均伴随有一连串的抖动，按键操作时序如图 7.2 所示。抖动时间的长短由按键的机械特性及操作人员按键的动作决定，一般为 5～20ms；按键稳定闭合时间的长短是由操作人员的按键按压时间长短决定的，一般为零点几秒至数秒不等。

从图 7.2 所示中可以看到一次完整的击键过程，它包含以下 5 个阶段：

（1）等待阶段。此时按键尚未按下，处于空闲阶段。

（2）前沿（按下）抖动阶段。此时按键刚刚被按下，但按键信号还处于抖动状态，这个时间一般为 5～20ms。为了确保按键操作不会误动作，此时必须有个前沿消抖动延时。

（3）键稳定阶段。此时抖动已经结束，一个有效的按键动作已经产生。系统应该在此时执行按键功能；或将按键所对应的键值记录下来，待按键释放时再执行。

（4）后沿（释放）抖动阶段。一般来说，考究一点的程序应该在这里再做一次消抖延时，以防误动作。但是，如果在前沿抖动阶段中的消抖延时时间取值合适的话，可以忽略此阶段。

（5）按键释放阶段：此时后沿抖动已经结束，按键已经处于完全释放状态，如果按键采用释放后再执行功能，则可以在这个阶段进行按键操作的相关处理。

在按键被按下或释放时按键会出现抖动现象，这种现象会干扰按键的识别。因此需要对按键进行消抖动处理，也称为去抖动。按键去抖动一般有硬件和软件两种方法。

硬件去抖通常采用 R-S 触发器或单稳电路构成去抖电路，如图 7.3 所示。每一个按键都要连接一个硬件去抖动的电路，所以当电路中按键较多时电路就显得十分复杂。

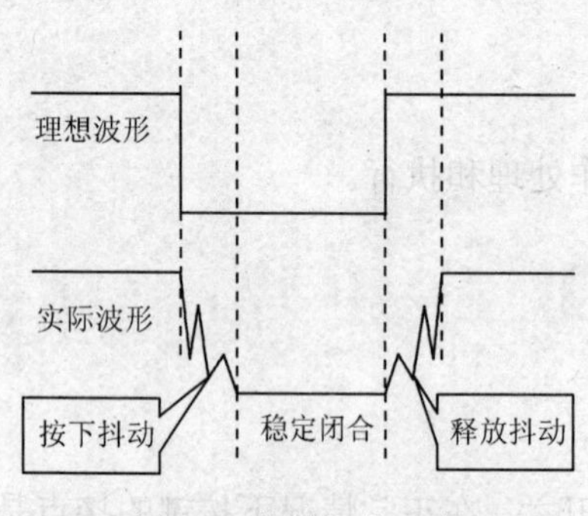


图 7.2 按键操作时序

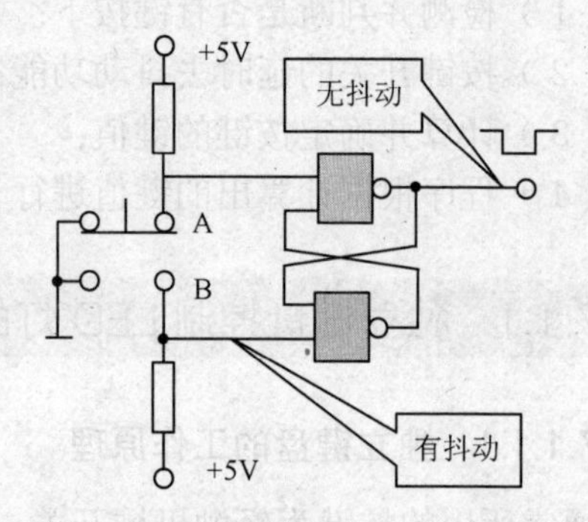


图 7.3 按键硬件去抖动电路

软件去抖的实现方法是判断按键被按下后，加一个 10ms 的延时程序，待按键稳定后，再次检测按键，按键仍处于被按下状态，就可以确认有按键被按下。

**注意：按键的去抖动在一般情况下都采用软件去抖动的方法。**

独立式按键与单片机连接的电路如图 7.4 所示。独立式按键键盘的每个按键都单独接到单片机的一个 I/O 口上，通过判断按键端口的电位即可识别按键操作。如图 7.4 所示，由于 K1 键的一端接地，另一端接 P1.0，当 K1 键被按下时，P1.0 端口就会检测到低电平“0”信号，否则检测到的应该是高电平“1”信号。所以一旦查询到 P1.0 口为“0”就说明 K1 键被按下了，也就是识别了按键。

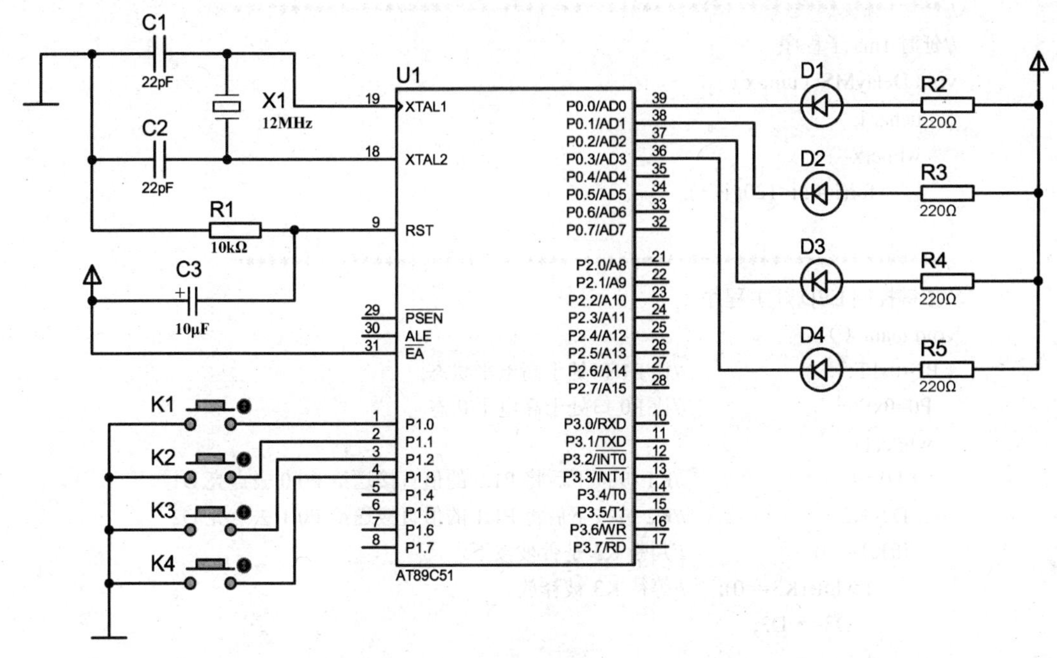


图 7.4 独立按键控制电路 1

#### 7.1.1.2 独立键盘控制 LED 灯的点亮

**操作实例**

应用实例 1：如图 7.4 所示电路，P1.0～P1.3 连接了 4 个独立按键，P0.0～P0.3 连接了 4 个 LED 灯。要求 K1 或 K2 被按下时 D1 或 D2 点亮，松开时对应的 LED 灯熄灭；K3 或 K4 被按下并释放时 D3 或 D4 点亮，再次被按下并释放时对应的 LED 灯熄灭。

分析：从电路连接可知，K1～K4 按键连接 P1.0～P1.3，只要检测到 P1.0～P1.3 上有 0 信号，则说明对应的按键被按下，根据题意点亮相应的 LED 灯就可以了。

源程序编写如下：

```
//**************************************************************
//宏定义
#include <reg51.h>
#define uchar unsigned char
#define uint unsigned int
//端口位定义
sbit D1=P00;
sbit D2=P01;
sbit D3=P02;
sbit D4=P03;
sbit K1=P10;
sbit K2=P11;
sbit K3=P12;
sbit K4=P13;
```

```
//*************************************************************
//延时 1ms 子程序
void DelayMS（uint x）
{   uchar i;
    while(x--)
        for(i=0; i<120; i++);
}
//*************************************************************
//按键控制 LED 灯主程序
void main（）
{ P1=0xFF;                    //让 P1 口处于高电平状态
  P0=0xFF;                    //让 P0 口处于高电平状态
  while(1)
   { D1=K1;                   //K1 被按下后将 P1.0 的值直接送给 P0.0 去点亮 D1
     D2=K2;                   //K2 被按下后将 P1.1 的值直接送给 P0.1 去点亮 D2
     if(K3==0)                //判断 K3 是否被按下
        { while(K3==0);       //等待 K3 被释放
          D3=～D3;
        }
     if(K4==0)                //判断 K4 是否被按下
        { while(K4==0);       //等待 K4 被释放
          D4=～D4;
        }
      DelayMS(10);
   }
}
//*************************************************************
```

为了在程序中使用方便易懂，在程序开头将按键和 LED 灯连接的 I/O 端口定义为简单、直观的名称。程序运行时首先将 P1 口和 P0 口全部设置为高电平，以便于检查按键是否被按下，同时让 4 个 LED 灯都熄灭。由于 K1 的值为 1 时正好 D1 也要求为 1，K1 的值为 0 时正好 D1 也要求为 0，所以可以直接把 K1 的值赋给 D1，K2 和 D2 也是同理。当判断到 K3 的值为 0 时，说明 K3 键被按下了，只要 K3 一直为 0，就空循环，等到 K3!=0 为止，这说明 K3 键被释放了，将 D3 取反使其闪烁。K4 和 D4 的控制也是同理。

**注意：** 独立式按键在使用时是单个按键直接与单个 I/O 引脚相连，电路简单、编程方便，但是控制端口接入按键少，I/O 口占用较多。

## 操作实例

应用实例 2：如图 7.5 所示电路，P1.0～P1.3 连接了 4 个独立按键，P0.0～P0.7 连接了 8 个 LED 灯。要求按下 K1 键逐个点亮 D1～D8，按下 K2 键点亮 D1～D4，按下 K3 键点亮 D5～D8，按下 K4 键熄灭 D1～D8。

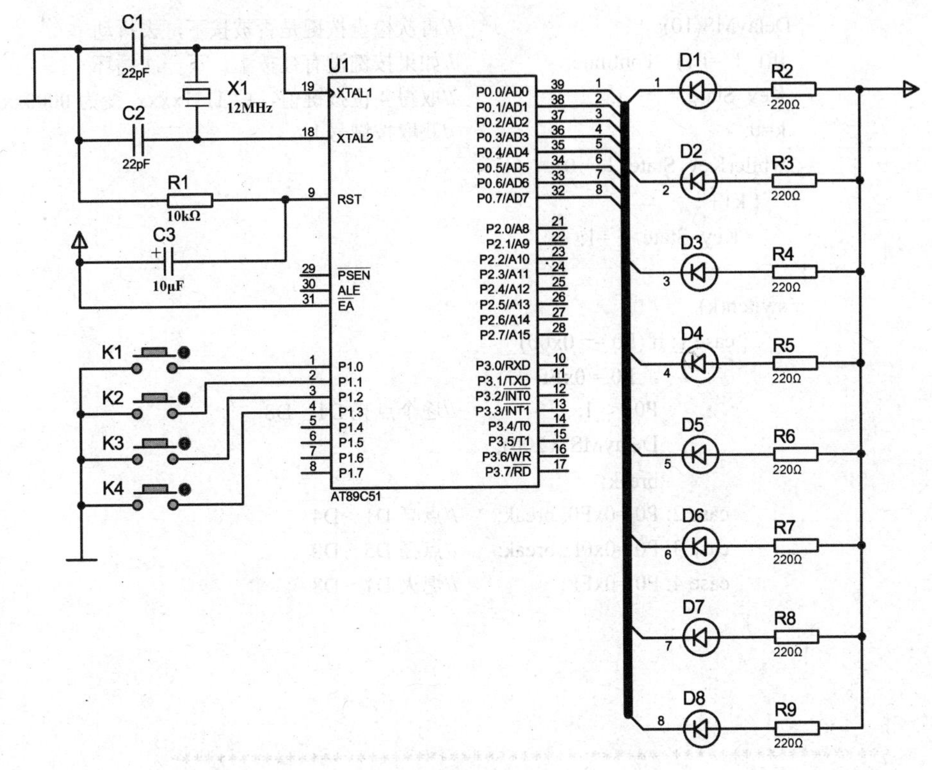


图 7.5 独立按键控制电路 2

分析：从电路连接可知，K1～K4 按键连接 P1.0～P1.3，只要检测到 P1.0～P1.3 上有 0 信号，则说明对应的按键被按下，根据题意点亮相应的 LED 灯。

源程序编写如下：

```
//****************************************************************
//宏定义
#include <reg51.h>
#define uchar unsigned char
#define uint unsigned int
//****************************************************************
//延时 1ms 子程序
void DelayMS（uint x)
{   uchar i;
    while(x--) for(i=0; i<120; i++);}
//****************************************************************
//按键控制 LED 灯主程序
void main（)
{   har k，t，Key_State;
    P1=0xFF;
    P0=0xFF;
    while(1)
    { t=P1;                          //将键值保存起来
      if(t ！ =0xFF)                 //判断有键被按下
```

```
            { DelayMS(10);                        //再次检查按键是否被按下，去抖动
              if(t ! =P1)  continue;              //如果按键没有被按下，下一次循环
              Key_State = ～ t;                   //取得4位按键值，由1111xxxx 变为0000xxxx
              k=0;                                //获取按键号k
              while(Key_State ! = 0)
                { k++ ;
                  Key_State>> =1;
            }
              switch(k)
                { case 1: if (P0 == 0x00)
                              P0 = 0xFF ;
                          P0<<=1;                 //逐个点亮D1～D8
                          DelayMS（200);
                          break;
                  case 2: P0 =0xF0; break;        //点亮D1～D4
                  case 3: P0 =0x0F; break;        //点亮D5～D8
                  case 4: P0 =0xFF;               //熄灭D1～D8
                }
            }
        }
    }
    //************************************************************
```

在这个例子中，对被按下的按键进行了去抖动处理，确认有按键被按下后延时 10ms 后再次检查当前的 P1 值与前面 t 中保存的有键被按下时的 P1 值是否一样，一样的话说明此键的确被按下了，就进行下面的处理。此程序将每个按键对应成了不同的键号。为了识别对应按下的 0 在哪位，把读取的 P1 值取反后存入 Key_State 中，这样 Key_State 中的 1 在哪一位就是对应按键的位置。定义 k 变量存放键号，将 Key_State 逐个右移，每移动一次 k 加 1，直到 Key_State 为 0 时止，这样 k 的值就是按下按键的键号，根据键号点亮对应的 LED 灯即可。

## 7.1.2 矩阵键盘控制数码管显示

### 7.1.2.1 矩阵键盘的工作原理

当电路中按键较多时，比如有 16 个键，若设计成独立按键就需要 16 条 I/O 口线，非常浪费端口。这时，我们通常采用矩阵键盘。矩阵键盘由行线和列线组成，按键位于行、列的交叉点上。如图 7.6 所示，1 个 4×4 的行、列结构可以构成 1 个含有 16 个按键的键盘。很明显，在按键数量较多的场合，矩阵键盘与独立键盘相比要节省很多 I/O 口线。

按键设置在行、列线的交点上，行、列线分别连接到按键的开关两端，列线（或行线）通过上拉电阻接到+5V 上。平时无按键动作时，列线处于高电平状态；而当有按键被按下时，行线电平状态将由与此行线相连的列线电平决定。由于矩阵键盘中行、列线为多键共

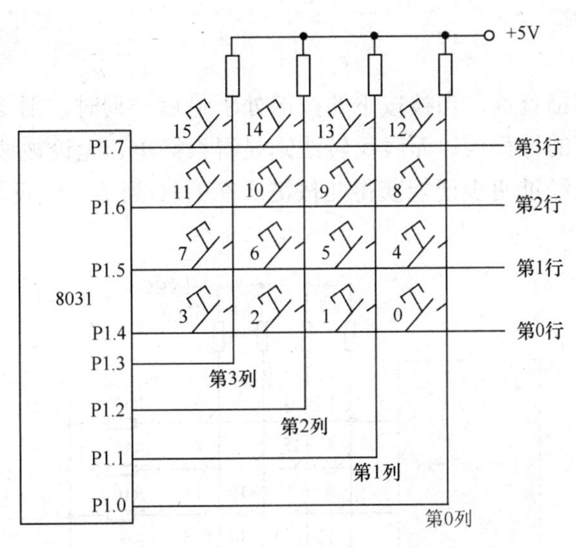


图 7.6 矩阵按键电路

用，各按键均影响该键所在行和列的电平，所以必须将行、列线信号配合起来并做适当处理，才能确定闭合键的位置。

矩阵键盘的按键识别方法有扫描法和线反转法。

### 1. 扫描法

当按键被按下时，让所有列线处于低电平，按键所在行电平将被拉成低电平，根据此行电平的变化，便能判定此行有按键被按下。为了判定是哪一列的按键被按下，可让列线依次处于低电平，而其余列线处于高电平，按键所在的列电平将被拉成低电平，根据此列电平的变化，便能判定按键所在的列。

通过分析，很容易得出矩阵键盘按键的识别方法，其步骤如下。

第一步：识别键盘是否有按键闭合。让所有列线均置低电平，检查各行线电平是否有变化，如果有变化，则说明有按键被按下，如果没有变化，则说明无按键被按下（在实际编程时应考虑按键抖动的影响，通常总是采用软件延时的方法进行消抖处理）。

第二步：识别具体闭合的按键（也称扫描法）。逐列置低电平，其余各列置高电平，检查各行线电平的变化，则可确定此行被按下按键的行和列。

单片机对键盘的扫描采取程序控制的方式，一旦进入按键扫描状态，则反复地扫描键盘，等待用户从键盘上输入命令或数据。键盘扫描识别流程图如图 7.7 所示。

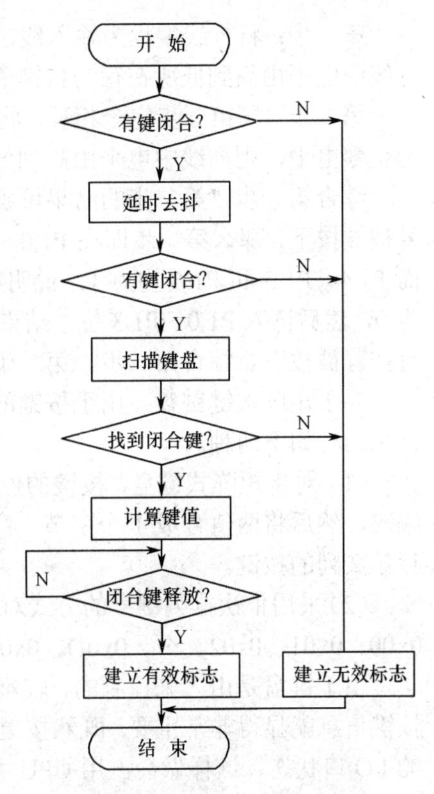


图 7.7 按键扫描识别流程图

**注意：在实际应用中，扫描法识别键盘比较常用。**

## 2. 线反转法

扫描法要逐行扫描查询，当被按下的按键处于最后一列时，则要经过多次扫描才能最后获得此按键所处的行列值。而线反转法则显得很简单，无论被按键是处于第1列还是最后一列，均只需经过两步便能获得此按键所在的行/列值，线反转法的原理如图7.8所示。

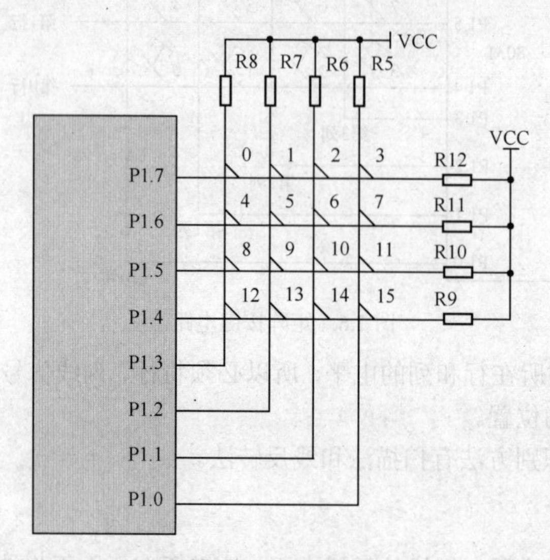


图7.8 线反转法原理图

第一步：将行线编程为输入线，列线编程为输出线，并使输出线输出为全零电平，则行线中电平由高到低所在行为按键所在行。

第二步：同第一步完全相反，将行线编程为输出线，列线编程为输入线，并使输出线为全零电平，则列线中电平由高到低所在列为按键所在列。

综合第一步、第二步的结果可确定按键所在的行和列，从而识别出所按的键。假设3号键被按下，那么第一步即在P1.0～P1.3输出全为0，读入P1.4～P1.7位，结果P1.7=0，而P1.4、P1.5和P1.6均为1，说明第一行有按键被按下；第二步让P1.4～P1.7位输出全为0，然后读入P1.0～P1.3位，结果P1.0=0，而P1.1、P1.2和P1.3均为1，说明第4列有按键被按下。综合第一步、第二步，即第1行第4列按键被按下，此按键即为3号键。

对于矩阵按键键盘，由于按键的数目较多，需要对按键进行编码。编码有多种方式，常用的有如下两种。

（1）对于矩阵式键盘，按键的位置由行号和列号确定，分别对行号和列号进行二进制编码，然后将两值合成1个字节，高4位表示行号，低4位表示列号。如12H表示第1行第2列的按键。

（2）采用依次排列键号的方式对按键进行编码。以4×4键盘为例，可以将键号编码为：0x00、0x01、0x02、…、0x0D、0x0E、0x0F共16个。

由于键盘是由人来控制的，较难预测何时会有按键被按下，所以如何及时、准确获取按键信息就显得非常重要。既然按键是随机的，在程序控制上就要不断读取与键盘相连接的I/O口状态，这样做会占用CPU大量的时间，使得CPU无暇做其他事情。因此，对键盘的控制方式主要有定时扫描和中断扫描。

定时扫描就是每隔一定的时间读取一次键盘 I/O 口状态，可以利用单片机内部的定时器来控制键盘扫描的间隔，当到定时时间时，在中断服务程序中进行扫描，若有按键被按下，进行按键识别之后，再对按键进行处理。

定时扫描键盘不管是否有按键被按下，只要时间到就会去扫描键盘，很多时候是空扫，为了提高 CPU 的效率，可以利用中断方式扫描键盘。在这种方式下，键盘的接口电路也会有所改变，键盘的四条行线经过与门连接到外中断上，在系统工作时，让所有的列线都处于低电平，行线处于高电平，当有按键被按下时，就会有一根行线被拉为低电平，经过与门之后就会触发一次外中断，在中断服务程序中再进行按键识别，判断具体是哪个按键。这种方式避免了对键盘的空扫描，可以提高 CPU 的效率。

### 7.1.2.2 矩阵键盘控制数码管显示

## 任务操作

### 1. 任务要求

设计一个电路，AT89C51 单片机的 P1 口连接一个 4×4 矩阵键盘，其中 P1.0～P1.3 为行线，P1.4～P1.7 为列线，P0 口连接一只共阴极的一位数码管，要求按下一个按键时在数码管上显示器对应的键号，如按下 K1 则显示“1”，按下 K2 则显示“2”……，按下 KF 则显示“F”。

### 2. 任务分析

P1 口连接的是一个矩阵键盘，我们可以用扫描的方法来识别按键。P1.0～P1.3 为行线，P1.4～P1.7 为列线，扫描的过程如下所述。

首先判断是否有按键被按下。为了判断 16 个按键中是否有按键被按下，程序首先在 4 条行线上放置 4 个 0，即 P1 口输出 0xF0，如果有任意一个按键被按下，则 4 条列线上必有一位为 0。

如果已经有按键被按下，则判断按键所在的行、列位置，并返回按键的序号。代码中行扫描码 sCode 初值为 0xFE（11111110），通过将该值循环左移，可以对 P1.0～P1.3 对应的 4 行逐行发送 0，每次发送扫描码后即判断高 4 位的 4 个 1 中是否有 0 出现，如果出现 0 则说明按键在该行上。这时可将发送的低 4 位与读取的高 4 位取反，也就是 P1 中将出现 2 个 1，其余位均变为 0，2 个 1 分别处于低 4 位和高 4 位中，高低 4 位中 1 所处的位置各有 4 种可能，共有 16 种可能，对应 16 个不同的按键，根据取反后的值查询矩阵键盘按键特征码值表，即可得到按键的序号。

根据图 7.9 所示键盘行列的连接，当 K0 键被按下时，给行 P1.0 发送 0，则 P1.4 就会是 0，而其他都为 1，所以 K0 的键值是 11101110，由于值较大，将其逐位取反，则为 00010001，所以算出的键值为 0x11。以此类推，可以计算出 16 个按键的特征码值，如表 7.1 所示。

### 3. 任务设计

（1）器件的选择。

单片机是本任务的主要芯片，选择 AT89C51，矩阵键盘采用 16 个轻触按键，用一只共阴极的数码管来显示键号，加上单片机工作的外围电路，选择的器件清单如表 7.2 所示。

表 7.1　矩阵键盘按键特征码值

| 键　号 | 二进制键值 | 取反的二进制键值 | 取反的十六进制键值 | 键　号 | 二进制键值 | 取反的二进制键值 | 取反的十六进制键值 |
|---|---|---|---|---|---|---|---|
| K0 | 11101110 | 00010001 | 0x11 | K8 | 10111110 | 01000001 | 0x41 |
| K1 | 11101101 | 00010010 | 0x12 | K9 | 10111101 | 01000010 | 0x42 |
| K2 | 11101011 | 00010100 | 0x14 | KA | 10111011 | 01000100 | 0x44 |
| K3 | 11100111 | 00011000 | 0x18 | KB | 10110111 | 01001000 | 0x48 |
| K4 | 11011110 | 00100001 | 0x21 | KC | 01111110 | 10000001 | 0x81 |
| K5 | 11011101 | 00100010 | 0x22 | KD | 01111101 | 10000010 | 0x82 |
| K6 | 11011011 | 00100100 | 0x24 | KE | 01111011 | 10000100 | 0x84 |
| K7 | 11010111 | 00101000 | 0x28 | KF | 01110111 | 10001000 | 0x88 |

表 7.2　矩阵键盘设计器件清单

| 器件名称 | 数量（只） | 器件名称 | 数量（只） |
|---|---|---|---|
| AT89C51 | 1 | 10kΩ 电阻 | 1 |
| 12MHz 晶体 | 1 | 1kΩ×8 排阻 | 1 |
| 22pF 瓷片电容 | 2 | 轻触按键 | 16 |
| 10μF 电解电容 | 1 | 一位共阴极数码管 | 1 |

（2）硬件原理图设计。

根据本任务的要求，AT89C51 的 P1 口连接 16 只矩阵键盘，P0 口连接数码管，采用共阴极的数码管，所以段码连接线都必须上拉，采用排阻将 7 根线上拉，设计电路如图 7.9 所示。

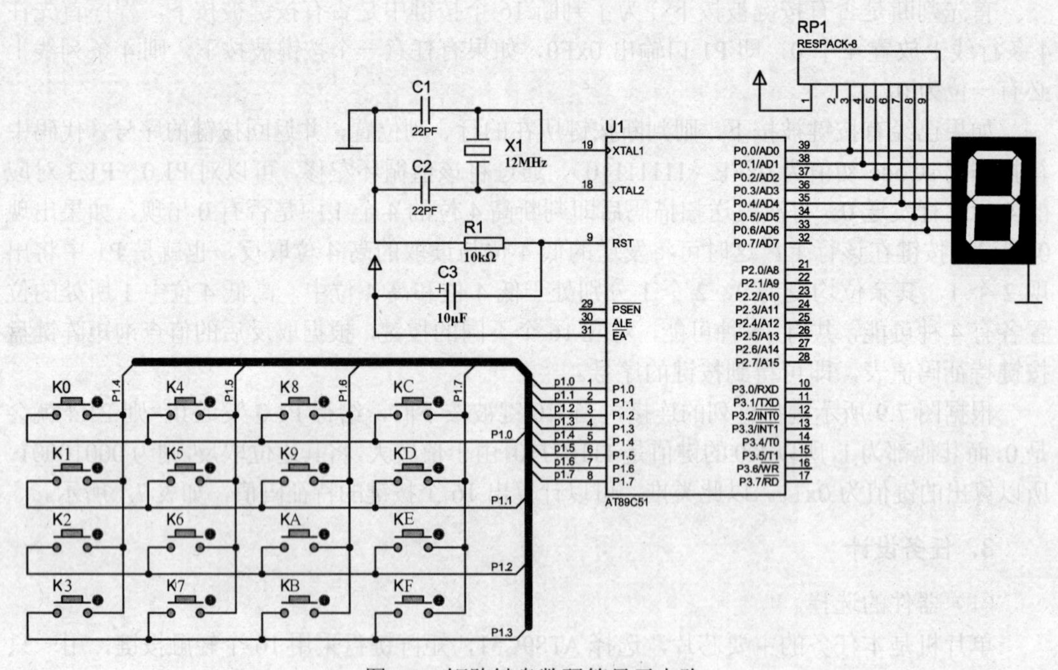


图 7.9　矩阵键盘数码管显示电路

（3）软件程序设计。

源程序编写如下：

```
//*************************************************************
//宏定义
#include <reg51.h>
#include <intrins.h>
#define uchar unsigned char
//*************************************************************
//0～F 的数码管共阴极段码表
uchar   code DSY_CODE[]={0x3F, 0x06, 0x5B, 0x4F, 0x66, 0x6D, 0x7D, 0x07,
                         0x7F, 0x6F, 0x77 , 0x7C , 0x 39, 0x5E , 0x79 , 0x71 };
//矩阵键盘按键特征码表
uchar   code KeyCodeTable[]={0x11,0x12,0x14,0x18,0x21,0x22,0x24, 0x28,
                             0x41,0x42,0x44,0x48,0x81,0x82,0x84,0x88};
//*************************************************************
//延时子函数
void Delay( )
{   uchar i ;
     for(i = 0; i<200;i++);
}
//*************************************************************
//矩阵键盘扫描子函数
uchar   Keys_Scan( )
{   uchar sCode, kCode, i, k;
    P1=0xF0;                                    //低 4 位置 0，放入 4 行
    if   ((P1 & 0xF0)  ! = 0xF0)
        { Delay( );
          if ((P1 & 0xF0)  ! = 0xF0)
            {   sCode = 0xFE;                   //行扫描码初值
                for(k = 0;k<4; k++)             //对 4 行分别扫描
                  { P1= sCode;
                    if ((P1 & 0xF0)  ! = 0xF0)
                      { kCode =  ～P1;
                       for(i=0; i<16; i++)      //查表得到按键序号并返回
                       if (kCode = = KeyCodeTable[i])   return i;
                      }
                    else
                        sCode = _crol_(sCode,1);
                  }
            }
        }
     return -1;
}
//*************************************************************
```

```
//显示主函数
void   main ( )
{ uchar   KeyNo = -1;                             //按键序号，-1 表示无按键
  while (1)
      {   KeyNo = Keys_Scan( );                   //扫描键盘获取按键序号 KeyNo
          if (KeyNo  ! = -1)
              P0 = DSY_CODE[KeyNo];               //数码管显示按键序号
      }
}
//************************************************************
```

在编写程序之前先将需要显示的 0～F 的共阴极段码和矩阵键盘的键值放入相应的数组中以便后面调用。本程序最主要的是键盘扫描子函数 Keys_Scan，在通过按键去抖动之后，用行扫描码初值 0xFE 逐次左移，对矩阵键盘的 4 行分别进行扫描，如果读取 P1 的值与前面表中的键值相同，就说明对应的按键被按下了，返回此键的序号。主函数在不断进行键盘扫描过程中得到返回的键序号，正是需要显示的数字的序号，直接调用段码送给 P0 口显示即可。

注意：对 4×4 矩阵键盘的识别都可以调用本程序中的矩阵键盘扫描子函数。

（4）软硬件联合调试。

将编写的程序在 Keil C51 中编译成*.hex 后调入 Proteus 硬件电路图的 AT89C51 中运行，按下矩阵键盘中的任意一个按键，数码管就会显示相应的键号。调试过程中如果出现错误，要注意区分是硬件的问题还是软件的问题，在多次练习后会积累一定的经验。

## 任务 7.2　电子秒表的设计

### 任务操作

#### 1. 任务要求

设计一只电子秒表，从 0s 计到 59s，并用两只一位的共阴极数码管实时显示当前的秒数，按键控制秒表的启动和清零。

#### 2. 任务分析

任务要求设计一只电子秒表，也就是每经过 1s 要求数码管显示的数字要加 1，为了时间计数准确，我们采用单片机的定时/计数器来定时，可以采用定时/计数器的查询方式，调用 1s 的延时子程序，也可以采用定时/计数器的中断方式。我们采用 T0 的定时工作方式 1，则 TMOD=0x01，由于晶体振荡频率为 12MHz，机器周期就为 1μs，设置定时时间为 50 000μs（50ms），反复计数 20 次就为 1s。

把计数的实时数值用两只一位的共阴极数码管显示，采用静态的显示方式，计数值的十位和个位分别显示在不同的数码管上即可。在任意的两根口线上分别连接一只轻触按键，分别控制秒表的启动和数码管清零。

### 3. 任务设计

（1）器件的选择。

单片机选用 AT89C51，用 1 只轻触按键来控制秒表，用两只一位的共阴极的数码管来显示秒数，加上单片机工作的外围电路，选择的器件清单如表 7.3 所示。

表 7.3 电子秒表设计器件清单

| 器件名称 | 数量（只） | 器件名称 | 数量（只） |
|---|---|---|---|
| AT89C51 | 1 | 10kΩ 电阻 | 1 |
| 12MHz 晶体 | 1 | 1kΩ×8 排阻 | 1 |
| 22pF 瓷片电容 | 2 | 轻触按键 | 2 |
| 10μF 电解电容 | 1 | 一位共阴极数码管 | 2 |

（2）硬件原理图设计。

根据任务要求和任务分析，采用 AT89C51 单片机，在其 P0 口和 P2 口分别连接一只共阴极的数码管，P0 口要用排阻上拉，两个按键接在 P3.2 和 P3.3 上，一个控制启动，一个控制清零，如图 7.10 所示。

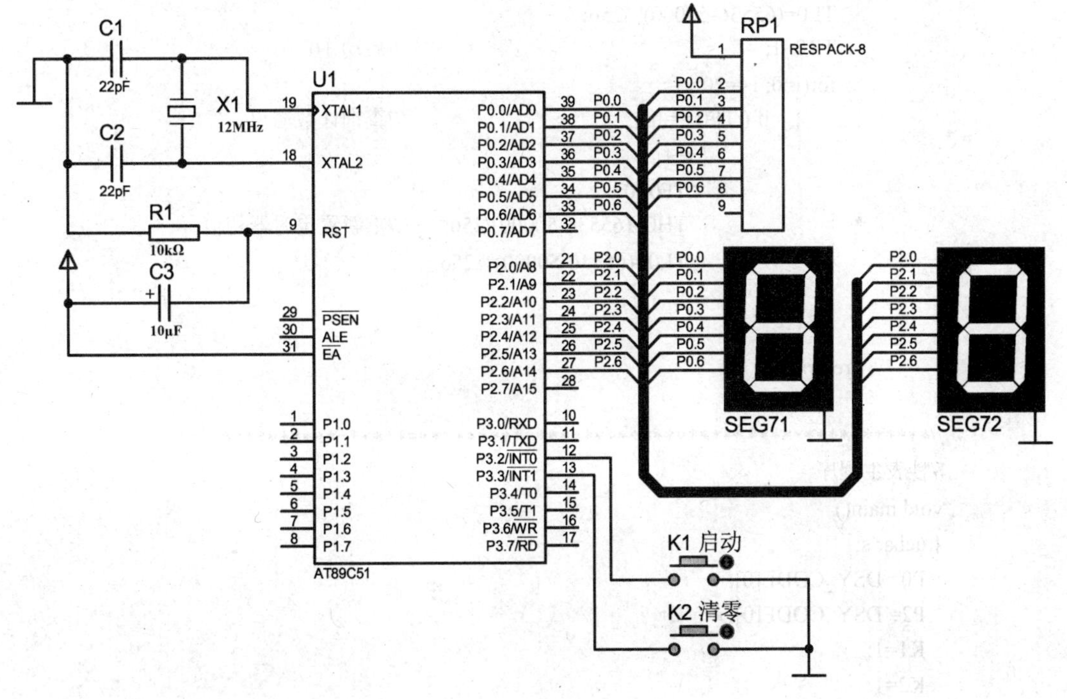


图 7.10 秒表原理图

（3）软件程序设计。

采用定时/计数器的查询方式计时的源程序如下：

```
//*****************************************************
//宏定义
#include<reg51.h>
#define uchar unsigned char
#define uint unsigned int
sbit K1=P3^2;
sbit K2=P3^3;
//*****************************************************
//0～9 的数码管共阴极段码表
uchar   code DSY_CODE[]={0x3F, 0x06, 0x5B, 0x4F, 0x66, 0x6D,
                          0x7D, 0x07,0x7F, 0x6F};
//*****************************************************
//延时 1ms 子程序
void DelayMS(uint x)
{ uchar i;
   while(x--) for(i=0; i<120; i++);}
//*****************************************************
//定时 1s 子程序
void   sTime ( )
{          uint i;
           TMOD=0x01;                          //设定时器 0 为方式 1
           TH0=(65536-50000)/256;              //置定时器初值
           TL0=(65536-50000)%256;
           TR0=1;                              //启动 T0
           for(i=0; i<=20 ; )
              {   if ( TF0 == 1)               //查询计数溢出
                     { i++;
                       TF0=0;
                       TH0=(65536-50000)/256;  //重新置定时器初值
                       TL0=(65536-50000)%256;
                     }
              }
          return ;
}
//*****************************************************
//秒表主程序
void main()
{ uchar s;
  P0= DSY_CODE[0];
  P2= DSY_CODE[0];
  K1=1;
  K2=1;
  while(1)
  { if(K1==0)(10)                              //K1 键被按下
     {DelayMS(10);                             //按键去抖动
      if(K1==0)                                //再次检查按键
```

```
            { for (s=0;s<=59;s++)                          //从 0 到 59 显示秒数
                 {P0= DSY_CODE[s/10];                      //显示秒的十位
                  P2= DSY_CODE[s%10];                      //显示秒的个位
                  sTime ();                                //调用 1s 定时
                  }
            }
        }
    if(K2==0)
        { DelayMS（10);                                    //按键去抖动
         if(K2==0)                                         //再次检查按键
         { P0= DSY_CODE[0];                                //十位清零
         P2=DSY_CODE[0]; }                                 //个位清零
         }
      }
    }
    //*****************************************************************
```

将两个按键设置为K1和K2，把T0工作在方式1的延时1s的子函数写在sTime函数中。主函数一开始让两只数码管都显示0，K1和K2保证为1，这样，一旦K1为0，表明K1键被按下，数码管从1开始显示，每显示一个数调用sTime，也就是延时了1s，之后加1，直到60为止，正好是1～60s的显示。如果按下K2键，则将数码管显示都清零。

这个程序采用的是定时/计数器的查询方式，如果用中断方式来完成，该怎样编写程序呢？

（4）软硬件联合调试。

将编写的程序在Keil C51中编译成*.hex后调入Proteus硬件电路图的AT89C51中运行，数码管显示为“00”，按下K1键，数码管就会从“01”到“60”按1s的间隔逐个数字显示，完成秒表的过程；显示停止在“60”后，按下K2键，显示清零为“00”，可以从新计数。

大家可以思考一下，如果在秒表计数的中间过程中要停止从头计数的话，该怎样进行设计呢？

**注意：**在秒表的设计过程中需要注意定时/计数器定时的用法，以及按键的识别和数码管的显示方式。

## 任务7.3　模拟电子闹钟的设计

### 任务准备

闹钟在到定时时间时需要报警通知定时的人，所以需要发声的器件，一般我们选用蜂鸣器。这里首先简单介绍一下蜂鸣器。

蜂鸣器是一种一体化结构的电子讯响器，采用直流电压供电，广泛应用于计算机、打印机、复印机、报警器、电子玩具、汽车电子设备、电话机、定时器等电子产品中作为发声器件，如图 7.11 所示。

图 7.11　蜂鸣器实物图

蜂鸣器主要分为压电式蜂鸣器和电磁式蜂鸣器两种类型。

压电式蜂鸣器主要由多谐振荡器、压电蜂鸣片、阻抗匹配器及共鸣箱、外壳等组成。有的压电式蜂鸣器外壳上还装有发光二极管。多谐振荡器由晶体管或集成电路构成。当接通电源后（1.5～15V 直流工作电压），多谐振荡器起振，输出 1.5～2.5kHz 的音频信号，阻抗匹配器推动压电蜂鸣片发声。压电蜂鸣片由锆钛酸铅或铌镁酸铅压电陶瓷材料制成。在陶瓷片的两面镀上银电极，经极化和老化处理后，再与黄铜片或不锈钢片粘在一起。

电磁式蜂鸣器由振荡器、电磁线圈、磁铁、振动膜片及外壳等组成。接通电源后，振荡器产生的音频信号电流通过电磁线圈，使电磁线圈产生磁场。振动膜片在电磁线圈和磁铁的相互作用下，周期性地振动发声。

按照是否带有振荡源，蜂鸣器又分为有源蜂鸣器与无源蜂鸣器。有源蜂鸣器内部带振荡源，所以只要一通电就会叫。有源蜂鸣器的优点是程序控制方便。无源蜂鸣器内部不带振荡源，所以用直流信号无法令其鸣叫，必须用 2～5 kHz 的方波去驱动它。无源蜂鸣器的优点较多：便宜；声音频率可控，可以做出“哆、咪、咪、发、嗦、啦、唏”的效果；在一些特例中，可以和 LED 复用一个控制口。

蜂鸣器的驱动电路一般都包含以下几部分：一个三极管、一个蜂鸣器、一个续流二极管和一个电源滤波电容。驱动电路如图 7.12 所示。

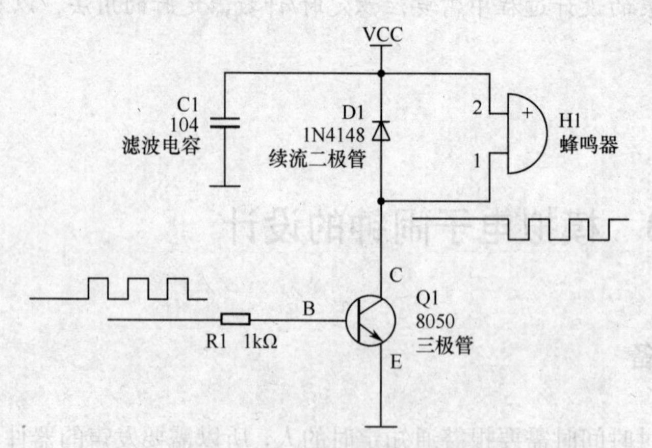


图 7.12　蜂鸣器驱动电路

## 任务操作

### 1．任务要求

设计一只模拟电子闹钟，要求用矩阵键盘输入设置，用4位共阳极的数码管显示模拟时间，用蜂鸣器提醒设置的时间已到。具体要求如下：

（1）用按键K0、K1、K2、K3、K4、K5、K6、K7、K8、K9输入0000～9999中的任意一个数值作为设定时间，数值的1表示1s，比如输入0060表示60s即1分钟，输入0600表示600s即10分钟。

（2）数值由四位共阳极的数码管动态显示，实时显示当前的数值（时间）。

（3）K10键作为开始键，按下后设置的数值以1s的时间间隔减1倒数。

（4）K11键作为取消键，按下后取消前面的输入，重新设置。

（5）当设置的数值减到0时蜂鸣器报警。

### 2．任务分析

根据任务要求，设计的模拟电子闹钟由矩阵键盘输入设置，所以可以沿用前面介绍过的矩阵键盘扫描子函数进行按键扫描。用AT89C51的P1.0～P1.3作为矩阵键盘的行线，P1.4～P1.7作为列线。

数码管显示的是一只4位的共阳极数码管，动态地显示模拟的时间，由于4位最大只能显示9999，所以显示的时间范围是0～9999s。用AT89C51的P0口连接数码管的段线，用P2.0～P2.3连接位线。

由于显示的数值每加一个1为1s，所以加1或减1时要定时1s，由定时/计数器的中断来实现。可以采用T1的8位自动重装载初值方式2，TMOD为0x20，采用12MHz晶体，设置定时时间为250μs中断，中断4000次就为1s。

键盘一位一位地输入需要设置的时间数值，按下开始键后，定时器开始计数，每过1s数值减1，直到数值减为0时启动蜂鸣器报警。

本任务的功能相对比较复杂，所以控制软件要采用模块化设计，将各个相对独立的小功能块写入不同的函数中，主函数只要调用子函数就可以了。

### 3．任务设计

（1）器件的选择。

单片机选用AT89C51，矩阵键盘用16只轻触按键，用一只4位的共阳极数码管来显示时间数值，数码管位选前加NPN管驱动电路，选择一只蜂鸣器作为定时报警器，加上单片机工作的外围电路，选择的器件清单如表7.4所示。

表7.4 模拟电子闹钟设计器件清单

| 器件名称 | 数量（只） | 器件名称 | 数量（只） |
|---|---|---|---|
| AT89C51 | 1 | 轻触按键 | 16 |
| 12MHz 晶体 | 1 | 4位共阳极数码管 | 1 |
| 22pF 瓷片电容 | 2 | BC850B 三极管 | 4 |
| 10μF 电解电容 | 1 | BC858B 三极管 | 1 |
| 10kΩ 电阻 | 1 | 有源蜂鸣器 | 1 |
| 510Ω 电阻 | 1 | | |

（2）硬件原理图设计。

根据前面的任务要求和任务分析，设计模拟电子闹钟的电路原理图如图 7.13 所示。AT89C51 的 P1.0～P1.3 作为矩阵键盘的行线，P1.4～P1.7 作为列线，P0.0～P0.7 分别连接数码管段线的 a～dp，P2.0～P2.3 分别通过 Q1～Q4 放大去正向驱动数码管的位线 1～4，P2.7 通过 Q5 反向驱动蜂鸣器，当 P2.7 为 0 时 Q5 的 C 极输出高电平，使蜂鸣器发声。这里用一个反向驱动是为了不让蜂鸣器在一开机时就发声。

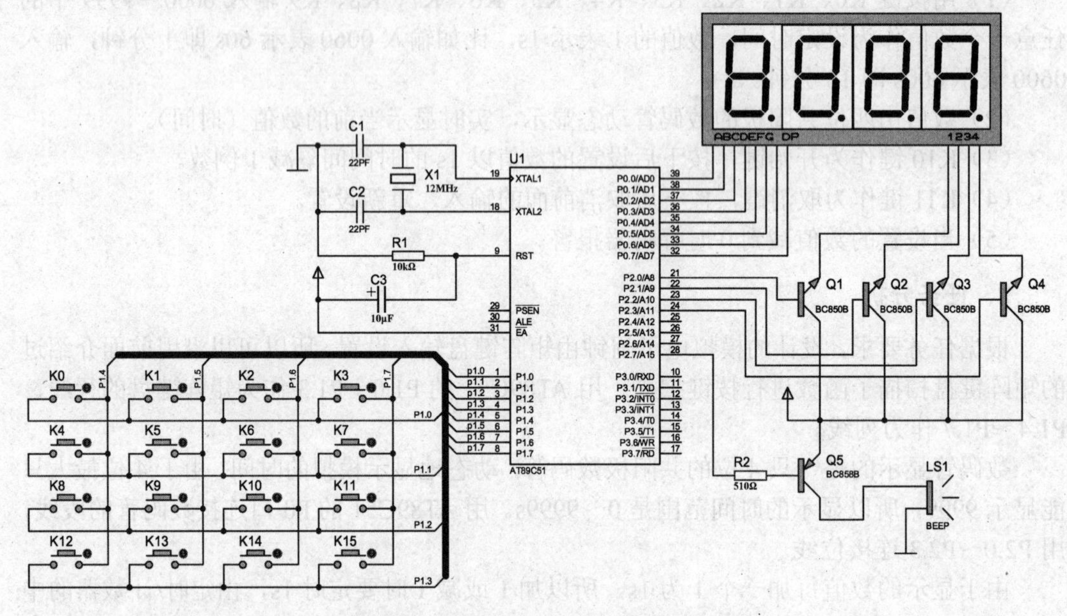

图 7.13 模拟电子闹钟原理图

（3）软件程序设计。

源程序如下：

```
//************************************************************
//宏定义
#include<reg51.h>
#include<intrins.h>
#define uchar unsigned char
#define uint unsigned int
sbit BEEP=P2^7;
//************************************************************
//矩阵键盘键值表
uchar   code KeyCodeTable[]={0x11,0x21,0x41,0x81,0x12,0x22,0x42,0x82,
                             0x14,0x24,0x44,0x84,0x18,0x28,0x48,0x88};

//共阳极数码管段码表
uchar code DisplayTable[]={0xc0,0xF9,0xA4,0xB0,0x99,0x92,0x82,0xF8, 0x80,0x90};
//************************************************************
//定义全局变量
uchar digbit;                                       // 字位
```

```
uchar wordbuf[4];                                   // 字形码缓冲区
uchar count;                                        // 字形码缓冲区计数
int t1count;                                        // 定时器 1 计数
//****************************************************************************
//延时 1ms 子程序
void DelayMS(uint x)
{ uchar i;
    While(x--) for(i=0; i<120; i++);}
//****************************************************************************
// 键盘扫描子函数
uchar keyscan()
 { uchar sCode, kCode, i, k;
   P1=0xF0;                                         //低 4 位行线置 0
   if ((P1&0xF0)! =0xF0)
         { DelayMS (10);
            if ((P1&0xF0)! =0xF0)
               {   sCode = 0xFE;                    //设置行扫描码初值
                   for (k=0;k<4;k++)                //对 4 行分别扫描
                         {P1= sCode;
                          if ((P1&0xF0)! =0xF0)
                              { kCode =~P1;
                               do{P1=0xF0;}         //等待按键弹起
                          while((P1&0xF0)! =0xF0);
                          for (i=0;i<16;i++)        //查表得到按键序号并返回
                                    if (kCode==KeyCodeTable[i])   return i ;
                              }
                          else sCode = _crol_(sCode,1);
                         }
               }
         }
      return -1;
 }
//****************************************************************************
//减 1 子函数
void plus()
{ int i;
  i=wordbuf[0]*1000+wordbuf[1]*100+wordbuf[2]*10+wordbuf[3];
//将千、百、十、个位合成一个整数
  i--;
  if(i<=0)                                          //数值减为 0 时使蜂鸣器响
  BEEP=0;
  wordbuf[0]=i/1000;                                //减 1 后的数值再分为一位一位地放入数组去显示
  wordbuf[1]=i%1000/100;
  wordbuf[2]=i%100/10;
  wordbuf[3]=i%10;
```

```
}
//**********************************************************************
//初始化定时器 1 函数（定时器 1，8 位自动重装载初值模式 2，250 次计数）
void init_time1()
  {
    TMOD=0x20;
     TH1=0x06;
     TL1=0x06;
     EA=1;
     ET1=1;
     TR1=1;
  }
//**********************************************************************
//定时器 1，1s 定时减 1 中断函数
 timer1() interrupt 3
 {       t1count++;
         if(t1count==4000)                    //进入中断 4000 次为 1s
            {t1count=0;
             plus();                          //调用减 1 函数
            }
   }
//**********************************************************************
// 数码管动态显示子函数
void display()
{       uchar i;
        switch (digbit)
        {   case 1:     i=0;  break;
            case 2:     i=1;  break;
            case 4:     i=2;  break;
            case 8:     i=3;  break;
            default:    break;
        }
        P2= 0x00;                            // 关闭显示
        P0 = DisplayTable[wordbuf[i]];       // 送字形码
        P2= digbit;                          // 送字位码
        DelayMS (2);
        if (digbit<0x08)                     // 共 4 位
            digbit = digbit*2;               // 左移一位
        else
            digbit = 0x01;
}
//**********************************************************************
// 主函数
void main()
{
```

```
    int m, j,key;
    count = 0;                              // 初始没有输入，计数器设为 0
    for (j=0;j<4;j++)                       // 刚加电时，初始 0000
         wordbuf[j] =0;
    while(count<5)
    {
       key = keyscan();                     // 调用键盘扫描函数
       if(key>=0&&key<10) m=1;              // 输入 0~9
       else if(key==10) m=2;                // 开始倒计时键
       else if(key==11) m=3;                // 取消键
       else m=4;                            // 其他按键
       switch(m)
       {
          case 1:   if (count<4)
                     {  wordbuf[count]=key; // 将按键序号即数字存入数组
                        P0=DisplayTable[key];// 每次输入一个数字时 4 位都显示该数
                        count++;
                     }
                    break;
          case 2:   count=5;                // 按下开始键就跳出此循环
                    break;
          case 3:   count = 0;              // 计数清零
                    for (j=0;j<4;j++)
                    {  wordbuf[j] = 0;      // 数码管显示 0000
                       P0=DisplayTable[0];
                    }
                    break;
          default: break;
       }
    }

    digbit = 0x01;
    init_time1();                           //打开 T1 的 1s 计时
    while(1)
       {  display();                        //调用动态显示
       }
}
//*********************************************************************
```

本程序包含比较多的子函数模块，我们分别加以分析。

① 主函数 main()。首先将存放需要显示的数字形码缓冲区数组 wordbuf[4]中的 4 个元素清零，count 是用来计数输入数字的个数的，只能到 4。将扫描子函数返回的键号放入 key 中，根据返回值将按键分为 4 种类型：*m*=1 是输入数字，只要 count<4，就把输入的键号（正好对应数字）放入数组 wordbuf 中，同时把输入的数字显示在数码管上；*m*=2 是开始倒计时，跳出输入数字的循环；*m*=3 为取消前面的输入，count 清零，wordbuf[4]

也全清零；*m*=4 是其他按键不作用。将字位 digbit 设为 1，开启 T1 计数，不断调用实时显示子函数 display。

② T1 初始化子函数 init_time1()。T1 工作在 8 位自动重装载初值模式 2，TMOD 为 0x20，250 次计数，机器周期为 1μs，所以每计数一次为 250μs，初值设为 6。开启 T1 中断。

③ T1 的 1s 定时减 1 中断函数 timer1()。每次 T1 计数值溢出，TF1 为 1 后进入此中断函数，t1count 就加 1，当 t1count 加到 4000 时，250μs×4000=1s，调用减 1 子函数。

④ 减 1 子函数 plus()。首先把数组 wordbuf[4]中的各元素按千、百、十、个位合成为一个整数，也就是输入的定时时间，把它减 1，减 1 之后再按千、百、十、个位的顺序放回数组 wordbuf[4]中去实时显示当前的时间数值。如果整数减为 0，则表明定时的时间到了，将 BEEP=0，启动蜂鸣器。

⑤ 动态显示子函数 display()。按照字位 digbit 的值为 1、2、4、8 分别对应千、百、十、个位，把数组 wordbuf[4]中存放的千、百、十个位的数值分别动态地显示在相应位，段码送 P0 口，位码送 P2 口。

⑥ 键盘扫描子函数 keyscan()。此键盘扫描函数沿用的是前面介绍过的矩阵键盘扫描子函数。

⑦ 延时 1ms 子程序 DelayMS()。采用 12MHz 晶体时，此函数为 1 就是延时 1ms。

（4）软硬件联合调试。

将编写的程序在 Keil C51 中编译成*.hex 后调入 Proteus 硬件电路图的 AT89C51 中运行，即能实现模拟电子闹钟的功能。由于本任务的程序相对较大，建议大家在调试时分模块进行。根据模块的功能，简单地修改程序，使其能够从运行中直观地检查出本模块是否有问题。我们也可以采用软件仿真调试的方法，将 Keil 和 Proteus 软件联合在一起进行调试。

经过调试后，运行电路，从 K0～K9 中任意输入四个数字，如“0060”，按下开始键，输入的数字就按 1s 的间隔倒数减 1，显示“0059”、“0058”、…、“0000”，此时蜂鸣器响，说明定时的 1 分钟到时，实现了闹钟的功能。

**注意：**在综合性的设计程序中，一定要按功能分模块编写程序，这样有利于调试和移植。如本程序中的键盘扫描子函数 keyscan()，只要用到 4×4 矩阵键盘就可以移植它。

## 项目拓展　实验板简易电子琴的设计

要设计简易的电子琴，首先我们要了解一些简单的音乐知识。音乐主要是由音符和节拍决定的，“哆、咪、咪、发、嗦、啦、唏”音符对应于不同的声波频率，而节拍则表达的是声音持续的时间。通过控制单片机定时器的定时时间可以产生不同频率的方波，用于驱动无源蜂鸣器发出不同的音符，然后利用延时子程序来控制发音时间的长短，即可控制节拍。把乐谱中的音符和相应的节拍变换成定时常数和延时常数，做成数据表格存放在存储器中。由程序查表得到定时常数和延时常数，用 1 个定时器控制产生方波的频率，用延时程序控制发出该频率方波的持续时间。当延时时间到后再查询下一个音符的定时常数和延迟常数，依次进行。

在本拓展项目中，我们只要了解音频脉冲的产生就可以了。利用单片机的内部定时器，在方式 1 的定时状态下，改变定时器的计数初值来产生不同的频率。

若单片机采用 12MHz 的晶振，要产生频率为 523Hz 的 C 调 1（哆）音频脉冲，利用单片机的定时器 T0，工作在方式 1，定时器的计数初值计算如下所述。

根据机器周期与时钟周期的定义可知，单片机内部的计时时间为 1μs，故其频率为 1MHz。

音调要求的频率用 $f_m$ 表示，单片机的内部计时频率用 $f_{osc}$ 表示。要产生 523Hz 的音频脉冲时，其音频信号的周期 $T_m$=1/523s，取半周期为 1/（2×523），使定时器每计数满足半周期数后将输出端口取反，即可得到 C 调音哆。

所以 1（哆）的简谱码值也就是定时器的初值 $T=65536-10^6/(2\times523)=64580$，其他频率音调的取值依次类推。

设晶振频率为 12MHz，乐谱中的音符、频率、定时常数的关系如表 7.5 所示。

表 7.5　C 调音符、频率、定时常数关系

| 音符（低音） | 频率/Hz | 简谱码（T 值） | 音符（中音） | 频率/Hz | 简谱码（T 值） | 音符（高音） | 频率/Hz | 简谱码（T 值） |
|---|---|---|---|---|---|---|---|---|
| 低 1 | 262 | 63628 | 中 1 | 523 | 64580 | 高 1 | 1047 | 65058 |
| 低 2 | 294 | 63835 | 中 2 | 587 | 64684 | 高 2 | 1175 | 65110 |
| 低 3 | 330 | 64021 | 中 3 | 659 | 64777 | 高 3 | 1319 | 65157 |
| 低 4 | 349 | 64103 | 中 4 | 699 | 64820 | 高 4 | 1397 | 65178 |
| 低 5 | 392 | 64260 | 中 5 | 784 | 64898 | 高 5 | 1569 | 65127 |
| 低 6 | 440 | 64400 | 中 6 | 880 | 64968 | 高 6 | 1760 | 65252 |
| 低 7 | 494 | 64524 | 中 7 | 988 | 65030 | 高 7 | 1976 | 65283 |

本项目在实验板上设计，见附录 B 实验板原理图。这里的发声用一只小喇叭 B1，见“喇叭及电机电路”，喇叭根据接收的方波频率不同发出不同的声音。用杜邦线将单片机外围的 J22 的 3 脚与 J42 的 7 脚连接，即可用 P1.2 控制喇叭的发声了；J26 连接 8 只独立按键 K1～K8，见“独立按键”电路，用杜邦线将 J22 的 10～17 脚与 J26 连接，这样就用 P3 口控制 8 只独立按键。设计要求按下 K1 键喇叭发出 1 音，按下 K2 键喇叭发出 2 音，以此类推，按下 K8 键喇叭发出高音 1。

源程序如下：

```
//******************************************************************************
  名称：电子琴
  内容：8 个按键控制 8 个音符
//******************************************************************************
//宏定义
#include<reg52.h>
#define KeyPort   P3
//******************************************************************************
//定义全局变量
unsigned char High,Low;          //定时器预装值的高 8 位和低 8 位
```

```
sbit SPK=P1^2;                      //定义喇叭接口
unsigned char code freq[][2]={
    0x44,0xFC,                      // 523Hz  “1”
    0xAC,0xFC,                      // 587 Hz  “2”
    0x09,0xFD,                      // 659 Hz  “3”
    0x34,0xFD,                      // 699 Hz  “4”
    0x82,0xFD,                      // 784 Hz  “5”
    0xC8,0xFD,                      // 880 Hz  “6”
    0x06,0xFE,                      // 988 Hz  “7”
    0x22,0xFE,                      // 1047 Hz  “高 1”
};
//****************************************************************************
// 函数声明
void Init_Timer0(void);             //初始化定时器
//****************************************************************************
//主函数
void main (void)
{   unsigned char num;
    Init_Timer0();                  //初始化定时器 0
    SPK=0;                          //在未按键时，喇叭低电平，防止长期高电平损坏喇叭
    while (1)                       //主循环
    {   switch(KeyPort)
        { case   0xfe: num= 1; break;
          case   0xfd: num= 2; break;
          case   0xfb: num= 3; break;
          case   0xf7: num= 4; break;
          case   0xef: num= 5; break;
          case   0xdf: num= 6; break;
          case   0xbf: num= 7; break;
          case   0x7f: num= 8; break;
          default: num= 0; break;
        }
    if(num==0)
        { TR0=0;
          SPK=0;                    //在未按键时，喇叭低电平，防止长期高电平损坏喇叭
        }
    else
        { High=freq[num-1][1];
          Low =freq[num-1][0];
          TR0=1;
        }
    }
}
//****************************************************************************
```

```
//定时器 0 初始化子程序
void Init_Timer0(void)
{ TMOD = 0x01;                //使用模式 1，16 位定时器
  EA=1;                            //总中断打开
  ET0=1;                      //定时器中断打开
  TR0=1;                      //定时器开关打开
}
//***********************************************************************
//定时器中断子程序
void Timer0_isr(void) interrupt 1
{ TH0=High;
  TL0=Low;
  SPK=! SPK;
}
//***********************************************************************
```

根据表 7.5 所示 C 调 1～高音 1 的频率和计算的定时初值（简谱码），将 8 个音的简谱码分别存放在二维数组 freq[][2]中，每行的第一个数是低 8 位简谱码，第二个数是高 8 位简谱码。主函数中首先调用定时器 0 初始化子程序，设置 T0 为工作方式 1，16 位定时，开启 T0 中断和 T0 定时器。在未按键时，要求喇叭低电平，防止长期的高电平损坏喇叭，所以 SPK=0。不断检测 KeyPort（P3），如果有按键被按下，根据键值对应 num 的值，也就是对应的 C 调各音，查询二维数组 freq[][2]中音的简谱码值，把高 8 位放入 High 变量，把低 8 位放入 Low 变量，开启 T0。如果没有按键被按下（num=0），就将 SPK 清 0，将 T0 关闭。T0 计数器计满溢出后进入 T0 中断子程序，将简谱码赋给 TH0 和 TL0，这时 SPK（P1.2）低电平持续的时间正好是一个音的半周期，将 SPK 取反持续一个音的半个周期高电平，形成对应音的完整周期方波，蜂鸣器即发出相应的音调。

这样，将编写的程序在 Keil C51 中编译成*.hex 文件，通过串口下载到实验板的单片机 STC89C52 中，简易的电子琴就实现了。按 K1 键发 1 音，按 K2 键发 2 音，……，按 K8 键发高音 1，这样即可通过 8 个按键演奏出简单的乐曲了。

## 项目小结

本项目主要介绍了人与机器对话所使用的键盘的工作原理和应用方法。键盘有编码键盘和非编码键盘两种。非编码键盘又分为独立键盘和矩阵（行列式）键盘，是单片机应用中使用比较普遍的键盘。

对于键盘的应用最重要的就是对按键的识别。独立键盘的识别比较简单，通过判断按键端口的电位即可识别按键操作，但独立键盘比较浪费端口线。矩阵键盘节约了端口线，如 8 根端口线就可以控制 16 个按键，但是它的识别方法相对复杂一些。矩阵键盘的按键识别方法有扫描法和线反转法。

按键应用时一定要去抖动，一般有硬件去抖动和软件去抖动两种方法。我们一般采用软件去抖动的方法，在识别按键后延时 10ms 后再次进行识别。

应用键盘、数码管和单片机的定时/计数器、中断等知识，在本项目中主要介绍了电子秒表和电子闹钟的设计方法。在项目拓展中讲述了运用单片机的定时/计数器和蜂鸣器实现演奏音乐的方法。

## 思考与训练

### （一）知识思考

1. 简述键盘的分类。
2. 独立键盘是怎样识别的？
3. 简述矩阵（行列式）键盘的工作原理。
4. 矩阵（行列式）键盘有几种识别方法？它们各自是怎样识别按键的？
5. 按键的去抖动有哪几种方式？单片机通常采用哪种方式？
6. 软件是怎样去抖动的？
7. 蜂鸣器的分类有哪些？
8. 简述有源蜂鸣器和无源蜂鸣器的控制方法。

### （二）项目训练

1. 如图 7.5 所示电路，用 K1～K4 键分组控制 8 只 LED 灯，按 K1 键轮流点亮 D1～D8；按 K2 键点亮 D1、D3、D5、D7；按 K3 键点亮 D2、D4、D6、D8；按 K4 键熄灭 D1～D8。

2. 采用 AT89C51 单片机设计一只电子秒表，可以正计时，也可以倒计时。要求用一只两位的共阳极的数码管动态显示秒数，定时采用 T1 的工作方式 2，并且用中断实现。在 Proteus 环境下绘制原理图，编程调试实现功能。

3. 如图 7.13 所示电路设计的模拟闹钟，请将设计稍做修改：用 4 位共阳极的数码管显示时间，从左到右第 1、第 2 位显示小时数，第 3 位、第 4 位显示分钟数，中间用小数点隔开。比如设置“01.30”，表示闹钟定时 1 小时 30 分钟，开始计时后以倒数的方式显示“01.29”、“01.28”……直到为“00.00”时蜂鸣器发声。请编写程序并调试。

项目8

# 单片机与计算机通信系统的设计

## 学习目标

- 了解串行通信的基本知识；
- 掌握 RS-232C 串行通信接口标准；
- 理解 51 单片机串行通信接口的组成；
- 理解 51 单片机的串行口工作原理及应用方法；
- 掌握 51 单片机串行口工作电路的分析与设计方法；
- 掌握计算机与单片机串行口通信系统的设计方法；
- 熟练编写单片机串行口通信的发送和接收数据程序。

## 工作任务

- 叙述 RS-232C 串行通信接口标准；
- 叙述 51 单片机的串行口工作原理；
- 设计单片机与单片机之间的通信电路和工作软件；
- 设计单片机与计算机之间的通信电路和工作软件。

## 项目引入

单片机组成的电子产品系统在开发时怎样与计算机进行通信呢？我们怎么用计算机来检查和监测单片机的工作呢？计算机编译好的软件怎么下载到单片机中呢？两个不同的单片机系统可以互通信息吗？这些都涉及单片机的通信。

单片机与外部计算机进行数据通信可以通过并行接口和串行接口两种方式来实现。通常，单片机与外围芯片之间，如与存储器、I/O 接口等常采用并行通信方式；而单片机与外部系统之间，如单片机与单片机、单片机与计算机等常采用串行通信方式。

本项目实现的就是单片机与计算机之间的双向串行数据通信，利用单片机的串行口工作，连接单片机和计算机，双方可以进行随意的数据传输和交换。通过这个项目要求学生掌握单片机串行口的工作方式，以及如何实现单片机与计算机之间的数据交换。

本项目包含两个任务：两个 51 单片机之间的串行通信硬件和软件设计；单片机与计算机之间的通信硬件和软件设计。

# 任务 8.1 51 单片机之间的串行通信设计

知识准备

## 8.1.1 RS232 串行通信标准

### 8.1.1.1 串行通信

CPU 与外部的信息交换称为通信。基本的通信方式有两种：

并行通信是数据字符所有位同时传送的通信方式。其优点是传递速度快；缺点是数据有多少位，就需要多少根数据线。并行通信不适合于位数多、传送距离远的通信。

串行通信是组成数据的所有位通过一条数据线一位一位传送的通信方式。其突出优点是只需一对传送线，从而大大降低了传送成本；其缺点是传送速度相对较慢。串行通信适用于远距离通信。

单片机广泛应用于工业控制和数据采集系统中，它通常远离系统主机，采用串行通信可以大大降低成本，并会提高系统的可靠性（信号线减少，降低了线路故障）。

#### 1. 串行通信的分类

按照串行数据的时钟控制方式，串行通信可分为异步通信和同步通信两类。

（1）异步通信。

在异步通信中，数据通常是以字符为单位组成字符帧传送的。字符帧也称数据帧，由起始位、数据位、奇偶校验位和停止位 4 部分组成，异步通信的字符帧格式如图 8.1 所示。

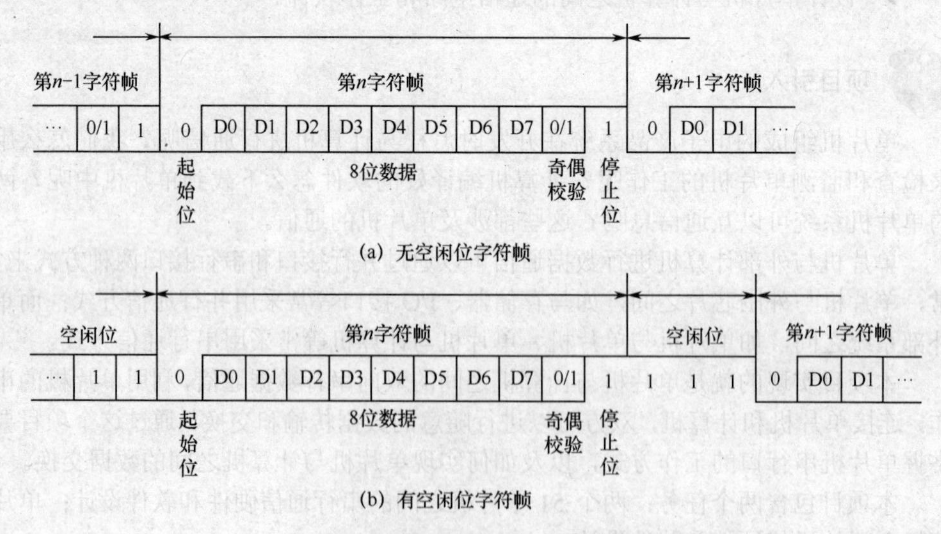


图 8.1 串行异步通信的字符帧格式

① 起始位。位于字符帧开头，只占 1 位，为逻辑低电平 0，用来通知接收设备，发送端开始发送数据。线路上在不传送字符时应保持为 1。接收端不断检测线路的状态，若连续为 1，以后又检测到 1 个 0，就知道发来 1 个新字符，应马上准备接收。

② 数据位。数据位（D0～D7）紧接在起始位后面，通常为 5～8 位，按照数据位由低到高的顺序依次传送。

③ 奇偶校验位。奇偶校验位只占 1 位，紧接在数据位的后面，表征串行通信中采用奇校验还是偶校验，也可以用这 1 位（I/O）来确定这一帧中的字符所代表信息的性质（地址/数据等）。

④ 停止位。位于字符帧的最后，表征字符的结束，它一定是高电位（逻辑 1）。停止位可以是 1 位、1.5 位或 2 位。接收端收到停止位后，知道上一字符已传完，同时也为接收下一字符做好准备（只要再收到 0 就是新的字符的起始位）。若停止位以后不是紧接着传送下一个字符，则让线路保持为 1。图 8.1（a）所示为 1 个字符紧接 1 个字符传送的情况，上一个字符的停止位和下一个字符的起始位是相邻的；图 8.1（b）所示为 2 个字符间有空闲位的情况，空闲位为 1，线路处于等待状态。存在空闲位正是异步通信的特征之一。

在异步通信中，字符帧由发送端一帧一帧地发送，每一帧数据均是低位在前，高位在后，通过传输线被接收端一帧一帧地接收。一帧字符与一帧字符之间可以是连续的，也可以是间断的，这完全由发送方根据需要来决定。在进行异步传送时，发送端和接收端可以有各自独立的时钟脉冲控制数据的发送和接收，这两个时钟彼此独立，互不同步。由于发送端不需要传送同步时钟到接收端，异步通信对硬件要求较低，实现起来比较简单、灵活，适用于数据的随机发送/接收，但因每个字节都要建立一次同步，即每个字符都要额外附加两位，所以工作速度较低，在单片机中主要采用异步通信方式。

（2）同步通信。

同步通信是指在发送设备和接收设备同步时钟频率的情况下，发送设备先发送串行通信数据同步信号给接收设备，接收设备接收到同步信号后，开始进行串行数据块的传送，当串行数据块传送完毕时，发送设备发送结束串行通信同步数据，停止串行通信。串行同步通信的数据块格式如图 8.2 所示。同步串行通信一次发送的数据量大，但需要发送和接收设备的串行控制时钟频率保持严格同步，这在实际系统中是较困难的或不经济的。

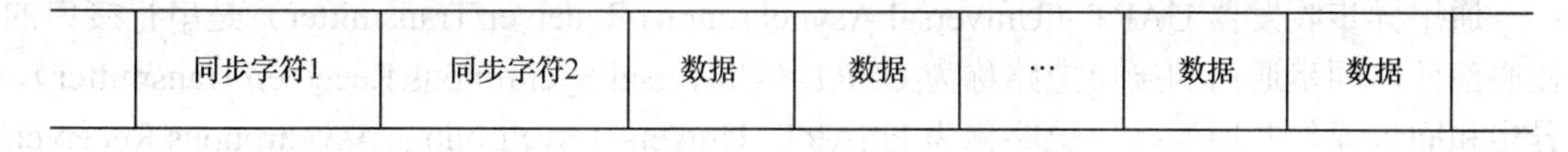


图 8.2 串行同步通信的数据块格式

### 2. 串行通信的波特率

在串行通信中，数据是按位进行传送的，每秒传送二进制数的位数就是波特率。单位是位/秒，用 b/s 表示。例如，某串行通信系统的波特率为 9600b/s，就是说该串行通信系统每秒传送 9600 个二进制位。如果每个字符格式包含 10 个代码位（1 个起始位和 1 个停止位、8 个数据位），则该串行通信系统每秒传送 960 个字符。

波特率是串行通信的重要指标，用于表征数据传输的速度。波特率越高，数据的传输速度越快。异步传送方式的波特率一般为 50～9600b/s，同步传送方式的波特率可达 56kb/s 或更高。

注意：波特率是数据通信的重要指标，它反映了数据传输的速度。

3．串行通信方式

串行通信根据数据传送的方向及时间关系可分为单工、半双工和全双工 3 种制式，如图 8.3 所示。

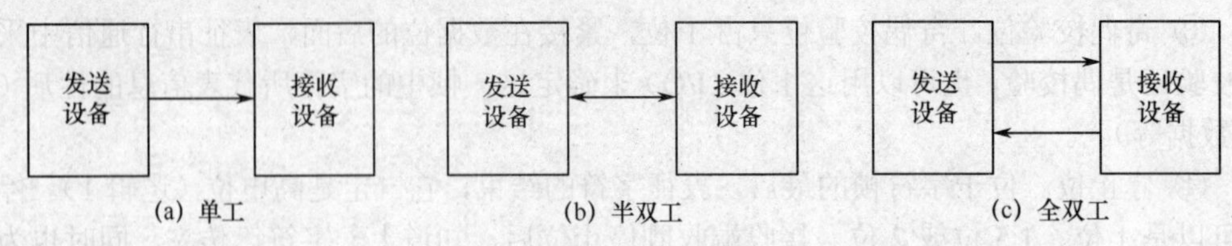


图 8.3　串行通信的 3 种制式

单工制式是指甲乙双方通信时只能单向传送数据，不能反向传输，发送方和接收方固定，如图 8.3（a）所示。

半双工制式是指通信双方均设有发送设备和接收设备，既可发送也可接收，但不能同时接收和发送，发送时不能接收，接收时不能发送，其方向可以由开关控制，如图 8.3（b）所示。

全双工制式是指通信双方均设有发送设备和接收设备，并且信道划分为发送信道和接收信道，因此全双工制式可实现甲乙双方同时发送和接收数据，发送时能接收，接收时也能发送，数据可以同时进行双向传输，如图 8.3（c）所示。

4．串行通信协议

通信协议是指单片机之间进行信息传输时的一些约定，包括通信方式、波特率、双机之间握手信号的约定等。为了保证单片机之间能准确、可靠地通信，相互之间必须遵循统一的通信协议，在通信之前一定要设置好。

串行通信的格式及约定（如同步方式、通信速率、数据块格式、信号电平等）不同，由此形成了多种不同的串行通信的协议与接口标准。其中常见的有通用异步收发器（UART）、通用串行总线（USB）、$I^2C$ 总线、CAN 总线、SPI 总线，以及 RS-485、RS-232C、RS-449、RS422A 标准等。

通用异步收发器 UART（Universal Asynchronous Receiver/Transmitter）是串行接口的核心部件。同步通信的接口电路称为 USRT（Universal Sychronous Receiver/Transmitter），异步和同步通信共用的接口电路称为 USART（Universal Sychronous Asychronous Receiver/Transmitter）。

注意：单片机的对外通信通常采用全双工的串行异步通信。

8.1.1.2　串行通信接口标准 RS-232C

在满足约定的波特率、工作方式和特殊功能寄存器的设定之外，串行通信的双方必须采用相同的通信协议和相同的接口标准才能进行正常的通信。由于不同串行接口的信号线定义、电器规格等特性不同，因此要使这些设备能够互相连接，需要统一的串行接口。RS-232C 为比较常用的串行通信接口标准。

RS-232C 接口标准的全称是 EIARS232C 标准，其中 EIA（Electronic Industry

Association）代表美国电子工业协会，RS（Recommended Standard）代表 EIA 的“推荐标准”，232 为标志号。

RS-232C 定义了计算机系统的一些数据终端设备（DTE）和数据电路终接设备（DCE）之间的物理接口标准。例如，CRT、打印机与 CPU 的通信大都采用 RS-232C 接口，51 单片机与计算机的通信也采用这种类型的接口。由于 51 单片机本身有一个全双工的串行接口，因此该系列单片机使用 RS-232C 串行接口总线非常方便。

通常的标准串行接口都要满足可靠传输时的最大通信速度和传送距离指标，但这两个指标具有相关性，适当降低传输速度，可以提高通信距离。RS-232C 串行接口总线适用于设备之间的通信距离不大于 15 m，传输速率最大为 20 kb/s 的设备之间通信。

### 1. RS-232C 信息格式标准

RS-232C 采用串行格式。其标准规定：信息的开始为起始位，信息的结束为停止位；信息本身可以是 5、6、7、8 位再加一个奇偶校验位。如果两个信息之间无信息，则写 1，表示空，如图 8.4 所示。

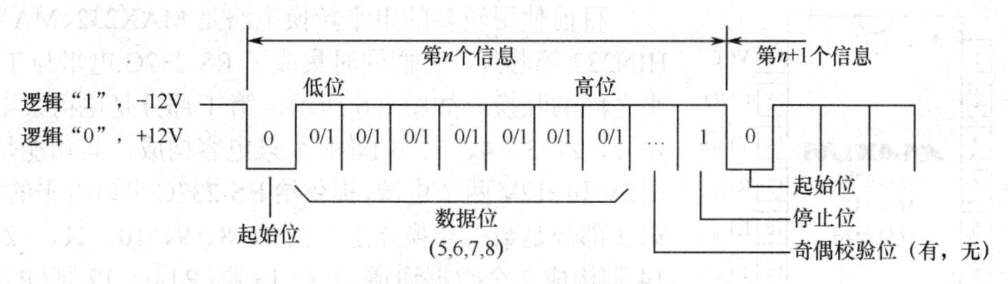


图 8.4 RS-232C 信息格式

### 2. RS-232C 引脚定义

RS-232C 接口规定使用 25 针“D”型口连接器，连接器的尺寸及每个插针的排列位置都有明确的定义。在微型计算机通信中，常常使用的有 9 根信号引脚，所以常用 9 针“D”型接口（DB9）连接器替代 25 针连接器。DB9 型连接器引脚定义如图 8.5 所示。RS-232C 标准接口的主要引脚定义如表 8.1 所示。

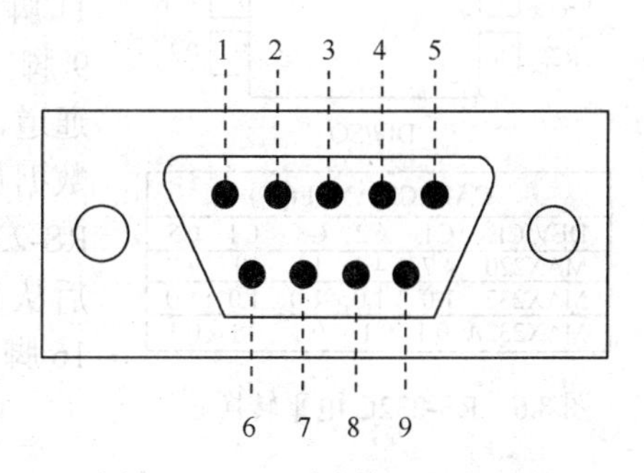


图 8.5 DB9 型连接器引脚定义

表 8.1 RS-232C 标准接口的主要引脚定义

| 插针序号 | 信号名称 | 功　能 | 插针序号 | 信号名称 | 功　能 |
|---|---|---|---|---|---|
| 1 | PGND | 保护接地 | 6（6） | DSR | DCE 就绪（数据建立就绪） |
| 2（3） | TXD | 发送数据（串行输出） | 7（5） | SGND | 信号接地 |
| 3（2） | RXD | 接收数据（串行输入） | 8（1） | DCD | 载波检测 |
| 4（7） | RTS | 请求发送 RTS（输出） | 20（4） | DRT | DTE 就绪（数据终端准备就绪） |
| 5（8） | CTS | 消除发送 CTS（输入） | 22（9） | RI | 振铃指示 |

注：插针序号（ ）内为 9 针非标准连接器的引脚号。

在最简单的全双工系统中，仅用发送数据、接收数据和信号地三根线就可以实现数据的串行通信。对于 51 单片机，利用其 RXD（串行数据接收端）线、TXD（串行数据发送端）线和一根地线，就可以构成符合 RS-232C 接口标准的全双工通信接口。

### 3．RS-232C 电器特性

RS-232C 采用单端连接方式，所以接口电路采用一条信号地线。由于通过地线的串音干扰大，为了提高该标准的抗干扰能力，规定了较高的信号电平。标准规定驱动器的输出电压为±5V～±15V，接收器的输入门限电压为−3V～+3V。

RS-232C 标准规定信号电平采用负逻辑，规定逻辑“1”为−5V～−15V，负载端要小于−3V，一般选用−12V。规定逻辑“0”为+5V～+15V，负载端要大于+3V，一般选用+12V。它要求电平与 TTL 电平不兼容。因此，当计算机通过 RS-232C 与外设进行通信时，必须经过相应的电平转换电路。MC1488 和 MC1489 芯片可以实现这种功能。

MC1488 是总线驱动器（发送器），内部有 3 个与非门和 1 个反相器，可将输入的 TTL 电平转换为 RS-232C 标准电平；MC1489 是总线接收器，内部有 4 个反相器，可将 RS-232C 电平转换为 TTL 电平。

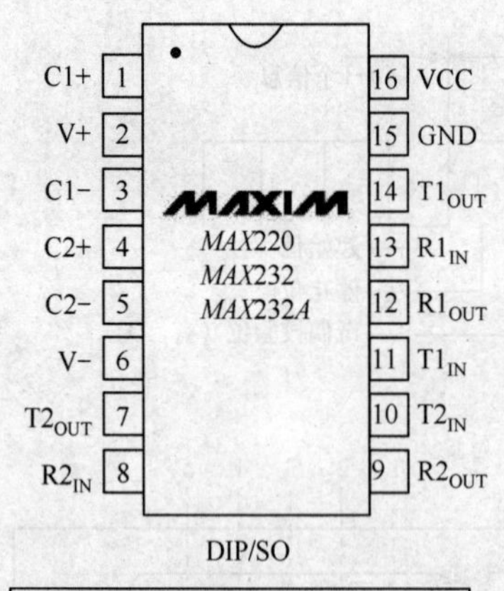


| CAPACITANCE(μF) | | | | | |
|---|---|---|---|---|---|
| DEVICE | C1 | C2 | C3 | C4 | C5 |
| MAX220 | 4.7 | 4.7 | 10 | 10 | 4.7 |
| MAX232 | 1.0 | 1.0 | 1.0 | 1.0 | 1.0 |
| MAX232A | 0.1 | 0.1 | 0.1 | 0.1 | 0.1 |

图 8.6　RS-232C 电平转换芯片

目前使用较多的电平转换电路是 MAX232、MAX202、HIN232 等芯片，它们同时集成了 RS-232C 电平与 TTL 电平之间的互换。如图 8.6 所示，第 1 部分是电荷泵电路，由 1、2、3、4、5、6 脚和 4 只电容构成，其功能是产生+12V 和−12V 两个电源，提供给 RS-232C 串口电平的需要；第 2 部分是数据转换通道，由 7、8、9、10、11、12、13、14 脚构成 2 个数据通道，其中 13 脚（$R1_{IN}$）、12 脚（$R1_{OUT}$）、11 脚（$T1_{IN}$）、14 脚（$T1_{OUT}$）为第 1 数据通道，8 脚（$R2_{IN}$）、9 脚（$R2_{OUT}$）、10 脚（$T2_{IN}$）、7 脚（$T2_{OUT}$）为第 2 数据通道，TTL/CMOS 数据从 $T1_{IN}$、$T2_{IN}$ 输入转换成 RS-232C 数据从 $T1_{OUT}$、$T2_{OUT}$ 送到计算机 DB9 插头，DB9 插头的 RS-232C 数据从 $R1_{IN}$、$R2_{IN}$ 输入转换成 TTL/CMOS 数据后从 $R1_{OUT}$、$R2_{OUT}$ 输出；第 3 部分是供电，15 脚 GND、16 脚 VCC（+5V）。

由 MAX232 组成的通信接口电路如图 8.7 所示。

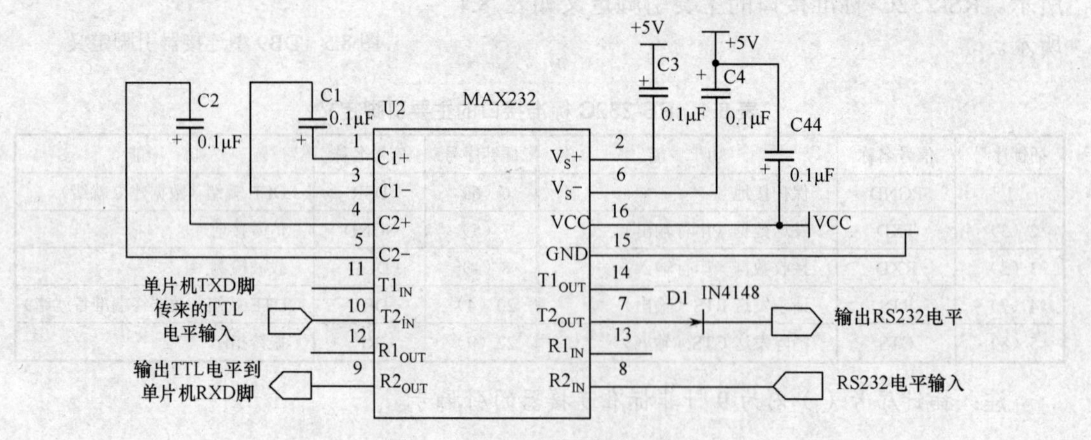


图 8.7　MAX232 通信接口电路

注意：单片机在与其他 CPU（包括单片机）系统、上位机或者计算机进行通信时大都采用 RS-232C 通信标准，RS-232C 标准采用负逻辑电平，所以通信时要用相应的 232 转换芯片完成电平转换。

知识深入

## 8.1.2　MCS-51 单片机串行口工作原理

51 单片机内部有一个可编程的全双工的异步串行通信接口，它通过数据接收引脚 RXD（P3.0）和数据发送引脚 TXD（P3.1）与外设进行串行通信，可以同时发送和接收数据。这个串行口既可以实现异步通信，又可以用于网络通信，还可以作为同步移位寄存器使用。其帧格式有 8 位、10 位和 11 位，并能设置各种波特率。

### 1. 串行口内部结构

51 单片机内部有两个独立的接收、发送缓冲器 SBUF，SBUF 属于特殊功能寄存器。发送缓冲器只能写入不能读出，接收缓冲器只能读出不能写入，二者共用一个字节地址（99H）。51 单片机串行口的结构如图 8.8 所示。

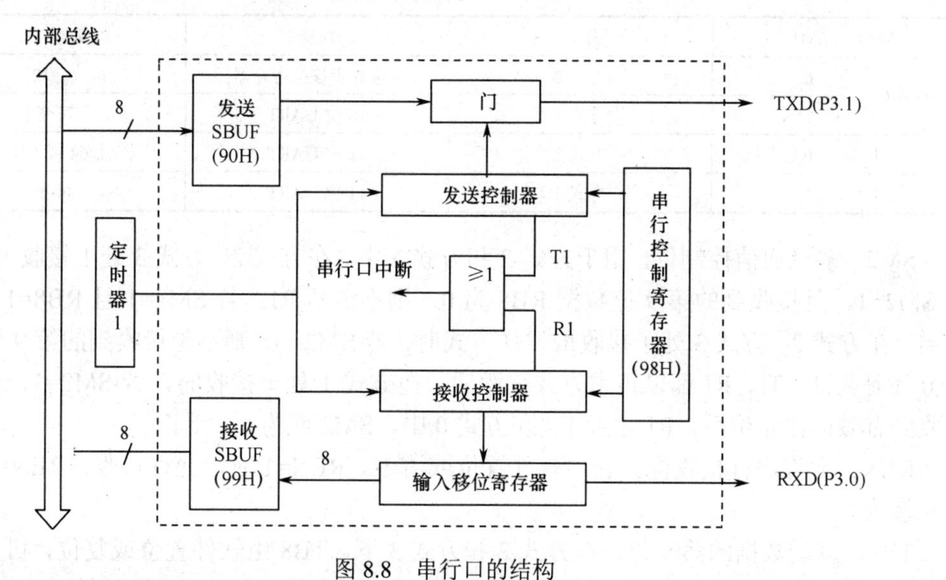


图 8.8　串行口的结构

如图 8.8 所示，与串行口有关的特殊功能寄存器为 SBUF、SCON、PCON，下面对它们分别进行讨论。

（1）串行口数据缓冲器 SBUF。

SBUF 是 1 个特殊功能寄存器，有 2 个在物理上独立的接收缓冲器与发送缓冲器。发送缓冲器只能写入不能读出，写入 SBUF 的数据存储在发送缓冲器中，用于串行发送；接收缓冲器只能读出不能写入。2 个缓冲器共用 1 个地址 99H，通过对 SBUF 的读、写指令来区别是对接收缓冲器还是发送缓冲器进行操作。接收或发送数据，是通过串行口对外的

2条独立收发信号线RXD（P3.0）、TXD（P3.1）来实现的。

发送时，只需将发送数据输入SBUF，CPU将自动启动和完成串行数据的发送：

SBUF=0xFF；//启动一次数据发送，可向SBUF再发送下一个数

接收时，CPU将自动把接收到的数据存入SBUF，用户只需从SBUF中读出接收数据：

P1=SBUF；//完成一次数据接收，SBUF可再接收下一个数

注意：单片机的SBUF缓冲器有接收和发送功能，但它只是一个缓冲器，只有一个地址。

（2）串行口控制寄存器SCON。

SCON用来控制串行口的工作方式和状态，字节地址为98H，可以位寻址，位地址为9FH～98H。单片机复位时，SCON的所有位全为0。SCON的各位定义如图8.9所示。

| SCON | 9FH | 9EH | 9DH | 9CH | 9BH | 9AH | 99H | 98H |
|---|---|---|---|---|---|---|---|---|
| | SM0 | SM1 | SM2 | REN | TB8 | RB8 | TI | RI |

图8.9 SCON的各位定义

SM0、SM1：串行口方式选择位，其定义如表8.2所示。

表8.2 串行口方式的定义

| SM0 | SM1 | 工作方式 | 功能 | 波特率 |
|---|---|---|---|---|
| 0 | 0 | 方式0 | 8位同步移位寄存器 | $f_{osc}/12$ |
| 0 | 1 | 方式1 | 10位UART | 可变 |
| 1 | 0 | 方式2 | 11位UART | $f_{osc}/64$ 或 $f_{osc}/32$ |
| 1 | 1 | 方式3 | 11位UART | 可变 |

SM2：多机通信控制位，用于方式2和方式3中。在方式2、方式3处于接收方式时，若SM2=1，且接收到的第9位数据RB8为0，则不激活RI；若SM2=1且RB8=1，则置RI=1。在方式2、方式3处于接收或发送方式时，若SM2=0，则不论接收到的第9位RB8为0还是为1，TI、RI都以正常方式被激活。在方式1处于接收时，若SM2=1，则只有当收到有效的停止位后，RI才置1。在方式0中，SM2应为0。

REN：允许串行接收位。它由软件置位或清零。REN=1时，允许接收；REN=0时，禁止接收。

TB8：发送数据的第9位。在方式2和方式3下，TB8由软件置位或复位，可用做奇偶校验位。在多机通信中，TB8可作为区别地址帧或数据帧的标志位：地址帧时TB8为1；数据帧时TB8为0。

RB8：接收数据的第9位。功能同TB8，在方式2和方式3中，RB8是第9位接收数据。

TI：发送中断标志位。在方式0下，发送完8位数据后，TI由硬件置位；在其他方式中，TI在发送停止位之初由硬件置位。TI是发送完一帧数据的标志，可以用指令查询是否发送结束。TI=1时，也可向CPU申请中断，响应中断后，必须由软件清除TI。

RI：接收中断标志位。在方式0下，接收完8位数据后，RI由硬件置位；在其他方

式中，RI 在接收停止位的中间由硬件置位。同 TI 一样，也可以通过指令查询是否接收完一帧数据。RI=1 时，也可申请中断，响应中断后，必须由软件清除 RI。

**注意：** 接收/发送数据时，无论是否采用中断方式工作，每接收/发送一个数据都必须用指令对 RI/TI 清 0，以备下一次接收/发送数据。

（3）电源及波特率选择寄存器 PCON。

PCON 主要是为 CHMOS 型单片机的电源控制而设置的专用寄存器，不可以位寻址，字节地址为 87H，如图 8.10 所示。在 HMOS 的 8051 单片机中，PCON 除了最高位以外，其他位都是虚设的。

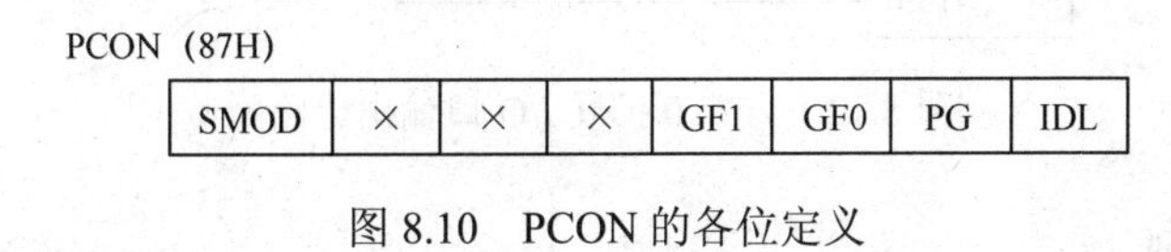


图 8.10　PCON 的各位定义

与串行通信有关的只有 SMOD 位。SMOD 为波特率选择位。在方式 1、方式 2 和方式 3 下，串行通信的波特率与 SMOD 有关。当 SMOD=1 时，通信波特率乘 2；当 SMOD=0 时，波特率不变。系统复位时，SMOD=0。其他各位为掉电方式控制位，在此不再赘述。

### 2．串行口工作方式

51 单片机的串行口有 4 种工作方式，分别是方式 0、方式 1、方式 2 和方式 3，这些工作方式由 SCON 中的 SM0、SM1 两位编码决定。

（1）方式 0。

在方式 0 下，串行口作为同步移位寄存器使用。移位数据的发送和接收以 8 位数据为一帧，不设起始位和停止位，无论输入/输出，均低位在前高位在后，每个机器周期发送或接收一位数据，所以方式 0 的波特率是固定的，为晶振频率的 1/12。波特率计算公式为：

$$波特率=f_{osc}/12$$

式中，$f_{osc}$ 为晶振频率。若 $f_{osc}$=12MHz，则波特率=$f_{osc}$/12=12/12=1Mb/s。

在方式 0 下串行数据从 RXD（P3.0）端输入或输出，同步移位脉冲由 TXD（P3.1）送出。这种方式常用于扩展 I/O 口。串行口扩展并行输出口时，要有“串入并出”的移位寄存器配合（如 74LS164 或 CD4094）；串行口扩展并行输入口时，要有“并入串出”的移位寄存器配合（如 74LS165）。

① 方式 0 用于扩展输出口。

方式 0 的输出时序如图 8.11 所示。

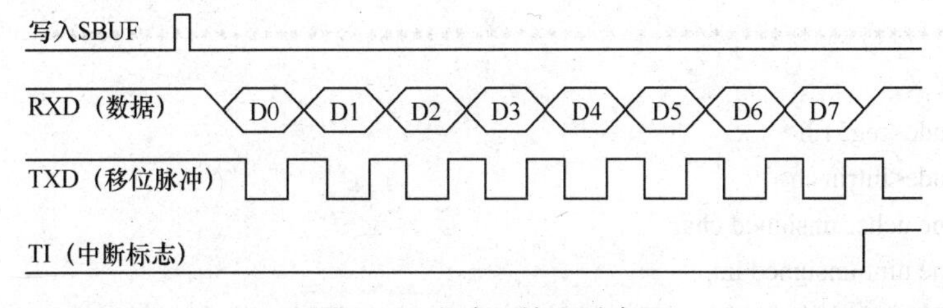


图 8.11　方式 0 输出时序

方式 0 用于扩展 I/O 口输出的电路如图 8.12 所示。当一个数据写入串行口发送缓冲器 SBUF 时，串行口 TXD 引脚输出的移位脉冲将 8 位数据以 $f_{osc}/12$ 的波特率从 RXD 引脚输出，数据（低位在前）逐位移入 74LS164。发送完置中断标志 TI 为 1，请求中断。在再次发送数据之前，必须由软件将 TI 清 0。74LS164 为串入并出移位寄存器（SIPO）。

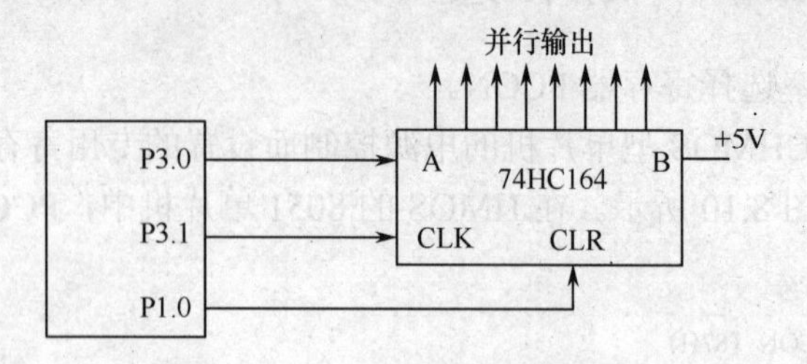


图 8.12　方式 0 扩展 I/O 口输出电路

## 操作实例

应用实例 1：用单片机的串行口外接 74LS164，控制 8 只 LED 灯滚动显示，用 Proteus 绘制电路如图 8.13 所示。

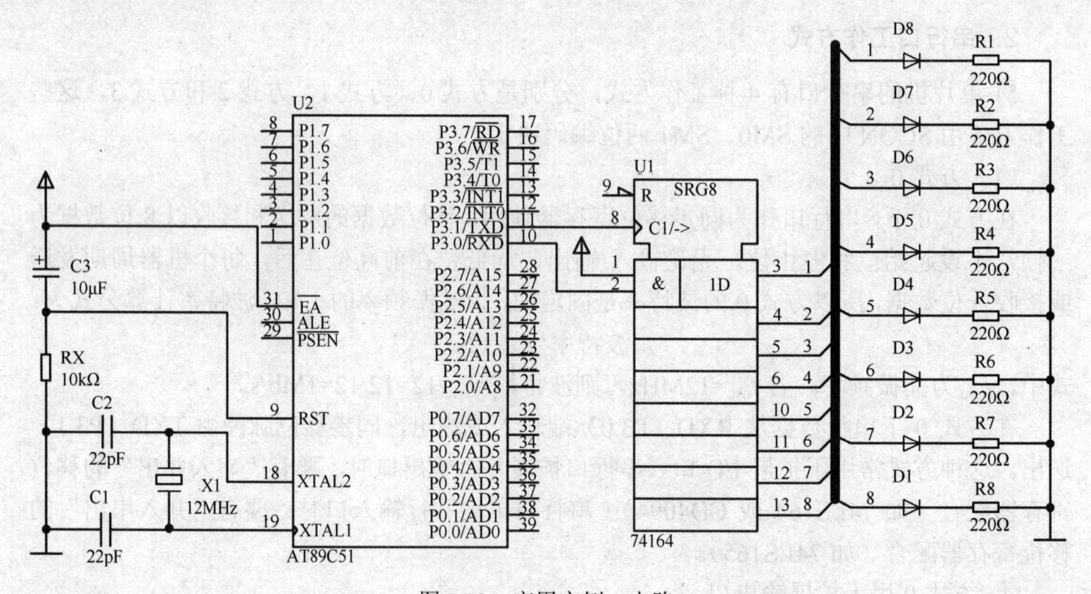


图 8.13　应用实例 1 电路

源程序如下：

```
//***********************************************************
//宏定义
#include<reg51.h>
#include<intrins.h>
#define uchar unsigned char
#define uint unsigned int
//***********************************************************
//延时 1ms 子程序
```

```
void DelayMS（uint x）
{ uchar i;
   while(x--)   for(i=0; i<120; i++);
}
//***************************************************************
//控制 8 只 LED 灯滚动显示主程序
void main( )
{    uchar c = 0x80;
     SCON = 0x00;          //串行模式 0
     TI = 0;               //TI 清 0
     while(1)
       { c = _crol_(c,1);
        SBUF = c;
        while(TI = = 0);
        TI = 0;
        DelayMS(400);
       }
}
//***************************************************************
```

程序中由于调用了循环左移函数，所以包含了 intrins.h 库函数。本例是要将 P3.0（RXD）和 P3.1（TXD）扩展为 8 位的输出口，所以串行口工作在方式 0，作为同步移位寄存器使用，寄存器 SCON 设置为 0x00，发送中断标志位 TI 置 1，将要发送的数据初始设置为 0x80。将发送数据每循环左移一位就向 SBUF 写入一次，单片机就会将 SBUF 中的数据通过 TXD 发送至 74LS164，数据在 74LS164 中进行串并转换之后以并行数据的方式传送给 D1～D8 的 8 只 LED 发光二极管，每 8 位数据传送完单片机会自动将 TI 置 1，所以这时需要将 TI 清 0 一次。这样，D1～D8 就会以 400ms 的间隔轮流点亮。

② 方式 0 用于扩展输入口。

方式 0 的输入时序如图 8.14 所示。

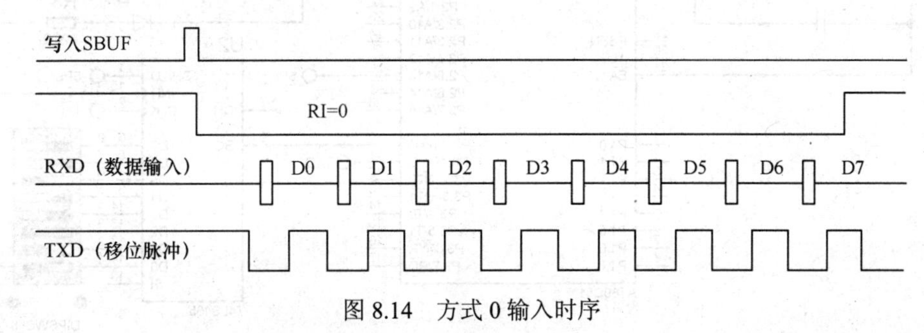


图 8.14　方式 0 输入时序

方式 0 用于扩展 I/O 口输入的电路如图 8.15 所示。在满足 REN=1 和 RI=0 的条件下，串行口即开始从 RXD 端以 $f_{osc}/12$ 的波特率输入数据（低位在前），当接收完 8 位数据后，置中断标志 RI 为 1，请求中断。在再次接收数据之前，必须由软件清 RI 为 0。其中，74LS165 为并入串出移位寄存器（PISO）。

串行控制寄存器 SCON 中的 TB8 和 RB8 在方式 0 中未被使用。值得注意的是，每当发送或接收完 8 位数据后，硬件会自动置 TI 或 RI 为 1，CPU 响应 TI 或 RI 中断后，必须由用户用软件清 0。方式 0 时，SM2 必须为 0。

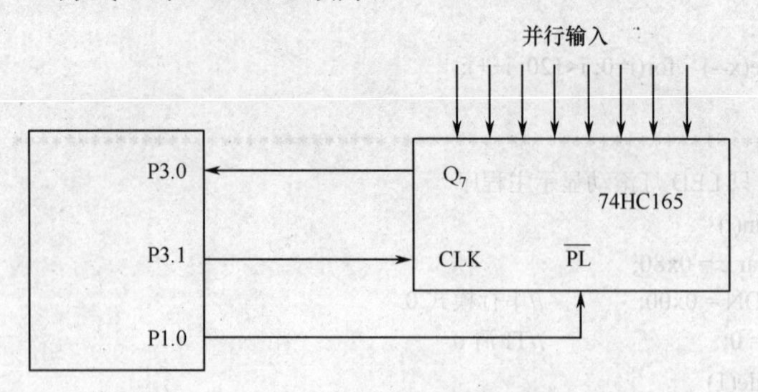


图 8.15　方式 0 扩展 I/O 口输入电路

## 操作实例

应用实例 2：用 74LS165 连接的 8 位拨码开关从单片机串行口输入控制 8 只 LED 灯的显示，用 Proteus 绘制电路如图 8.16 所示。

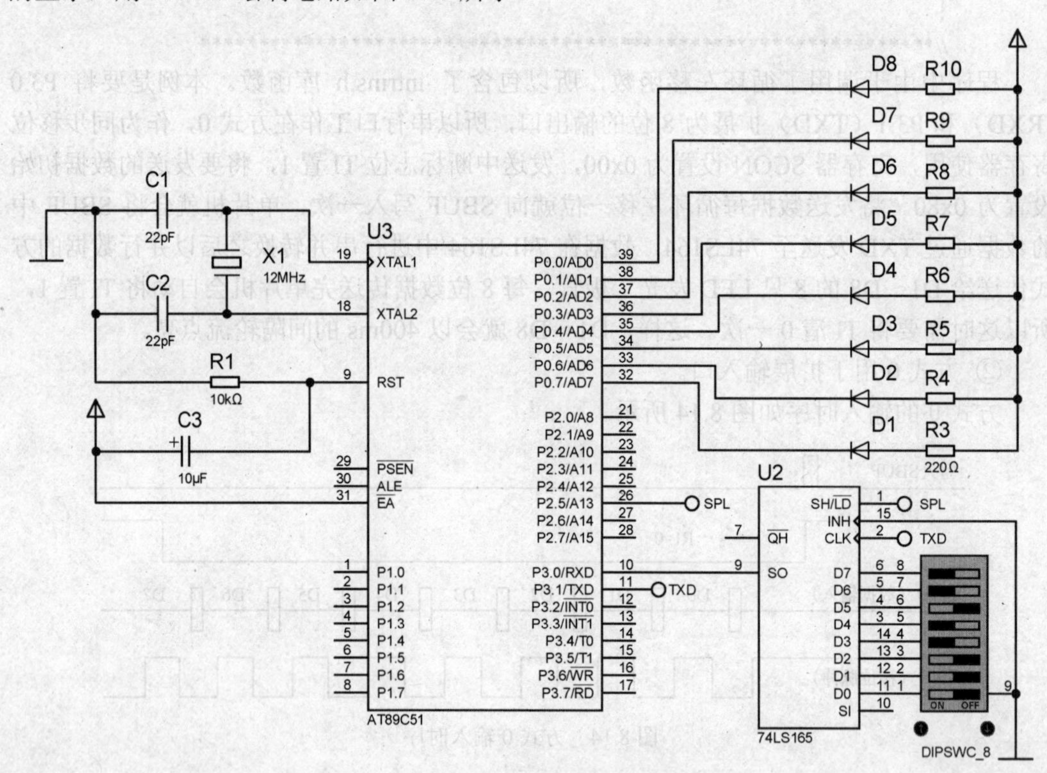


图 8.16　应用实例 2 电路

源程序如下：

```
//******************************************************************
#include<reg51.h>
#include<intrins.h>
#include<stdio.h>
```

```
#define uchar unsigned char
#define uint unsigned int
sbit  SPL = P2^5;
//************************************************************
//延时 1ms 子程序
void DelayMS（uint x）
{ uchar i;
   while(x--)      for(i=0; i<120; i++);
}
//************************************************************
//8 位拨码开关控制 8 只 LED 灯显示主程序
void main( )
{  SCON = 0x10;              //串行模式 0，允许串口接收
    while(1)
   { SPL = 0;                //置数，读入并行输入 8 位数据
     SPL = 1;                //移位，输入封锁，串行转换
     While (RI = =0);        //未收到等待
     RI = 0;
     P0 = SBUF;
     DelayMS(20);
    }
}
//************************************************************
```

本实例是要将 P3.0（RXD）和 P3.1（TXD）扩展为 8 位的并行输入口，所以串行口工作在方式 0 同步移位寄存器输入方式，寄存器 SCON 设置为 0x10，允许串口接收。74LS165 的 D0～D7 连接着 8 位拨码开关，开关的设置状态决定了 D0～D7 的数值，如图中所示为 0xD8（11011000），0xD8 在 74LS165 中转换为串行数据传送给单片机的 RXD。当接收中断标志位 RI 为 1 时，单片机的 RXD 就接收到了 8 位串行数据，将数据写入 SBUF，同时将 RI 清 0 等待下一次接收，并将 SBUF 接收的数据传送给 P0 口。P0 口连接着 8 只 LED 发光二极管，当 P0 数据为 0xD8 时，发光二极管 D1、D2、D4 和 D7 就会点亮。可见通过单片机串口 8 位拨码开关能够控制 8 只 LED 发光二极管的点亮，也就是说明单片机的串行口扩展为了 8 位并行输入口。

**注意：** *单片机的串行口的工作方式 0 通常用来作为移位寄存器或扩展 I/O 口使用。*

（2）方式 1。

串行口定义为方式 1 时，为波特率可调的 10 位数据的异步通信口 UART。TXD 为数据发送引脚，RXD 为数据接收引脚，传送一帧数据的格式如图 8.17 所示。一帧信息包括 1 位起始位、8 位数据位和 1 位停止位。

① 发送。

发送时，数据从 TXD 端输出，当数据写入发送缓冲器 SBUF 后，启动发送器发送。当发送完一帧数据后，置中断标志 TI 为 1。方式 1 所传送的波特率取决于定时器 1 的溢出率和 PCON 中的 SMOD 位。方式 1 的发送时序如图 8.18 所示。

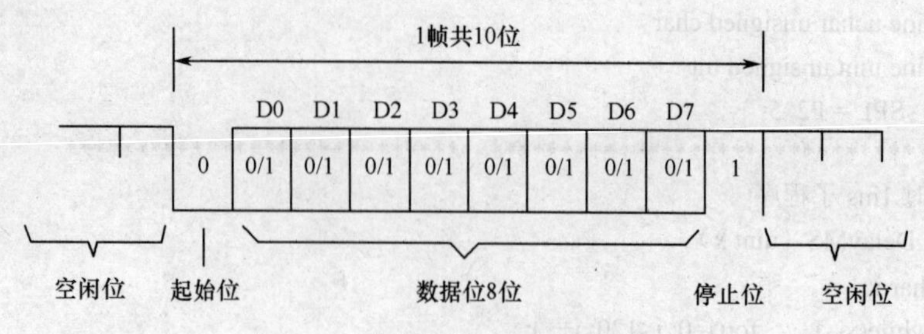


图 8.17 串行口方式 1 的数据格式

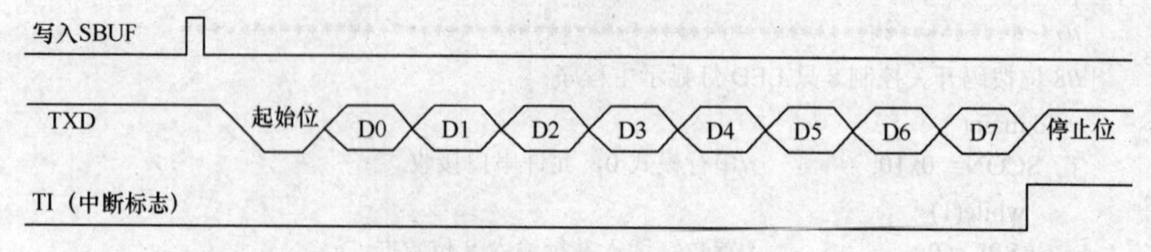


图 8.18 方式 1 的发送时序

② 接收。

接收时，由 REN 置 1，允许接收，串行口采样 RXD，当采样由 1 到 0 跳变时，确认是起始位 0，开始接收一帧数据。当 RI=0，且停止位为 1 或 SM2=0 时，停止位进入 RB8 位，同时置中断标志 RI，否则信息将丢失。因此，采用方式 1 接收时，应先用软件清除 RI 或 SM2 标志。方式 1 的接收时序如图 8.19 所示。

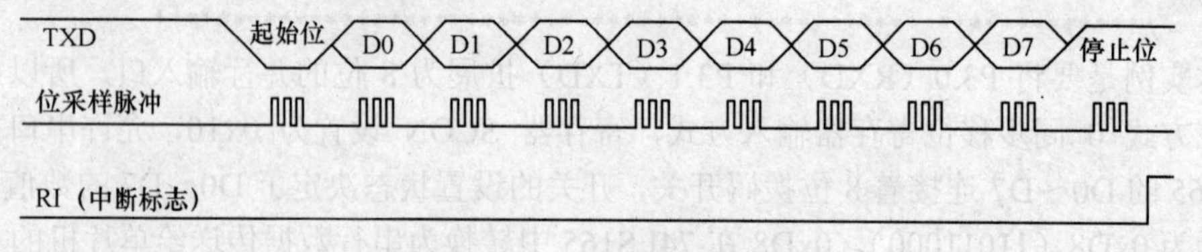


图 8.19 方式 1 的接收时序

③ 波特率。

方式 1 波特率可变，由定时/计数器 T1 的计数溢出率来决定：

$$波特率=2^{SMOD}\times（T1溢出率）/32$$

式中，SMOD 为 PCON 寄存器中最高位的值，SMOD=1 表示波特率倍增。定时器 T1 的溢出率就是溢出周期的倒数，与所采用的定时器工作方式有关。当定时器 T1 作为波特率发生器使用时，通常选用工作方式 2，这是由于方式 2 可以自动装入定时时间常数（即计数初值），可避免通过程序反复装入初值所引起的定时误差，使波特率更加稳定，因此，这是一种最常用的方法。

设计数初始值为 $X$，那么每过 $256-X$ 个机器周期，定时器溢出一次。为了避免因溢出而产生不必要的中断，此时应禁止 T1 中断。溢出周期为：

$$12/f_{osc}\times（256-X）$$

溢出率为溢出周期的倒数，所以：

$$波特率=2^{SMOD}/32\times f_{osc}/（12\times（256-X））$$

在实际使用时，通常是先确定波特率，再计算定时器 T1 的计数初值（在这种场合称其为时间常数）：

$$X = 256 - 2^{SMOD}/32 \times f_{osc}/（12\times波特率）$$

然后进行定时器的初始化。

定时器 T1 产生的常用波特率如表 8.3 所示。

表 8.3 定时器 1 产生的常用波特率

| 波特率（b/s） | $f_{soc}$（MHz） | SMOD | 定时器 1 | | |
|---|---|---|---|---|---|
| | | | C/$\overline{T}$ | 模式 | 初始值 |
| 方式 0∶1M | 12 | × | × | × | × |
| 方式 2∶375k | 12 | 1 | × | × | × |
| 方式 1、3∶62.5k | 12 | 1 | 0 | 2 | FFH |
| 19.2k | 11.0592 | 1 | 0 | 2 | FDH |
| 9.6k | 11.0592 | 0 | 0 | 2 | FDH |
| 4.8k | 11.0592 | 0 | 0 | 2 | FAH |
| 2.4k | 11.0592 | 0 | 0 | 2 | F4H |
| 1.2k | 11.0592 | 0 | 0 | 2 | E8H |
| 137.5k | 11.986 | 0 | 0 | 2 | 1DH |
| 110 | 6 | 0 | 0 | 2 | 72H |
| 110 | 12 | 0 | 0 | 1 | FEEBH |

（3）方式 2。

在方式 2 下，串行口为 11 位 UART，传送波特率与 SMOD 有关。发送或接收的一帧数据包括 1 位起始位 0，9 位数据位（含 1 位附加的第 9 位，发送时为 SCON 中的 TB8，接收时为 RB8），1 位停止位，数据格式如图 8.20 所示。

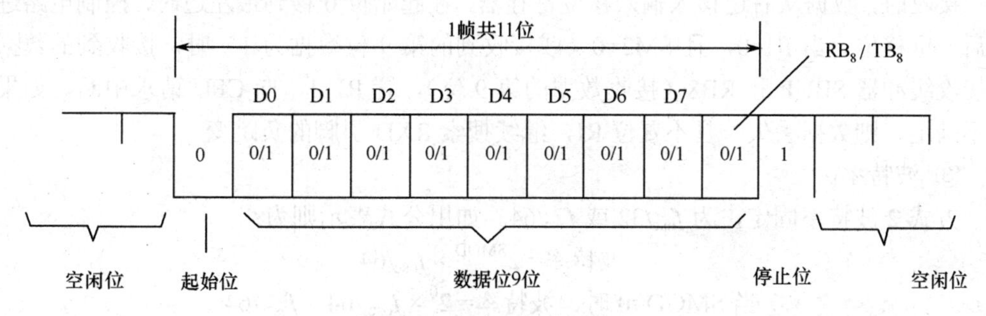


图 8.20 方式 2 的数据格式

可编程位 TB8/RB8 既可作为奇偶校验位用，也可作为控制位（多机通信）用，其功能由用户确定。

**注意：单片机与其他 CPU 进行双机通信时常常采用串行口的工作方式 1。**

① 数据输出。

CPU 向 SBUF 写入数据时，就启动了串行口的发送过程。SCON 中的 TB8 写入输出移位寄存器的第 9 位，8 位装入 SBUF。方式 2 的发送时序如图 8.21 所示。

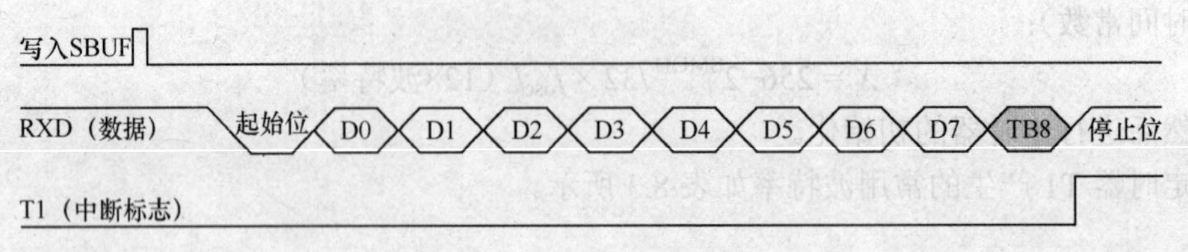


图 8.21　方式 2 的发送时序

发送开始时，先把起始位 0 输出到 TXD 引脚，然后发送移位寄存器的输出位（D0）到 TXD 引脚。每一位移位脉冲都使输出移位寄存器的各位右移一位，并由 TXD 引脚输出。

第一次移位时，停止位 1 移入输出移位寄存器的第 9 位上，以后每次移位，左边都移入 0。当停止位移至输出位时，左边其余位全为 0，检测电路检测到这一条件时，使控制电路进行最后一次移位，并置 TI=1，向 CPU 请求中断。

② 数据输入。

软件使接收允许位 REN 为 1 后，接收器就以所选频率的 16 倍速率开始采样 RXD 引脚的电平状态，当检测到 RXD 引脚发生负跳变时，说明起始位有效，将其移入输入移位寄存器，开始接收这一帧数据。方式 2 的接收时序如图 8.22 所示。

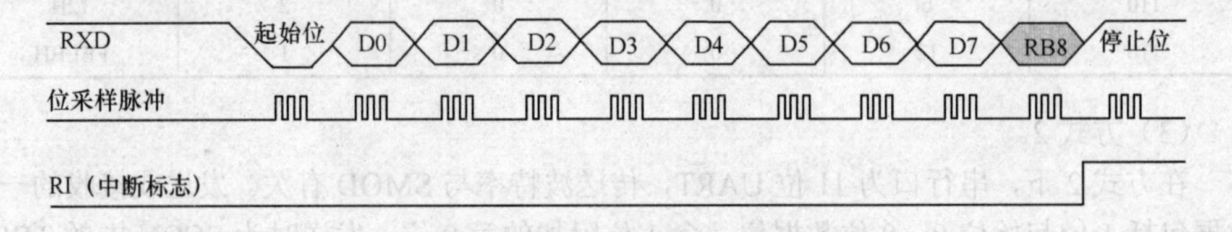


图 8.22　方式 2 的接收时序

接收时，数据从右边移入输入移位寄存器，在起始位 0 移到最左边时，控制电路进行最后一位移位。当 RI=0，且 SM2=0（或接收到的第 9 位数据为 1）时，接收到的数据装入接收缓冲器 SBUF 和 RB8（接收数据的第 9 位），置 RI=1，向 CPU 请求中断。如果条件不满足，则数据丢失，且不置位 RI，继续搜索 RXD 引脚的负跳变。

③ 波特率。

方式 2 波特率固定，为 $f_{osc}/32$ 或 $f_{osc}/64$。如用公式表示则为：

$$波特率=2^{SMOD}\times f_{osc}/64$$

$$当\ SMOD=0\ 时，波特率=2^{0}\times f_{osc}/64=f_{osc}/64$$

$$当\ SMOD=1\ 时，波特率=2^{1}\times f_{osc}/64=f_{osc}/32$$

（4）方式 3。

方式 3 为波特率可变的 11 位 UART 通信方式。除了波特率不同以外，方式 3 和方式 2 的工作过程完全相同。方式 3 的波特率与方式 1 完全相同。

**注意：** 单片机进行多机通信时常常采用串行口的工作方式 2 或工作方式 3。

（5）串行口四种工作方式的比较。

四种工作方式的区别主要表现在帧格式及波特率两个方面，如表 8.4 所示。

表 8.4 串行口四种工作方式的比较

| 工作方式 | 帧 格 式 | 波 特 率 |
|---|---|---|
| 方式 0 | 8 位全是数据位，没有起始位、停止位 | 固定，每个机器周期传送一位数据 |
| 方式 1 | 10 位，其中 1 位起始位，8 位数据位，1 位停止位 | 不固定，取决于 T1 溢出率和 SMOD |
| 方式 2 | 11 位，其中 1 位起始位，9 位数据位，1 位停止位 | 固定，即 $2^{SMOD} \times f_{osc}/64$ |
| 方式 3 | 同方式 2 | 同方式 1 |

### 3. 串行口的初始化

51 单片机的串行口需初始化后才能完成数据的输入、输出。其初始化过程如下：

（1）按选定串行口的工作方式设定 SCON 的 SM0、SM1 两位二进制编码。

（2）对于工作方式 2 或 3，应根据需要在 TB8 中写入待发送的第 9 位数据。

（3）若选定的工作方式不是方式 0，还需设定接收/发送的波特率。

（4）设定 SMOD 的状态，以控制波特率是否加倍。

（5）若选定工作方式 1 或 3，则应对定时器 T1 进行初始化以设定其溢出率。

例：51 单片机的晶振频率为 11.0592MHz，波特率为 1200b/s，要求串口发送数据为 8 位，编写它的初始化程序。

解：假设 SMOD=1，T1 工作在方式 2。初始化程序如下：

```
SCON=0x50;   //串口工作于方式 1
PCON=0x80;   //SMOD=1
TMOD=0x20;   //T1 工作于方式 2 定时方式
TH1=0xD0;    //设置时间常数（根据公式计算得来或查表）
TL1=0xD0;    //自动重装时间常数
TR1=1;       //启动 T1
```

注意：单片机串行口的初始化非常重要，它决定了串行口的工作方式、波特率等重要参数，一定要掌握初始化的方法。

## 8.1.3 单片机之间的双机串行通信的设计

任务准备

### 8.1.3.1 51 单片机之间的通信

#### 1. 双机通信

距离较近的两个 51 单片机系统可以将它们的串行口直接相连，实现双机通信，如图 8.23 所示。

为了增加通信距离，减少通道和电源干扰，可以在通信线路上利用 RS-232C 等标准接口进行双机通信。实用的接口电路如实验板连接方法。

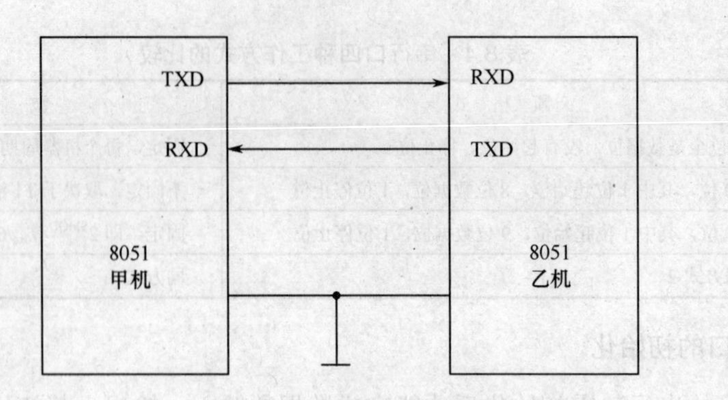


图 8.23 单片机双机通信系统

## 2．多机通信

51 单片机串行口的方式 2 和方式 3 有一个专门的应用领域，即多机通信。所谓多机通信是指一台主机和多台从机之间的通信，构成主从式多机分布通信系统。主机发送的信息可以传输到各个从机，各从机只能向主机发送信息，从机之间不能进行相互通信。如图 8.24 所示为一种多机通信连接示意图。

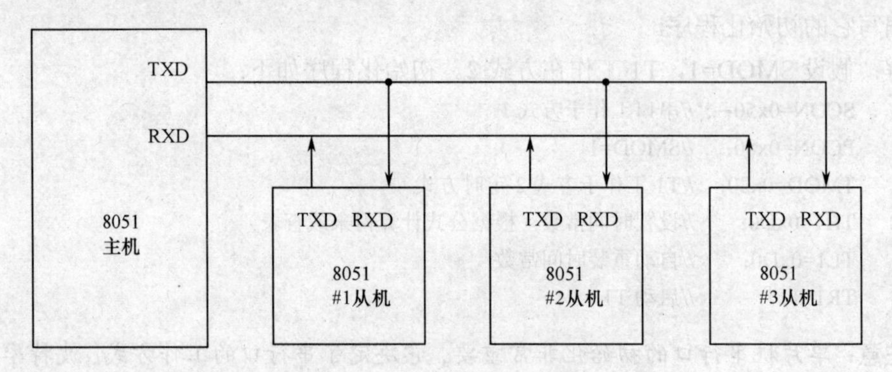


图 8.24 单片机多机通信系统

多机通信的实现，主要是依靠主、从机之间正确设置与判断 SM2 和发送或接收的第 9 位数据（TB8 或 RB8）来完成的。多机通信过程如下：

（1）使所有从机的 SM2 置 1，处于只接收地址帧的状态。

（2）主机发送一帧地址信息，与所需从机联络。主机应置 RB8 为 1，表示发送的是地址。

（3）各从机接收到地址信息后，因 RB8 为 1，置中断标志 RI，向 CPU 申请中断。中断后，将所接收地址与本从机的地址进行比较，对于地址相符的从机，使 SM2 清 0 以接收主机随后发来的所有信息；对于地址不相符的从机，仍保持 SM2 为 1 的状态，对从机随后发送的数据不予接收，直至发送新的地址帧。

（4）主机发送控制命令和数据信息给被寻址的从机。此时，主机置 RB8 为 0，表示发送的是数据或控制命令。对于没选中的从机，因为 SM2=1，RB8=0，所以不会产生中断，不接收主机发送的信息。

### 3. 计算机和单片机之间的通信

单片机具有控制能力强的优点，但不适于做大量的数据处理、查询等。实际应用中常将单片机作为下位机使用，主要实现数据采集、检测与控制等功能。计算机通常作为上位机接收下位机采集的各种数据，并进行数据运算、处理与管理等功能，同时向下位机发出各种指令。通常计算机工作于查询方式，而 51 单片机既可以工作于查询方式，又可以工作于中断方式。因此，实现计算机与用单片机间数据通信是十分重要的。

计算机与单片机之间可以由 RS-232C、RS-422A 或 RS-423 等标准接口相连。

在计算机系统内都装有异步通信适配器，利用它可以实现异步串行通信。该适配器的核心器件是可编程的 Intel 8250 芯片，它使计算机有能力与其他具有标准的 RS-232C 接口的计算机或设备进行通信。而 51 单片机本身具有一个全双工的串行口，因此只要配以电平转换的驱动电路、隔离电路，就可组成一个简单可行的通信接口。同样，计算机和单片机之间的通信也分为双机通信和多机通信。

## 任务操作

### 8.1.3.2 51 单片机双机串行通信设计

单片机系统与外部系统之间，如单片机与单片机、单片机与计算机等之间常采用串行通信方式通信。首先我们来进行 51 单片机与单片机之间的通信设计。

#### 1. 任务要求

要实现 51 单片机之间的双机通信，可以采用两个 51 单片机系统，原理框图如图 8.23 所示。由于甲机和乙机的距离很小，或者就在同一块电路板上，可以将甲机的通信线直接与乙机相连。本任务的主要器件就是 AT89C51 芯片。为了检验通信是否成功，我们要用甲机的按键控制乙机的发光二极管点亮。

任务的具体要求如下：甲机发送数据，乙机接收数据，甲机的 K1 按键通过串口发送信息控制乙机的 LED 灯 D3 和 D4 闪烁：

① 第①次按下 K1 键，甲机发送字符“A”，甲机的 D1 和乙机的 D3 都闪烁；

② 第②次按下 K1 键，甲机发送字符“B”，甲机的 D2 和乙机的 D4 都闪烁；

③ 第③次按下 K1 键，甲机发送字符“C”，甲机的 D1、D2 和乙机的 D3、D4 都闪烁；

④ 第④次按下 K1 键，甲机停止发送，甲机的 D1、D2 和乙机的 D3、D4 都停止闪烁。

#### 2. 任务分析

我们首先要根据任务要求将两机串行口工作的方式和其中的参数设置好。

两机的串行口采用相同的工作方式 1，使用 11.0592MHz 晶体，甲机在本任务中只发送数据，所以甲机的 SCON=0x40，而乙机要求接收数据，所以乙机的 SCON=0x50，定时器 T1 为波特率发生器使用，工作在方式 2，其初值 TH1=TL1=0xFD(253)，PCON=0x00（SMOD=0）。

$$波特率=\frac{2^{SMOD}}{32}\cdot\frac{f_{osc}}{12\times(256-X)}$$

$$=2^0\times11.0592\times10^6/（32\times12\times（256-253））=9600b/s$$

将以上参数设置好之后，就可以设计两机通信的具体程序了。

**注意**：在实际应用中，我们通常是先规定通信时数据传输的波特率，然后设置 SCON 确定工作方式，运用公式计算出定时器 T1 作为波特率发生器的初值。

### 3．任务设计

（1）器件的选择。

按照任务要求，需要两片 AT89C51 单片机，甲机连接一只按键和两只 LED 灯，乙机连接两只 LED 灯。单片机外围的其他必要电路所需器件在这儿就不赘述了。

要用到的器件清单如表 8.5 所列。

表 8.5　双机通信设计器件清单

| 器件名称 | 数量（只） | 器件名称 | 数量（只） |
|---|---|---|---|
| AT89C51 | 2 | 1kΩ 电阻 | 2 |
| 11.0592MHz 晶体 | 2 | 220Ω 电阻 | 4 |
| 22pF 瓷片电容 | 4 | 轻触按键 | 1 |
| 22μF 电解电容 | 2 | 发光二极管 LED | 4 |

（2）硬件原理图设计。

根据任务要求，双机通信的电路如图 8.25 所示（注意：图中省略了两只单片机的时钟和复位电路）。U1 是甲机，其 P1.0 口连接一只接地的按键，P0.0 和 P0.3 分别控制一只发光二极管。U2 是乙机，其 P0.0 和 P0.3 分别控制一只发光二极管。由于两机距离很近，

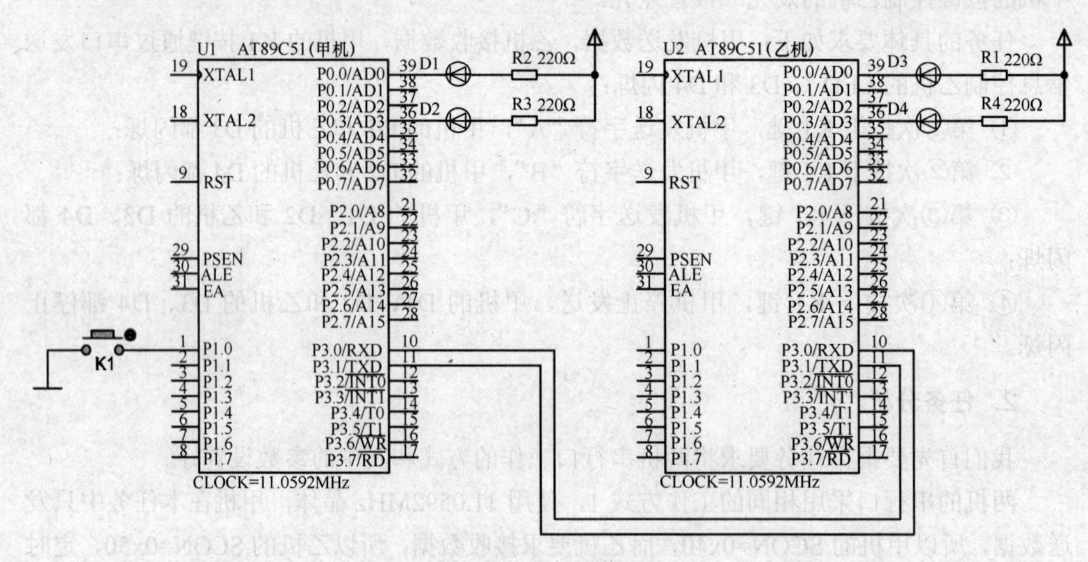

图 8.25　双机通信电路

我们将甲机的 TXD 直接与乙机的 RXD 连接，甲机的 RXD 直接与乙机的 TXD 连接，两机就可以进行通信了。

（3）软件程序设计。

双机工作的软件由甲机发送软件和乙机接收软件组成。

甲机发送源程序：

```
//*************************************************************************
#include<reg51.h>
#define uchar unsigned char
#define uint unsigned int
sbit   K1 = P1^0;
sbit   D1 = P0^0;
sbit   D2 = P0^3;
//*************************************************************************
// 延时 1ms
void Delay（uint x）
{ uchar i;
    while(x--)      for(i=0; i<120; i++);
}
//*************************************************************************
// 向串口发送字符
void putc_to_SerialPort（uchar c）
{   SBUF = c ;
    while (TI = = 0) ;
    TI = 0;
}
//*************************************************************************
void main( )
{   uchar Operation_NO = 0;
    SCON = 0x40;              //串口工作方式 1
    TMOD=0x20;                //T1 工作方式 2
    PCON=0x00;
    TH1=0xFD;                 //波特率 9600
    TL1=0xFD;
    TI= 0;
    TR1=1;
while(1)
    {   if(K1= =0)
            {   while (K1= =0);
                Operation_NO=(Operation_NO+1)%4;
            }
        switch(Operation_NO)
            { case 0:   D1= D2=1; break;
              case 1:   putc_to_SerialPort（'A'）;
                        D1=～ D1;
```

```
                        D2=1;
                        break;
            case 2:  putc_to_SerialPort（'B'）;
                        D2=~D2;
                        D1=1;
                        break;
            case 3:  putc_to_SerialPort（'C'）;
                        D1=~D1;
                        D2=~D2;
                        break;
          }
    Delay(100);
    }
}
//**************************************************************************
```

甲机串口发送数据的程序编写在 putc_to_SerialPort 子函数中，把字符 c 发送给 SBUF，等待 TI 置 1，一个字节发送完成硬件将 TI 置 1，之后将 TI 清 0。主程序首先完成甲机串行口工作方式和定时器 1 工作方式的初始化，TI 清 0，开启 T1，由于要求的四种类型操作是要反复执行的，所以放入 while 无限循环中。K1（P1^0）按键一旦为 0，则表明按键被按下，检测 Operation_NO 的值是几按键就是第几次被按下。Operation_NO 初始化为 0，按键第一次被按下时 Operation_NO 为 1，执行第一种操作：调用 putc_to_SerialPort 子函数，串口发送“A”字符，甲机的 D1 灯闪烁，D2 灯熄灭。Operation_NO 为 2，执行第二种操作：调用 putc_to_SerialPort 子函数，串口发送“B”字符，甲机的 D2 灯闪烁，D1 灯熄灭。Operation_NO 为 3，执行第三种操作：调用 putc_to_SerialPort 子函数，串口发送“C”字符，甲机的 D1 和 D2 灯都闪烁。Operation_NO 为 0 执行第四种操作：甲机的 D1 和 D2 灯都熄灭。甲机的灯设置的与乙机要求一致是为了检验甲机的发送数据和乙机的接收数据是否正确。

乙机接收源程序：

```
//**********************************************************************
#include<reg51.h>
#define uchar unsigned char
#define uint unsigned int
sbit   D1 = P0^0;
sbit   D2 = P0^3;
//**********************************************************************
// 延时 1ms
void Delay（uint x）
{ uchar i;
    while(x--)      for(i=0; i<120; i++);
}
//**********************************************************************
void main( )
```

```
{    SCON = 0x50;
     TMOD=0x20;
     PCON=0x00;
     TH1=0xFD;               //波特率 9600
     TL1=0xFD;
     RI= 0;
     TR1=1;
     D1=D2=1;
     while(1)
       {  if(RI)
              {RI=0;
                switch(SBUF)
                  {   case 'A': D1=~D1;
                                D2=1;
                                break;
                      case 'B': D2=~D2;
                                D1=1;
                                break;
                      case 'C': D1=~D1;
                                D2=~D2;
                                break;

                  }
              }
          else   D1=D2=1;
          Delay(100);
       }
}
//************************************************************************
```

乙机在本任务中是接收数据。首先对乙机的串行口工作方式和定时器 1 工作方式初始化，RI 清 0，开启 T 1，先将乙机的 D4 灯和 D5 灯熄灭。查询 RI 为 1 则表明接收完一字节数据，将 RI 清 0，检查 SBUF 接收的数据是什么。SBUF 为“A”，则乙机的 D3 灯闪烁，D4 灯熄灭；SBUF 为“B”，则乙机的 D4 灯闪烁，D3 灯熄灭；SBUF 为“C”，则乙机的 D3 灯和 D4 灯都闪烁；串行口没有接收到数据则 D3 灯和 D4 灯熄灭。可见操作甲机的按键 K1，乙机的 D3 灯和 D4 灯如果与甲机工作情况一致，则表明乙机通过串行口正确地接收到了甲机发送的数据，两机通信成功。

（4）软硬件联合调试。

将甲机发送程序编译成甲机.hex 文件下载到甲实验板的单片机中，将乙机接收程序编译成乙机.hex 文件下载到乙实验板的单片机中，两机同时通电，按任务要求检验是否通信成功。

**注意：**单片机的双机通信要对两机的串行通信软件分别编写，分清楚其发送和接收过程，不要混淆。单片机发送数据就是向 SBUF 写数据的过程，单片机接收数据就是从 SBUF 读取数据的过程。

# 任务 8.2　单片机与计算机通信系统的设计

## 任务准备

### 8.2.1　SComAssistant V2.1 串口调试助手

我们运用 SComAssistant V2.1 串口调试助手来进行单片机与计算机之间的通信。串口调试助手的使用十分简单，其通信界面如图 8.26 所示。

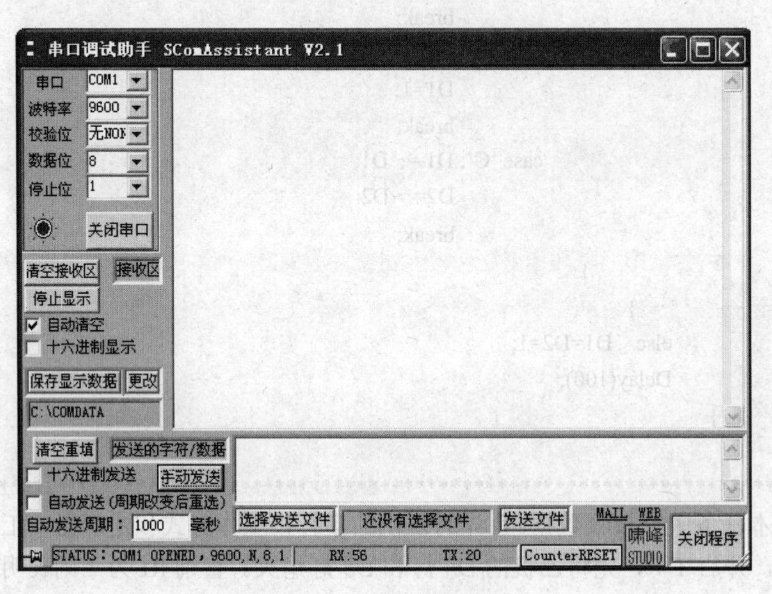


图 8.26　串口调试助手界面

将实验板的串口与计算机连接好，在计算机上打开 SComAssistant V2.1 串口调试助手，设置好所用的端口号、通信速率、是否进行奇偶检验、数据位位数、停止位，通常选择“COM1、9600、NONE、8、1”。之后打开串口，如果想要十六进制数据发送和显示的话，就将“十六进制显示”和“十六进制发送”框前打钩。然后在右下方的小空白框中输入要发送的数据，单击“手动发送”按钮即可将数据发送到实验板。如实验板有数据传送过来则自动接收并显示在右上方的大空白框中。如果选则“自动发送”，则会自动不停地发送数据。

我们也可以用串口调试助手进行两台计算机之间的通信，这时“波特率、校验位、数据位、停止位”要设置一致。如果用串口调试助手进行一台计算机的两个串口之间通信，则“串口”就要设置不同的端口。

## 任务操作

### 8.2.2 单片机与计算机通信系统的设计

单片机系统在进行设计和调试时，通常都要和计算机进行通信，以便下载软件或者进行软件运行监控，所以在单片机的实际应用中，与计算机的通信设计非常重要。

#### 1. 任务要求

计算机系统内部装有异步通信适配器，该适配器的核心元件是可编程的 Intel8250 芯片，能够与具有标准 RS232C、RS422、RS485 等接口的计算机或设备进行通信。51 单片机本身具有全双工的串行口，当配以电平转换电路后就可以与计算机组成 1 个简单可行的通信接口，前面已对此做了介绍。通常计算机工作于查询方式，而 51 单片机既可以工作于查询方式，又可以工作于中断方式。

将实验板的串口与计算机连接好，打开计算机上的 SComAssistant V2.1 串口调试助手。将计算机键盘输入的一个字符发送给 51 单片机，单片机接收到计算机发来的数据后，回送同一数据给计算机，并在计算机屏幕上显示出来。只要计算机屏幕上显示的字符与输入的字符相同，即表明计算机与单片机间通信正常。

通信协议为：波特率选为 9600b/s；无奇偶校验位；8 位数据位；1 位停止位。

#### 2. 任务分析

先根据任务要求将单片机串行口的工作方式及其参数设置好。

单片机的串行口采用工作方式 1，使用 22.1184MHz 晶体，单片机在本任务中要发送数据也要接收数据，所以 REN=1，定时器 T1 作为波特率发生器使用，工作在方式 2，由于采用 9600b/s 波特率，其初值 TH1=TL1=0xFA(250)。

#### 3. 任务设计

（1）器件选择。

要实现 51 单片机与计算机的通信，准备一个 51 单片机系统、一台计算机和一根 RS-232C 标准的串行通信线就可以了。这里我们运用实验板，其上的单片机采用的是 STC89C52。计算机要求安装上 SComAssistant V2.1 串口调试助手软件，这样就可以与单片机系统进行通信了。

（2）硬件原理图设计。

本任务采用一块单片机实验板和一台计算机。实验板上的串行口通信电路如附录 2B “串口通信”电路所示，用串口线将实验板的 DB9 串行接口与 PC 机的 DB9 串行接口连接好即可。

（3）软件程序设计。

在进行实验板与计算机通信时，计算机上的程序就用 SComAssistant V2.1 串口调试助手的成熟软件，而在实验板上，我们要给 STC89C52 编写接收计算机发送过来的数据和发送数据到计算机的程序。

STC89C52 串口通信源程序如下：

```
//************************************************************************
#include <AT89X51.h>
#define   uchar   unsigned char
#define   uint   unsigned int
unsigned   char   a;
bit flag=0;
char str[14]= " I receive ' '! " ;
//************************************************************************
//串口初始化子程序
void init()
{     TMOD=0x20;                    //T1 工作在方式 2
      TH1=0xFA;
      TL1=0xFA;
      TR1=1;                        //开启 T1
      SM0=0;                        //串口工作在方式 1
      SM1=1;
      REN=1;                        //允许串口接收
      EA=1;                         //开总中断
      ES=1;                         //开串口中断
     RI=0;
}
//************************************************************************
//串口发送数据子程序
void send()
{  int i;
   ES=0;
   str[11]=a;
   for(i=0;i<14;i++)
      { SBUF=str[i];
        while(!TI);
        TI=0;
      }
    flag=0;
    ES=1;
}
//************************************************************************
//串口接收数据子程序
void receive() interrupt 4
{     a=SBUF;
    RI=0;
    flag=1;
}
```

```
//*********************************************************************
void main()
{    init();
     while(1)
     {  if(flag==1)   send();
     }
}
//*********************************************************************
```

程序首先定义了全局变量 a 和 flag 以及数组 str[14] = “I receive‘ ’!”，对 T1 和串口的初始化由函数 init()完成，接收由计算机发送来的数据由中断子函数 receive()完成，将接收到的数据再次发送给计算机由函数 send()完成。程序从主函数 main 开始执行，先调用初始化函数，设置好 T1 和串口的工作方式及初值，开启 T1，开启串口中断，将 RI 清 0。只要计算机向单片机的 RXD 发送了数据，接收完一个字符之后 RI 会自动置 1，同时触发串口中断，进入中断子函数 receive()，将 SBUF 接收的数据赋给 a，将 RI 清 0，将 flag 置 1。主程序中只要 flag 为 1，就表明接收完一个字符，调用函数 send()，此时暂时将串口中断关掉，将接收到的数据（放在 a 中）赋给数组元素 str[11]，也就是将接收到的字符放入字符串“I receive ‘’!”的空格处。比如，计算机发送的是字符“y”，则此时字符数组 str 中会装入“I receive ‘y’!”字符串。将此字符串逐字发送给 SBUF，由单片机的 TXD 发送给计算机，每发送完一个字符将 TI 清 0，之后再次开启串口中断等待下次接收数据，同时将标志符 flag 清 0。这样，我们就可以在串口调试助手中发送字符，然后会在串口调试助手中接收到实验板单片机回送的字符数据了。

（4）软硬件联合调试。

将编写的单片机与计算机通信的程序编译成*.hex 文件后下载到实验板中，用串口线连接好实验板和计算机就可以进行调试了。如图 8.27 所示，设置好串口调试助手的参数，在发送数据区输入“y”，则数据发送给实验板单片机之后，单片机将接收到的数据又发送给计算机，在接收数据区显示“I receive ‘y’!”。这样，说明单片机与计算机之间的通信成功。

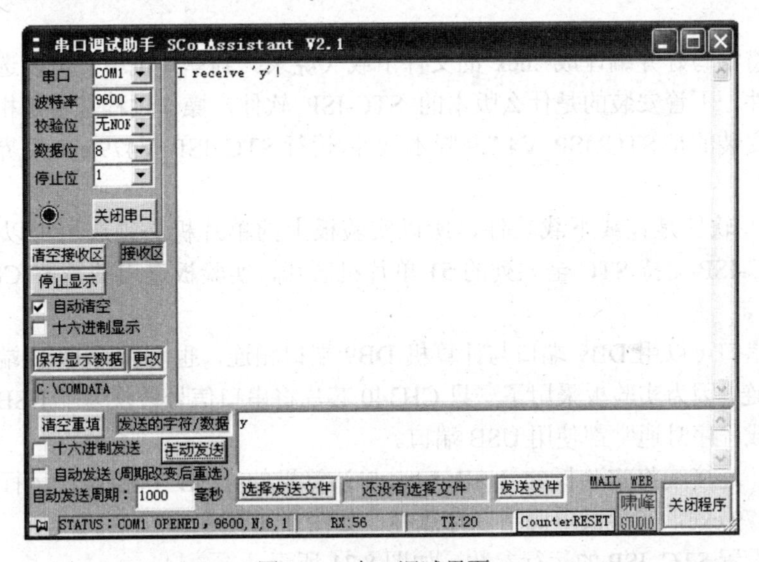


图 8.27 串口调试界面 1

同样，如图 8.28 所示，设置好串口调试助手的参数后，在发送数据区中输入“hi”，则数据送给实验板单片机之后，单片机将接收到的数据又发送给计算机，在接收数据区显示“I receive ‘h’！I receive ‘I’！”。

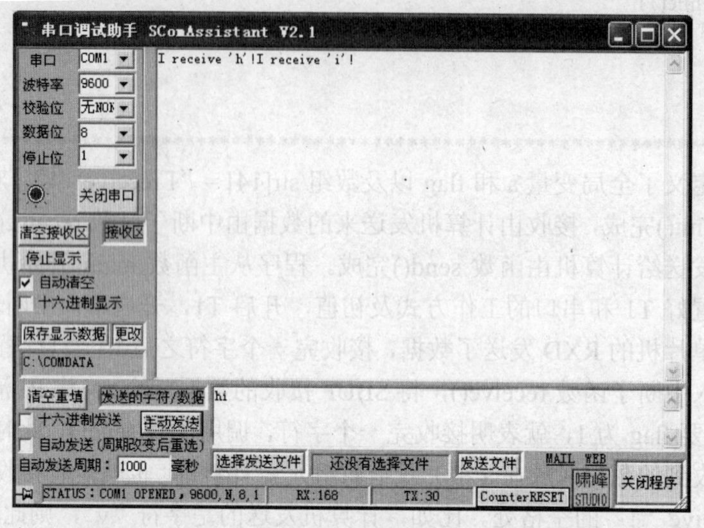


图 8.28　串口调试界面 2

如果我们用计算机串口调试助手发送“How are you!”，希望在接收区同样显示“How are you!”，程序应怎样编写呢？请读者自己思考完成。

我们也可以采用其他串口调试界面，如后面拓展中应用的 STC_ISP 软件。

**注意**：单片机与计算机的通信我们选好计算机的串口调试助手后，只要编写单片机的通信软件就可以了，其重点依然是对于串行口的设置。

## 项目拓展　实验板串口和 USB 口软件下载的设计

我们要将编写好并编译成*.hex 的文件下载（烧录）到单片机中，可以选用 STC-ISP 下载编程软件。不管安装的是什么版本的 STC-ISP 软件，操作过程基本是相同的。我们这里计算机安装的是 STC_ISP_V4.7.9 版本软件，运行 STC_ISP_V479.exe 后界面如图 8.29 所示。

STC-ISP 软件是在线下载软件，所以实验板上的单片机必须选用可以在线下载的单片机，STC-ISP 支持 STC 全系列的 51 单片机芯片，实验板选用的是 STC89C52RC 单片机。

实验板串口可以用 DB9 端口与计算机 DB9 端口相连，也可以用 USB 端口与计算机 USB 端口相连，因为实验板采用了一只 CH340 芯片将串口信号转换为了 USB 信号。为了方便，在下载程序时通常都使用 USB 端口。

用 USB 连接线将实验板的 USB 口，与计算机的 USB 口相连，运行计算机上的 STC_ISP_V479.exe，实验板电源指示灯点亮，如图 8.30 所示。

现在来设置 STC_ISP 的运行参数，如图 8.31 所示。

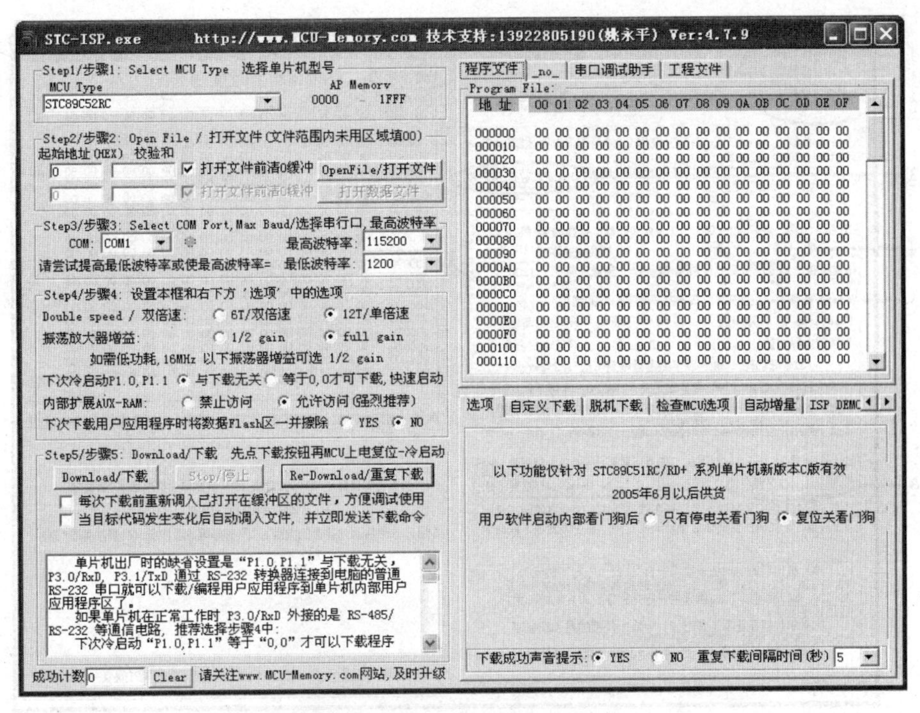


图 8.29　STC-ISP-V4.7.9 界面

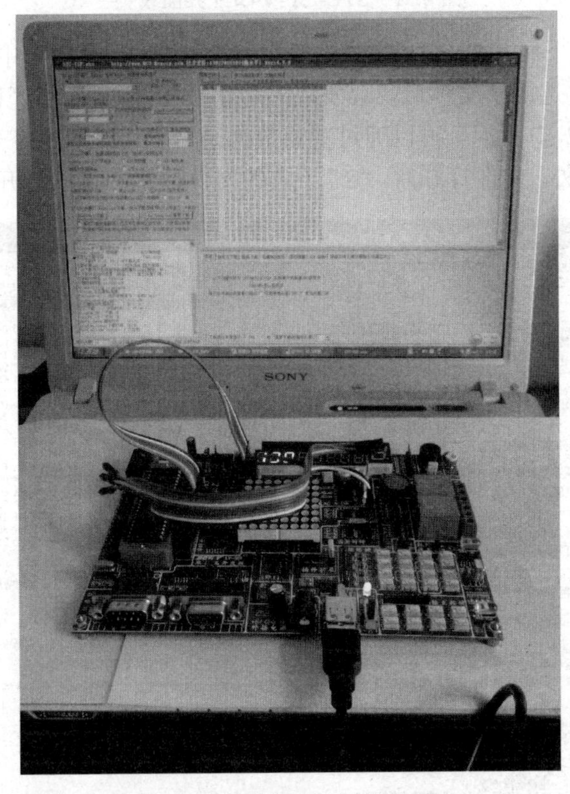


图 8.30　实验板与计算机连接图

（1）选择下载器件，如图 8.31 所示的“2”，选择 STC89C52RC 芯片。

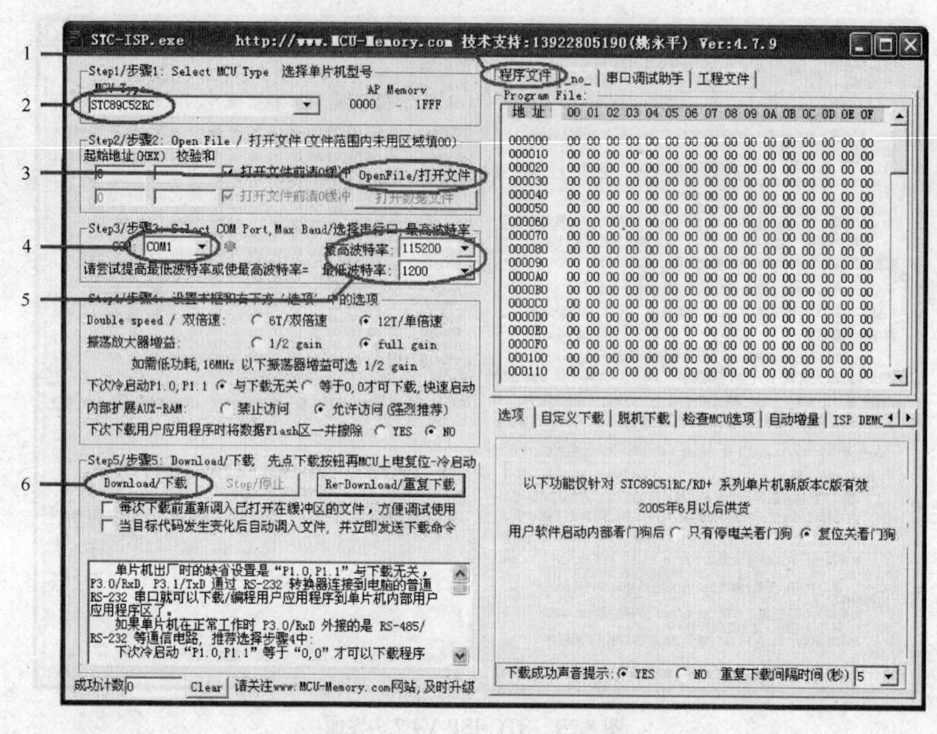


图 8.31　STC-ISP-V4.7.9 界面设置

（2）选择将要被下载的*.hex 机器码文件（是事先在 Keil C51 中编译好的文件），如图 8.31 所示的“3”。选好了文件后，会发现右边的数据区“1”中“程序文件”的数据发生了变化，如图 8.32 中所示。可以通过观察数据是否变化来确定打开文件是否成功，或者文件是否刷新。另外，文件打开后，“2”下方的文件校验和显示打开的数据更快更准确。

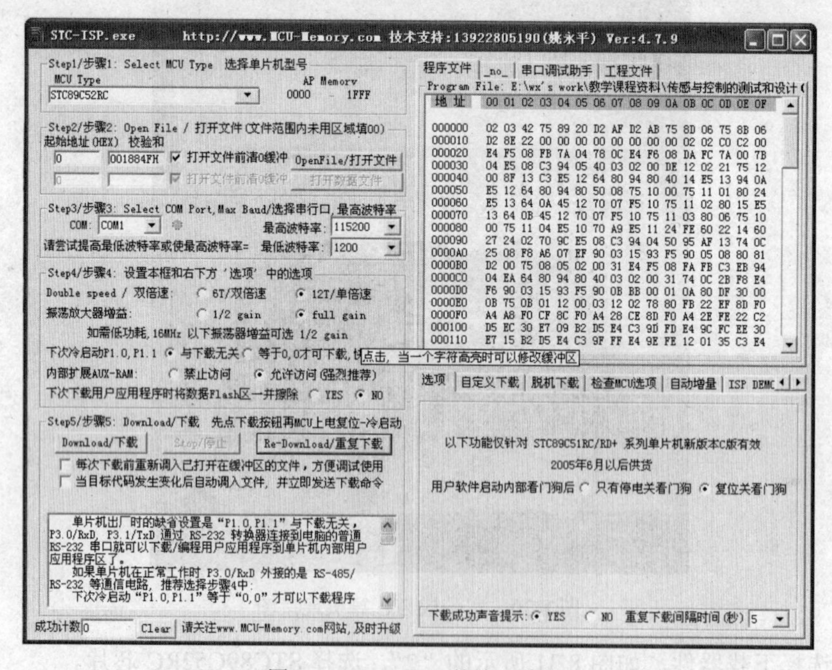


图 8.32　STC-ISP 装载了软件

（3）设置串口和串口通信速度，如图 8.31 所示的“4”，选择“COM1”，“5”选择好运行的最高和最低波特率。

（4）下载软件，如图 8.31 所示的“6”，单击“DownLoad/下载”按钮，就可以进入下载状态，这时软件会提示“请给 MCU 上电..”，按一下实验板的 S20 按键给它重新上电，所选软件开始下载到 STC89C52RC 中，直到信息框中出现“……已加密”，说明软件下载完成，如图 8.33 所示。

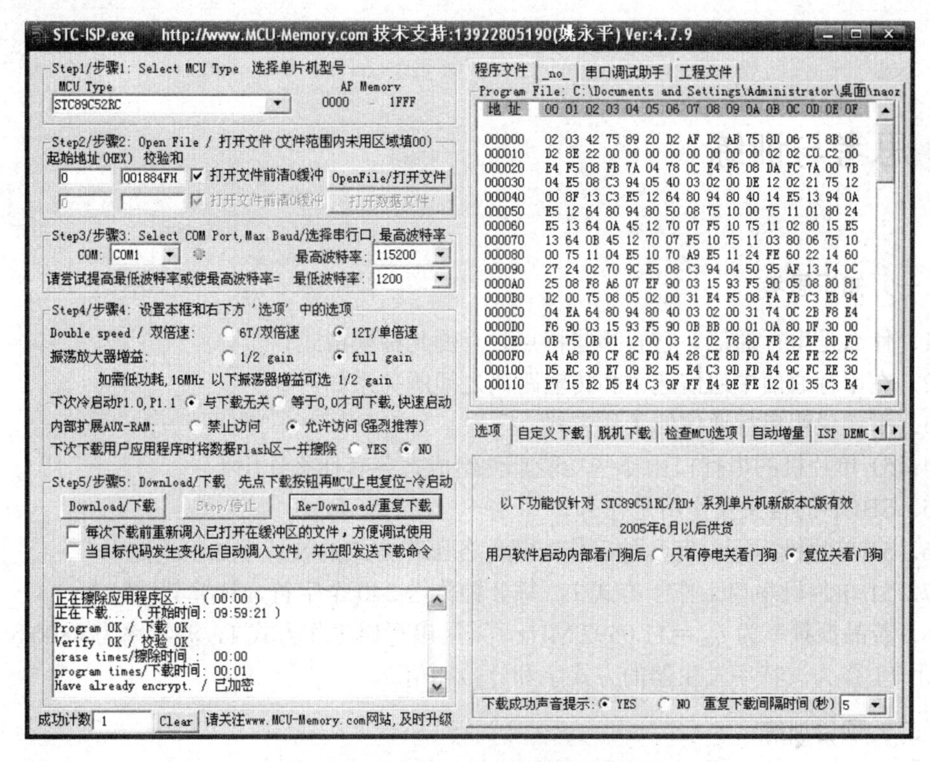


图 8.33　STC-ISP 软件下载完成状态

我们运用 STC-ISP 软件可以将编制好且编译好的软件文件下载（烧录）到单片机中，也可以运用 STC-ISP 软件中的串口调试助手进行单片机系统与计算机之间的串行通信调试。

**注意：**在整个下载过程中，不要用手或导体接触单片机集成电路的引脚或电路，这样很可能会永久性地损坏单片机实验板或集成电路或计算机，因为绝对大多数的 PC 机没有采取良好的接地措施。

## 项目小结

本项目主要介绍了串行通信的基本概念和 51 单片机的串行接口，通过两个任务完成了两个单片机系统之间和单片机与计算机之间的串行通信。

51 单片机的串行接口为通用异步收发器（UART）。通过其内部的控制寄存器，可在 4 种工作方式中选择：方式 0 为移位寄存器方式，用于数据的串/并和并/串转换；方式 1 为 8 位 UART，主要用于双机通信；方式 2、方式 3 为 9 位 UART，主要用于多机通信。

串行通信由于所用传送线较少而适用于远程数据通信。在单片机中，单片机与单片机、单片机与计算机、单片机多机之间通常都采用串行通信。

## 思考与训练

**（一）知识思考**

1．什么是串行通信？它有哪些特点？有哪几种帧格式？

2．在串行通信中通信速率和传输距离之间的关系如何？

3．举例说明串行通信的工作方式。

4．51 单片机的串行口由哪些功能部件组成？各有什么作用？

5．SBUF 的含义及作用是什么？

6．51 单片机串行口有几种工作方式？各工作方式的波特率如何确定？

7．51 单片机串口工作于方式 1，每分钟传送 240 个字符，计算其波特率。

8．若晶振频率为 $f_{osc}=11.0592$ MHz，采用串行口工作方式 1，波特率为 4800 b/s，计算出用 T1 作为波特率发生器的方式字和计数初值。

**（二）项目训练**

1．设 $f_{osc}$=11.0592 MHz，试编写一段程序，对串口初始化，使之工作于方式 1，波特率为 1200 b/s，用查询串行口状态的方法读出接收缓冲器的数据并回送到发送缓冲器。

2. 用 Proteus 设计一个两个单片机通信的电路，甲机连接一只按键和一只发光二极管，乙机连接一只按键和一只一位的数码管，编写两个单片机通信的程序，甲机的按键通过串行口通信控制乙机的数码管显示“A”、“B”、“C”、“D”；乙机的按键通过串行口通信控制甲机的发光二极管闪烁。

3. 利用串口调试助手进行实验板与计算机的通信，计算机发送一段英文文字，如“How are you!”，希望在接收区显示同样的一段英文文字，如“How are you!”，请编写单片机串口通信程序。

# 项目9

# 信号发生器的设计

## 学习目标

➢ 了解 D/A 转换器的相关技术指标；
➢ 理解 DAC0832 的工作原理与应用方法；
➢ 掌握 DAC0832 与 51 单片机的接口方法；
➢ 掌握信号发生器的硬件电路的分析与设计方法；
➢ 熟练编写信号发生器产生各种波形信号的单片机控制程序。

## 工作任务

➢ 叙述 D/A 转换器的技术指标要求；
➢ 叙述 DAC0832 的工作原理；
➢ 设计单片机控制的信号发生器的工作电路；
➢ 编写信号发生器产生各种波形信号的单片机控制程序。

## 项目引入

在计算机应用领域，尤其是在实时控制系统中，经常需要将计算机计算结果的数字量转换为连续变化的模拟量，用来控制、调节一些电路，实现对被控对象的控制。能够实现将数字量转换为模拟量的器件通常称为数/模（D/A）转换器。

本项目实现的就是 51 单片机与 D/A 转换芯片 DAC0832 配合，构成一个信号发生器，可以产生任意模拟波形信号。通过这个项目，掌握单片机扩展 D/A 的技术和 D/A 转换芯片的运用，以及如何运用单片机与 D/A 转换芯片设计一个信号发生器并实现其功能。

本项目包含两个任务：灯光亮度调节器的设计和信号发生器的设计。

# 任务 9.1　灯光亮度调节器的设计

## 知识准备

### 9.1.1　D/A 转换器的基本原理

D/A 转换的功能就是将数字量转换为模拟量。D/A 转换器是单片机系统中常用的模拟输出电路，基本的 D/A 转换器由电压基准或电流基准、精密电阻网络、电子开关及全电流求和电路构成。

**1．D/A 转换器的分类**

D/A 转换器按工作方式可分为并行 D/A 转换器、串行 D/A 转换器和间接 D/A 转换器等。在并行 D/A 转换器中，又分为权电阻 D/A 转换器和 R-2R T 形 D/A 转换器。

D/A 转换器按模拟量输出方式可分为电流输出 D/A 转换器和电压输出 D/A 转换器。

D/A 转换器按 D/A 转换的分辨率可分为低分辨率 D/A 转换器、中分辨率 D/A 转换器和高分辨率 D/A 转换器。

D/A 转换器按模拟电子开关电路的不同可分为 CMOS 开关型 D/A 转换器（速度要求不高）、双极型开关 D/A 转换器、电流开关型（速度要求较高）和 ECL 电流开关型（转换速度更高）。

**2．D/A 转换器的组成**

D/A 转换器由数码寄存器、模拟电子开关电路、解码网络、求和电路及基准电压等几部分组成。

以 R-2R T 形 D/A 转换器为例，它由基准电压 $V_{ref}$、T 形（R-2R）电阻网络、位切换开关和运算放大器组成。

**3．D/A 转换器的工作原理**

数字量是用代码按数位组合起来表示的，对于有权码，每位代码都有一定的位权。为了将数字量转换为模拟量，必须将每 1 位的代码按其位权的大小转换为相应的模拟量，然后将这些模拟量相加，即可得到与数字量成正比的总模拟量，从而实现了数字—模拟转换。这就是组成 D/A 转换器的基本指导思想。

数字量以串行或并行方式输入、存储于数码寄存器中，数字寄存器输出的各位数码，分别控制对应位的模拟电子开关，使数码为 1 的位在位权网络上产生与其权值成正比的电流值，再由求和电路将各种权值相加，即得到数字量对应的模拟量。

以 R-2R T 形 D/A 转换器为例，简要介绍 D/A 转换器的工作原理。如图 9.1 所示为 R-2R T 形 D/A 转换器原理电路。

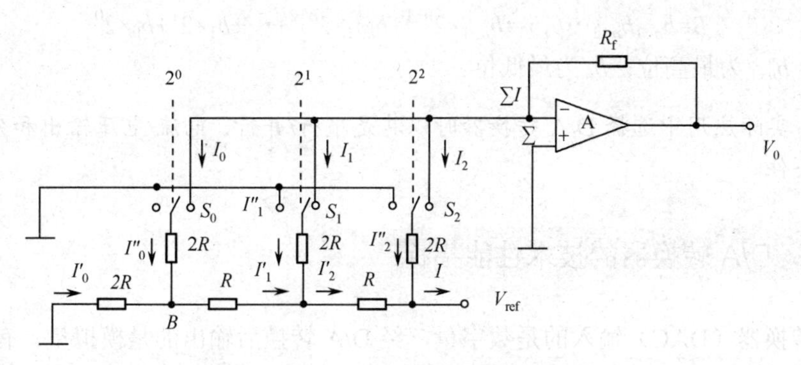


图 9.1 R-2R T 形 D/A 转换器原理电路

图 9.1 所示的电路是一个 3 位二进制数的 D/A 转换电路，每位二进制数控制一个开关 S。当第 $i$ 位的数码为 0 时，开关 $S_i$ 打在左边；当第 $i$ 位的数码为 1 时，开关 $S_i$ 打在右边。当 $S_0$ 接通时，可知：

$$I_0'=I_0''=I_0$$
$$I_1'=I_0'+I_0''=2I_0$$

由于 $B$ 点对地电阻相当于两个 $2R$ 的并联即等于 $R$，所以：

$$I_1'=I_1''=I_1，I_2'=2I_1$$

同理可以推出：

$$I_2'=I_2''=I_2，I=2I_2$$

则可以推出：

$$I_0=I/8，I_1=I/4，I_2=I/2$$
$$\sum I=I_0+I_1+I_2=（1/8+1/4+1/2）I$$
$$=-V_{ref}（1/8+1/4+1/2）/R$$

将上式推广到 $n$ 位二进制数的转换，可得一般表达式：

$$\sum I=-V_{ref}（a_0/2^n+a_1/2^{n-1}+\cdots+a_{n-1}/2^1+a_n/2^0）/R$$

则输出电压为：

$$V_o=（\sum I）R_f=-V_{ref}（a_0/2^n+a_1/2^{n-1}+\cdots+a_{n-1}/2^1+a_n/2^0）R_f/R$$

输出电压会因器件误差、集成运放的非理想特性而产生一定的转换误差。

一般 D/A 转换器用如图 9.2 所示的框图表示。图中输入量与输出量的关系为：

$$V_{out}=B\times V_r$$

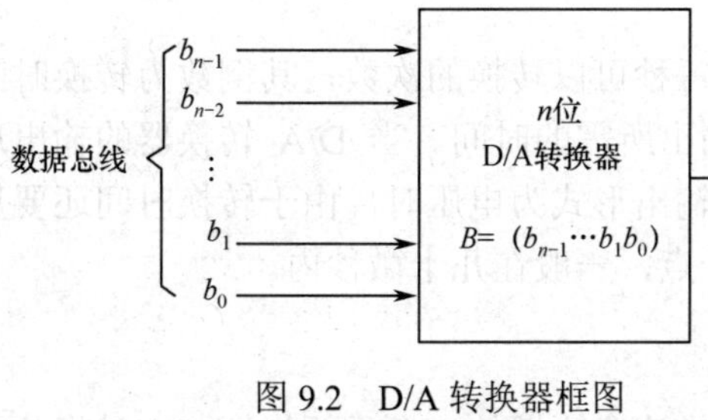

图 9.2 D/A 转换器框图

式中，$V_r$ 为常量，由 $V_{ref}$ 决定。$B$ 为输入数字量，常为一个二进制数。$B$ 的位数一般为 8 位、12 位、16 位等，由 DAC 芯片型号决定。$B$ 为 $n$ 位时的通式为：

$$B=b_{n-1}b_{n-2}\cdots b_1b_0=b_{n-1}\times 2^{n-1}+b_{n-2}\times 2^{n-2}+\cdots+b_1\times 2^1+b_0\times 2^0$$

式中，$b_{n-1}$为最高位；$b_0$为最低位。

**注意：**实际应用中选择 D/A 转换器时以其是串行/并行、电流/电压输出和分辨率作为主要选择条件。

## 9.1.2 D/A 转换器的技术性能指标

D/A 转换器（DAC）输入的是数字量，经 D/A 转换后输出的是模拟量。有关 D/A 转换器的技术性能指标有很多，如绝对精度、相对精度、线性度、输出电压范围、温度系数、输入数字代码种类（二进制或 BCD 码）等。下面介绍几个与 D/A 转换器接口有关的技术性能指标。

### 1．分辨率

分辨率是 D/A 转换器对输入量变化敏感程度的描述，与输入数字量的位数有关。如果数字量的位数为 $n$，则 D/A 转换器的分辨率为 $1/2^n$。这就意味着 *D/A* 转换器能对满刻度的 $1/2^n$ 输入量做出反应。即：

$$分辨率=输出模拟量的满量程值/2^n$$

例如，8 位数的分辨率为 1/256，10 位数分辨率为 1/1024 等。

通常用 D/A 转换器输入数字量的位数来表示分辨率。例如，能对 8 位二进制数进行 D/A 转换的 D/A 转换器的分辨率是 8 位的，它能对 1/256 的输出模拟量满量程值做出反应。又如能对 10 位二进制数进行 D/A 转换的 D/A 转换器的分辨率是 10 位的，它能对 1/1024 的输出模拟量满量程值做出反应。因此，D/A 转换器能转换的数字量的位数越多，其分辨率也就越高。使用时，应根据分辨率的需要来选定 D/A 转换器的位数。D/A 转换器常可分为 8 位、10 位、12 位三种。

### 2．精度

如果不考虑 D/A 的转换误差，D/A 转换的精度为其分辨率的大小。因此，要获得一定精度的 D/A 转换结果，首要条件是选择有足够分辨率的 D/A 转换器。当然，D/A 转换的精度不仅与 D/A 转换器本身有关，也与外电路以及电源有关。

### 3．转换速度

转换速度是 D/A 转换器每秒可以转换的次数，其倒数为转换时间。转换时间是指从输入数字量到转换为模拟量输出所需的时间。当 D/A 转换器的输出形式为电流时，转换时间较短；当 D/A 转换器的输出形式为电压时，由于转换时间还要加上运算放大器的延迟时间，因此转换时间要长一点，一般在几十微秒内。

### 4．建立时间

建立时间是描述 D/A 转换速度快慢的一个重要指标，它是指从输入数字量变化到输出达到终值误差±（1/2）LSB（最低有效位）时所需的时间，即输入的数字量变化后，输出模拟量稳定到相应的数字范围内所需的时间。

通常以建立时间来表示转换速度。转换器的输出形式为电流时建立时间较短；而当输出形式为电压时，由于还要加上运算放大器的延迟时间，因此建立时间要长一点。但总的来说，D/A 转换速度远高于 A/D 转换速度，如快速的 D/A 转换器的建立时间只需 1μs。

**5．输入编码形式**

输入编码形式是指 D/A 转换电路输入的数字量的形式。如二进制码、BCD 码等。

**6．线性度**

线性度是指 D/A 转换器的实际转移特性与理想直线之间的最大误差，最大偏移。通常给出在一定温度下的最大非线性度，一般为 0.01%～0.03%。

**7．输出电平**

不同型号的 D/A 转换芯片，输出电平相差很大。大部分 D/A 转换芯片是电压型输出，一般为 5～10V；也有高压输出型的，为 24～30V。还有一些是电流型的输出，低者为 20mA 左右，高者可达 3A。

**8．尖峰**

尖峰是输入的数字量发生变化时产生的瞬时误差。通常尖峰的转换时间很短，但幅值很大。在许多场合是不允许有尖峰存在的，应采取措施予以消除。

正确了解 D/A 转换器的技术性能参数，对于合理选用转换芯片、正确设计接口电路十分重要。目前各器件生产厂家对同一参数给出了不相同的定义，使用时要注意。

其实在选择 D/A 转换器时，不仅要考虑上述性能指标，还要考虑 D/A 转换芯片的结构特性和应用特性，比如：

（1）数字输入特性：串行输入或并行输入以及逻辑电平等。

（2）模拟输出特性：电流输出或电压输出以及输出的范围等。

（3）锁存特性及转换特性：是否具有锁存功能，是单缓冲还是双缓冲，如何启动转换等。

（4）参考电压：是内部参考电压还是外部参考电压以及其大小和极性等。

（5）电源：功耗的大小，是否具有低功耗的模式，正常工作时需要几组电源及电压的高低等。

**注意：** D/A 转换器的性能指标有很多，但在选用合适的芯片型号时主要考虑的是它的分辨率、精度和转换速度。

**知识深入**

## 9.1.3　DAC0832 芯片及其与单片机接口电路

集成的 D/A 转换器称之为 DAC 芯片，它有多种型号。根据 DAC 芯片是否可采用总线形式与单片机直接接口，可以分为两类：一类是在芯片内部只有完成 D/A 转换功能的基本电路，不带数据锁存器（如 DAC0808），这类 DAC 芯片内部结构简单，价格较低，但是与单片机连接时不太方便，为了保存来自单片机的转换数据，接口时需要另外加锁存器；另一类是在芯片内部除了有完成 D/A 转换功能的基本电路外，还带有数据锁存器（如 DAC0832），带锁存器的 D/A 转换器可以看作一个输出口，可直接连接在数据总线上，不需要另外加锁存器，目前这类 DAC 芯片应用比较广泛。

目前，单片机系统常用的 D/A 转换器的转换精度有 8 位、10 位、12 位等，与单片机的接口方式有并行接口，也有串行接口。我们以国内用得较普遍的 8 位并行 D/A 转换器——DAC0832 为例，介绍 DAC 芯片与单片机的接口方法。

### 1. DAC0832 芯片介绍

（1）DAC0832 的性能。

DAC0832 由美国国家半导体公司研制，同系列的芯片还有 DAC0830 和 DAC0831，它们都是 8 位 D/A 转换器，可以互换。DAC0832 是采用 COMS/Si-Cr 工艺制成的双列直插式单片 8 位 D/A 转换器。它可以直接与 CPU 相连，也可以同单片机相连，以电流形式输出；当需要转换为电压输出时，可外接运算放大器。其主要特性有：

- 输出电流线性度可在满量程下调节。
- 转换时间（电流建立时间）为 1 μs。
- 数据输入可采用双缓冲、单缓冲或直通方式。
- 增益温度补偿为 0.02%FS/℃。
- 每次输入数字为 8 位二进制数。
- 低功耗，20mW。
- 逻辑电平输入与 TTL 兼容。
- 基准电压的范围为±10V。
- 单电源供电，可在+5～+15V 内正常工作。

（2）DAC0832 的内部结构。

DAC0832 由两个数据锁存器、一个 8 位 D/A 转换器和控制电路组成。DAC0832 的内部结构如图 9.3 所示。

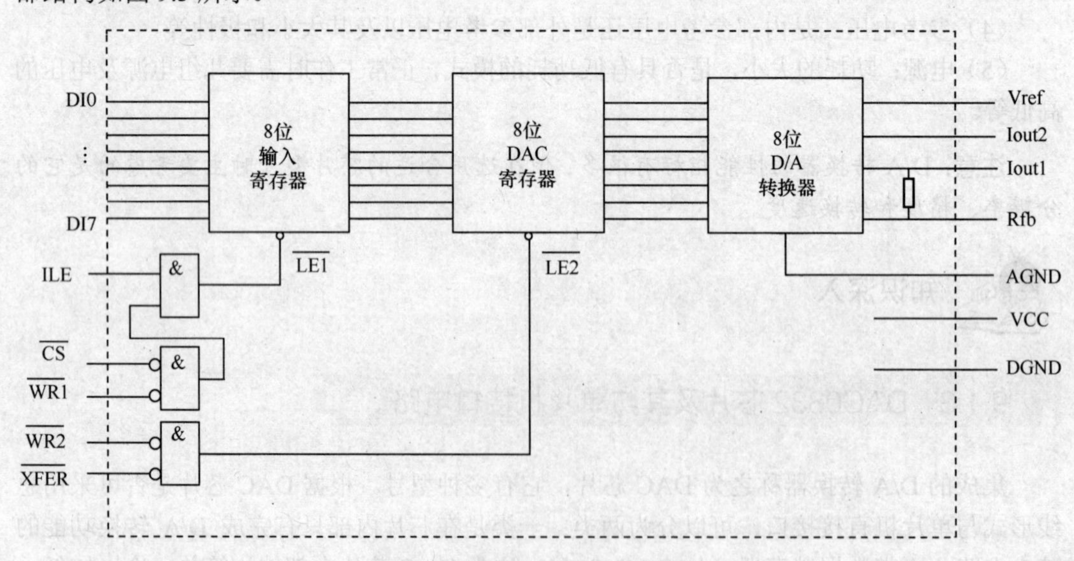


图 9.3 DAC0832 的内部结构图

8 位输入寄存器由 8 个 D 锁存器组成。它的 8 条输入线可以直接和单片机的数据总线相连。LE1 为其控制输入端，当 LE1=1 时，8 位输入寄存器处于送数状态；当 LE1=0 时，为锁存状态。

8 位 DAC 寄存器也由 8 个 D 锁存器组成。8 位输入数据只有经过 DAC 寄存器才能送到 D/A 转换器进行转换。它的控制端为 LE2，当 LE2=1 时，8 位 DAC 寄存器处于送数状态；当 LE2=0 时，为锁存状态。DAC 寄存器的输出数据直接送到 8 位 D/A 转换器进行数模转换。

8 位 D/A 转换器是采用一个 R-2R 的 T 形电阻网络的 D/A 转换电路，其输出为与数字量成比例的电流。为了得到电压信号还需外接运算放大器。控制逻辑部分接受外来的控制信号以控制 DAC0832 的工作。当 ILE、CS、WR1 都有效时，8 位输入寄存器处于送数状态，数据由 8 位输入寄存器的输入端传送到其输出端。当 XFER、WR2 都有效时，DAC 寄存器处于送数状态，数据由 DAC 寄存器的输入端传送到其输出端，并进行 D/A 转换。

（3）DAC0832 的引脚。

DAC0832 为 20 引脚、双列直插式封装。DAC0832 的引脚如图 9.4 所示。

DAC0832 各引脚信号说明如下：

VCC：电源线。DAC0832 的电源可以在+5～+15V 内变化。典型使用时用+15V 电源。

AGND 和 DGND：AGND 为模拟量地线，DGND 为数字量地线。使用时，这两个接地端应始终连在一起。

$\overline{CS}$：片选输入信号，低电平有效。只有当 $\overline{CS}$=0 时，这片 DAC0832 才被选中。

DI0～DI7：8 位数字量输入端。应用时，如果数据不足 8 位，则不用的位一般接地。

DAC0832

| 引脚 | 左侧 | 右侧 | 引脚 |
| --- | --- | --- | --- |
| 1 | $\overline{CS}$ | VCC | 20 |
| 2 | $\overline{WR1}$ | ILE | 19 |
| 3 | AGND | $\overline{WR2}$ | 18 |
| 4 | DI3 | $\overline{XFER}$ | 17 |
| 5 | DI2 | DI4 | 16 |
| 6 | DI1 | DI5 | 15 |
| 7 | DI0 | DI6 | 14 |
| 8 | Vref | msbDI7 | 13 |
| 9 | Rfb | Iout2 | 12 |
| 10 | DGND | Iout1 | 11 |

图 9.4 DAC0832 的引脚

ILE：输入锁存允许信号，高电平有效。只有当 ILE=1 时，输入数字量才可以进入 8 位输入寄存器。

$\overline{WR1}$：写信号 1，低电平有效，控制输入寄存器的写入。ILE 和 $\overline{WR1}$ 信号控制输入寄存器是数据直通方式还是数据锁存方式：当 ILE =1 且 $\overline{WR1}$=0 时，为输入寄存器直通方式；当 ILE =1 且 $\overline{WR1}$=1 时，为输入寄存器锁存方式。

$\overline{WR2}$：写信号 2，低电平有效，控制 DAC 寄存器的写入。

$\overline{XFER}$：数据传送控制输入信号，低电平有效，控制数据从输入寄存器到 DAC 寄存器的传送。$\overline{WR2}$ 和 $\overline{XFER}$ 信号控制 DAC 寄存器是数据直通方式还是数据锁存方式：当 $\overline{WR2}$=0 且 $\overline{XFER}$=0 时，为 DAC 寄存器直通方式；当 $\overline{WR2}$=1 或 $\overline{XFER}$=1 时，为 DAC 寄存器锁存方式。

Vref：参考电压线。Vref 接外部的标准电源，与芯片内的电阻网络相连接，该电压可正可负，范围为−10V ～+10V。

Iout1 和 Iout2：电流输出端。Iout1 为 DAC 电流输出 1，当 DAC 寄存器中的数据为 0xFF 时，输出电流最大，当 DAC 寄存器中的数据为 0x00 时，输出电流为 0。Iout2 为 DAC

电流输出 2。DAC 转换器的特性之一是 Iout1+Iout2=常数。在实际使用时，总是将电流转为电压来使用，即将 Iout1 和 Iout2 加到一个运算放大器的输入端。

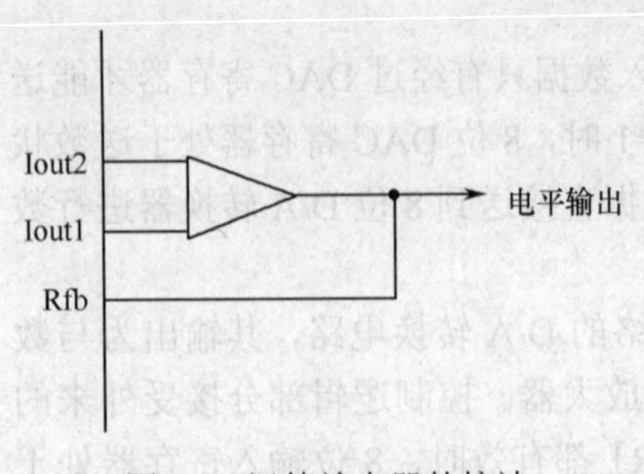


图 9.5　运算放大器的接法

Rfb：运算放大器的反馈电阻端，电阻（15kΩ）已固化在芯片中。因为 DAC0832 是电流输出型 D/A 转换器，为得到电压的转换输出，使用时需在两个电流输出端接运算放大器，Rfb 即为运算放大器的反馈电阻。运算放大器的接法如图 9.5 所示。

DAC0832 对于写信号（WR1 或 WR2）的宽度，要求不小于 500ns，若 VCC=+15V，则可为 100ns。对于输入数据的保持时间不应小于 100ns。这在与单片机接口时都不难得到满足。

**注意：** 使用 DAC0832 时一定要注意数字地 DGND 和模拟地 AGND 的分割，否则会影响电路的工作质量。

（4）DAC0832 的工作原理。

DAC0832 可以直接从 51 单片机输入数字量，并经一定的方式转换成模拟量。通常情况下，D/A 转换器输出的模拟量与输入的数字量是成正比关系的。

DAC0832 的原理很简单，它将数字量的每一位按权值分别转换成模拟量，再通过运算放大器求和相加，因此 D/A 转换器内部有一个解码网络，以实现按权值分别进行 D/A 转换。

（5）DAC0832 的输出。

DAC0832 是电流输出型 D/A 转换器，为了得到电压输出，在使用时需要在两个电流输出端连接运算放大器。根据运放和 DAC0832 的连接方法，运放的输出可以分为单极性输出和双极性输出两种。DAC0832 单极性电压输出电路如图 9.6 所示。

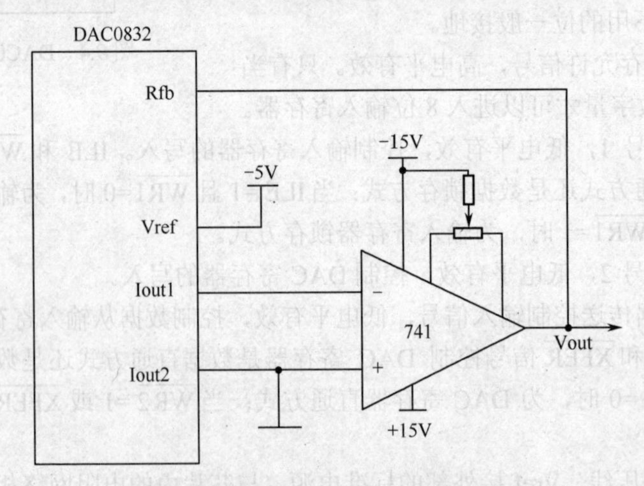


图 9.6　DAC0832 单极性电压输出电路

图 9.6 所示中 DAC0832 的 Iout2 被接地，Iout1 输出的电流经运放器 741 输出一个单极性电压。运放的输出电压为：

$$
\begin{aligned}
Vout &= -Iout1 \times Rfb \\
&= -B \times Vref / 256
\end{aligned}
$$

式中，B 为 DAC0832 的输入数字量。由于 Vref 接−5V 的基准电压，所以单极性电压的范围为 0～+5V。

如果在单极性输出的电路中再加一个加法器，便构成双极性输出电路。图 9.7 所示为 DAC0832 双极性电压输出电路。

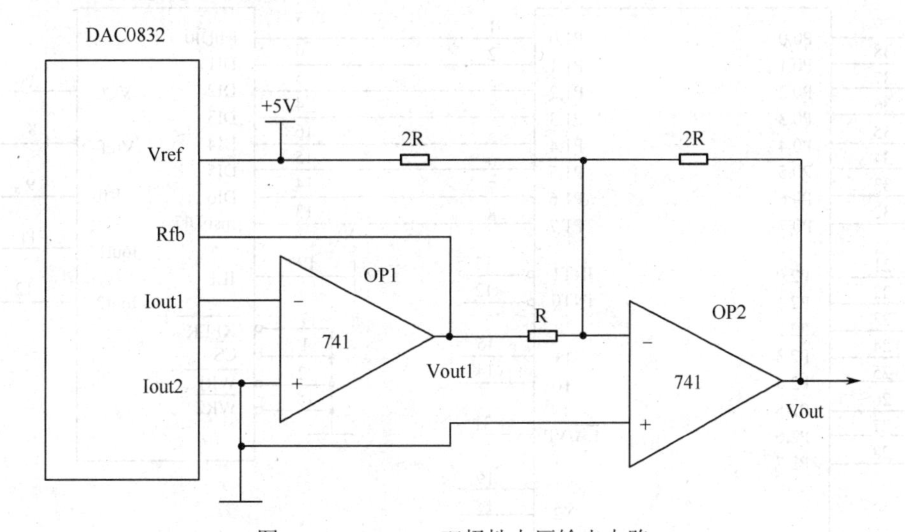


图 9.7　DAC0832 双极性电压输出电路

由以上运放的连接方法，可以导出输出电压与输入数据的关系。假设运放 OP1 的输出为 Vout1，OP2 的输出为 Vout，则：

$$
\begin{aligned}
Vout &= -(Vout1 / R + Vref / 2R) \times 2R \\
&= -2\,Vout1 - Vref \\
&= 2B \times Vref / 256 - Vref \\
&= B \times Vref / 128 - Vref \\
&= Vref \times (B-128) / 128
\end{aligned}
$$

根据上式，当 Vref 为正，数字量在 0x01～0x7F 变化时，Vout 为负值；当数字量在 0x80～0xFF 变化时，Vout 为正值。

**注意**：DAC0832 是电流输出型 D/A 转换器，使用时若需要得到电压输出信号就一定要在两个电流输出端连接运算放大器。

### 2．DAC0832 与 51 单片机的接口电路

DAC0832 由输入寄存器和 DAC 寄存器构成两级数据输入锁存，也就是可以实现两次缓冲，即在输出的同时，还可以存放一个带转换的数字量，这样就提高了转换速度。当多芯片同时工作时，可用同步信号实现各模拟量同时输出。所以 DAC0832 有 3 种工作方式：直通方式、单缓冲方式和双缓冲方式。直通方式是数据直接输入（两级直通）的形式，单缓冲方式是单级锁存（一级锁存，一级直通）的形式，双缓冲方式的数据输入可以采用两级锁存（双锁存）的形式。在 3 种不同的工作方式下，DAC0832 与单片机的接口也不同。

（1）直通方式下的接口电路。

在直通方式下，两个 8 位数据寄存器都处于数据接收状态，即 LE1 和 LE2 都为 1。为此，ILE=1，而 WR1、WR2、CS 和 XFER 均为 0。输入数据直接送到内部 D/A 转换器去转换。

直通方式下 89C51 单片机与 DAC0832 的连接图如图 9.8 所示。

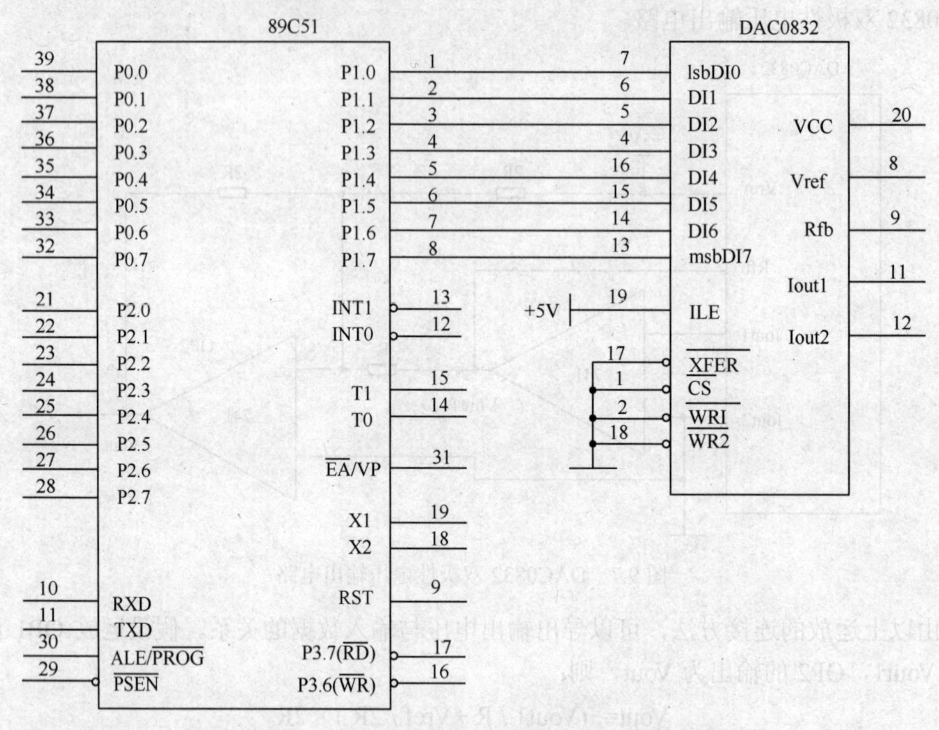


图 9.8　直通方式下 89C51 单片机与 DAC0832 的连接图

用指令 P1= 0xFF 就可以将一个数字量（0xFF）转换为模拟量。

（2）单缓冲方式下的接口电路。

所谓单缓冲方式，就是使 DAC0832 的两个 8 位数据寄存器中有一个处于直通方式，而另一个处于受控的锁存方式，或者两个 8 位数据寄存器处于同时受控的方式，即同时送数、同时锁存。在实际应用中，如果只有一路模拟量输出或虽有几路模拟量但并不要求同步输出的情况，就可采用单缓冲方式。

例如，在单缓冲工作方式下，可以将 8 位 DAC 寄存器置于直通方式。为此，应将 WR2 和 XFER 接地，而输入寄存器的工作状态受单片机的控制。单缓冲方式下 89C51 单片机与 DAC0832 的一种连接图如图 9.9 所示。

当单片机的 WR 和 P2.7 都为 0 时，DAC0832 的 8 位输入寄存器处于送数状态，如果将未使用到的地址线都置为 1，则可以得到 DAC0832 的地址为 0x7FFF，用以下两条语句就可以将一个数字量（如 0x08）转换为模拟量：

```
#define  DAC0832  XBYTE[0x7FFF]
DAC0832=0x08;
或   output（0x7FFF, 0x08）;
```

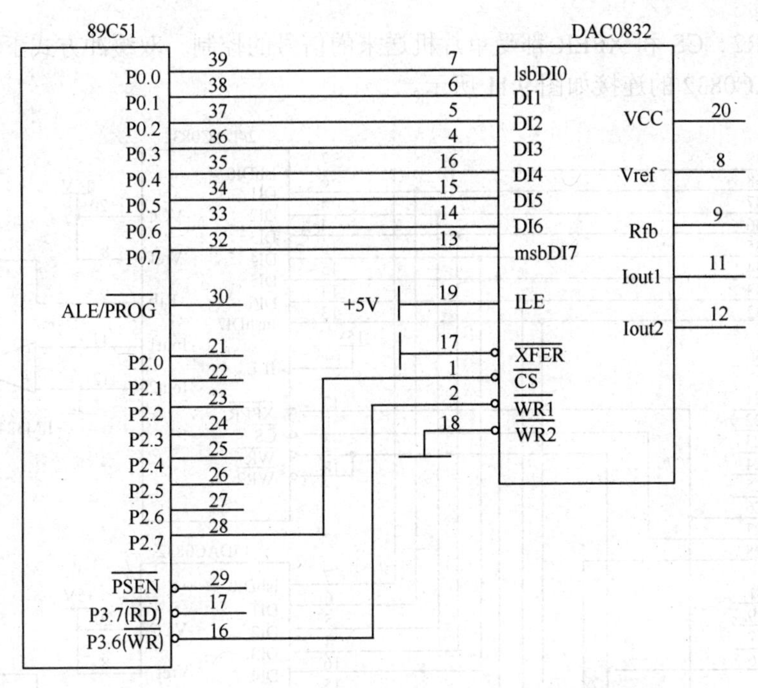


图 9.9 单缓冲方式下 89C51 单片机与 DAC0832 的连接图一

当 89C51 单片机执行指令时，将产生 WR 信号，并通过 P0 口和 P2 口送出地址码，以此来控制 DAC0832 的 WR1 和 CS，从而实现对输入寄存器的写入控制。可见在单缓冲方式下，DAC 芯片对于 51 系列单片机来说，就相当于一个片外 RAM 单元，用一条赋值语句就可以将单片机中的数据送给 DAC 芯片进行 D/A 转换。

DAC0832 单缓冲工作方式的另一种连接方法如图 9.10 所示。这是两个输入寄存器同时受控的连接方法，WR1 和 WR2 共同连接 89C51 的 WR，CS 和 XFER 共同接 89C51 的 P2.7，因此两个寄存器的地址相同。

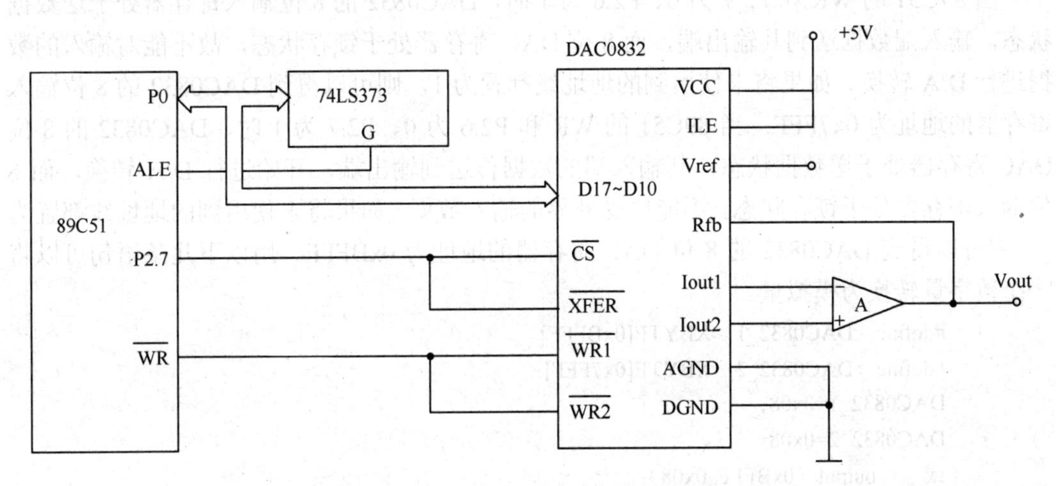


图 9.10 单缓冲方式下 89C51 单片机与 DAC0832 的连接图二

（3）双缓冲方式下的接口电路。

所谓双缓冲方式，就是把 DAC0832 的两个锁存器都接成受控锁存方式。DAC0832

的 WR1、WR2、CS 和 XFER 都受单片机送来的信号的控制。双缓冲方式下 89C51 单片机与两片 DAC0832 的连接如图 9.11 所示。

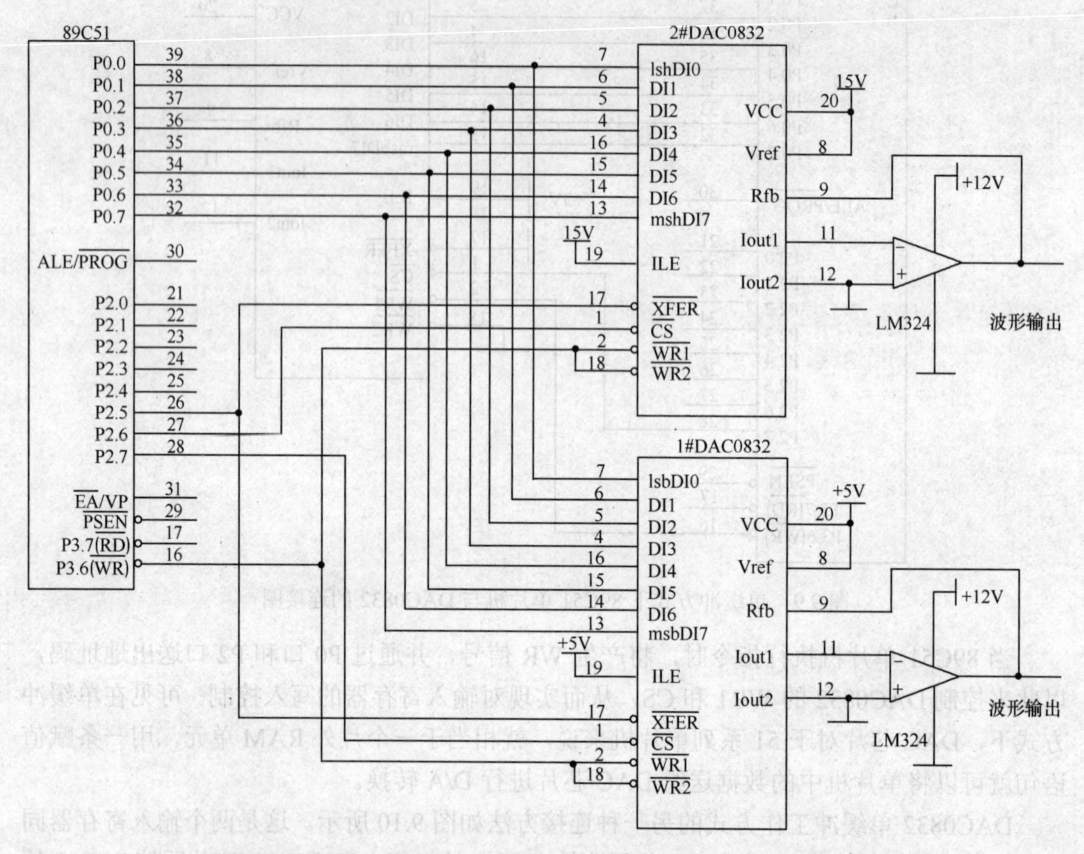


图 9.11　双缓冲方式下 89C51 单片机与两片 DAC0832 的连接图

当 89C51 的 WR 和 P2.7 为 0、P2.6 为 1 时，DAC0832 的 8 位输入寄存器处于送数据状态，输入端数据送到其输出端，而 8 位 DAC 寄存器处于锁存状态，故不能对输入的数据进行 D/A 转换。如果将未使用到的地址线都置为 1，则可以得到 DAC0832 的 8 位输入寄存器的地址为 0x7FFF；当 89C51 的 WR 和 P2.6 为 0、P2.7 为 1 时，DAC0832 的 8 位 DAC 寄存器处于送数据状态，其输入端的数据传送到输出端，开始进行 D/A 转换，而 8 位输入寄存器处于锁存状态，不能接受外界的输入数据。如果将未使用到的地址线都置为 1，则可以得到 DAC0832 的 8 位 DAC 寄存器的地址为 0xBFFF。用以下几条语句可以将一个数字量转换为模拟量。

```
#define  DAC0832_1   XBYTE[0xBFFF]
#define  DAC0832_2   XBYTE[0x7FFF]
DAC0832_1=0x08;
DAC0832_2=0x08;
或      output（0xBFFF, 0x08）;
        output（0x7FFF, 0x08）;
```

由此可见，在双缓冲方式下，单片机必须送两次写信号才能完成一次 D/A 转换。第一次写信号，将数据送入输入寄存器中锁存，第二次写信号才将此数据送入 DAC 寄存器锁存并输出进行 D/A 转换。这时 DAC0832 被看作是片外 RAM 的两个单元而不是一个单元，所以应分配给 DAC0832 两个 RAM 地址，然后使用两条赋值语句，才能将一个数字量转换成模拟量。具体来说，一个地址分配给输入寄存器，另一个地址给 DAC 寄存器。双缓冲方式适用于多个模拟量同时输出的场合。比如示波器的 *X*、*Y* 方向需要同时获得模拟量。

**注意：** *使用 DAC0832 时必须熟悉其内部结构，然后根据设计目的才能正确选择其工作方式。*

## 9.1.4　灯光亮度调节器的设计

### 任务操作

#### 1. 任务要求

用 AT89C51 单片机和 DAC0832 控制一个发光二极管，使发光二极管的亮度逐渐变暗，再逐渐变亮，并不断循环。

#### 2. 任务分析

若要改变发光二极管的亮度，必须改变通过发光二极管的电流。改变通过发光二极管的电流的方法有很多，本例利用 AT89C51 单片机控制 DAC0832 数模转换芯片，DAC0832 的输出转换成电压，以电压的形式驱动发光二极管。当 DAC0832 的输入数字量发生变化时，其输出电压也改变，从而使通过发光二极管的电流发生变化，发光二极管的亮度也就随之改变。

#### 3. 任务设计

（1）器件选择。

点亮 LED 灯的电路我们前面已做过许多实验，用一只电阻一端连接 LED 灯的正极，电阻另一端接电源，LED 灯负极接地就可以被点亮。当其分压电阻固定时，改变电源的电压值就可以改变 LED 灯的亮度。所以如果我们用单片机控制 DAC0832 产生不同的模拟电压值作为 LED 的电源，就能制作成一个灯光亮度调节器。其中所要用到的器件就包括单片机 AT89C51、DAC0832、运放 741、LED 发光二极管和电阻等，如表 9.1 所示。

表 9.1　灯光亮度调节器设计器件清单

| 器件名称 | 数量（只） | 器件名称 | 数量（只） |
|---|---|---|---|
| AT89C51 | 1 | 470Ω 电阻 | 1 |
| 6MHz 晶体 | 1 | uA741 | 1 |
| 22pF 瓷片电容 | 2 | DAC0832 | 1 |
| 10μF 电解电容 | 1 | LED 发光二极管 | 1 |
| 10kΩ 电阻 | 1 | | |

（2）硬件原理图设计。

用 Proteus 软件绘制灯光亮度调节器的硬件电路如图 9.12 所示。

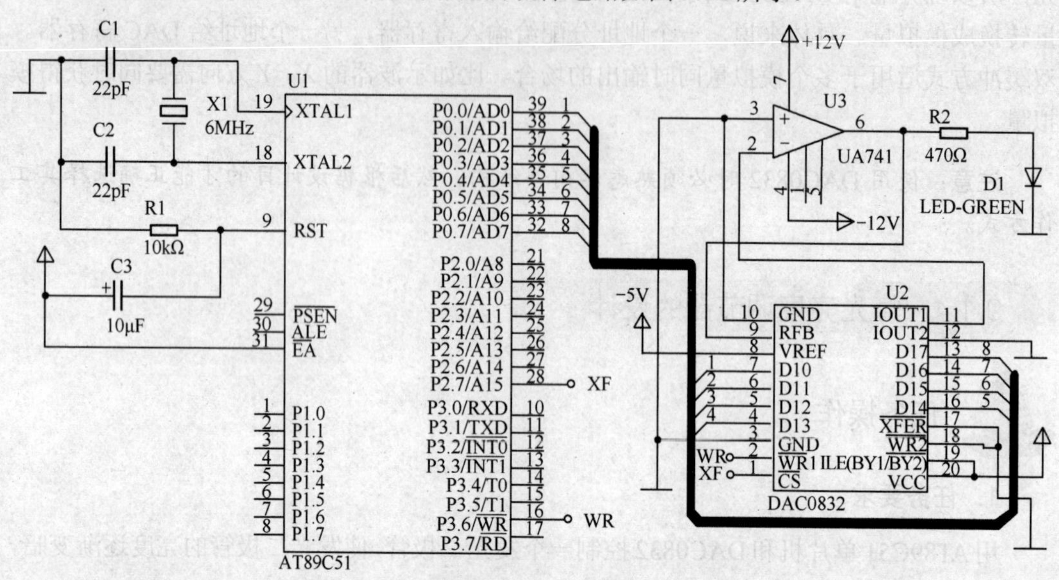


图 9.12　灯光亮度调节器的硬件电路

DAC0832 工作于单缓冲方式，地址由 P2 口和 P0 口所决定，由于片选信号 CS 必须低电平有效，所以 P2.7 必须为 0，这样 DAC0832 的地址为 0x7FFF。由于 DAC0832 的 Vref 接−5V 的基准电压，所以其输出的单极性电压在 0～+5V 变化。

（3）软件程序设计。

根据任务的要求，可以将 89C51 单片机内部单元中的数据从 0xFF 逐渐变到 0x00，再由 0x00 逐渐变到 0xFF，并逐一送给 DAC0832 芯片，经过 D/A 转换后输出的模拟量就可以使发光二极管的亮暗程度发生变化，先由亮逐渐变暗，再由暗逐渐变亮。

源程序如下：

```
//********************************************************************************
#include <reg51.h>
#include <absacc.h>
#define uint unsigned int
#define uchar unsigned char
#define   DAC0832   XBYTE[0x7FFF]
//********************************************************************************
//延时子程序
void DelayMS(uint x)
{ uchar t;
   while(x--) for(t=0;t<120;t++);
}
//********************************************************************************
//主程序控制灯光亮度变化
void main()
{ uchar i;
```

```
    while(1)
        {for(i=256;i>0;i--)
            {DAC0832=i;
             DelayMS(1);}
        for(i=0;i<256;i++)
            {DAC0832=i;
             DelayMS(1);}
        }
}
//**************************************************************************
```

由于 DAC0832 的地址为 0x7FFF，在程序的开始就要定义好，这样只要将传送的数字信号送给该地址就可以了。首先将 *i*=256 送入 DAC0832，转换出的电压就是+5V，LED 灯处于最亮的状况，逐渐减小 *i* 值，则输出的电压也逐渐减小，LED 灯由亮逐渐变暗，每一次改变 *i* 值延时 1ms，当 *i* 值减到 0 后又逐渐增加，输出的电压也逐渐增大，LED 灯又由暗逐渐变亮，用 while(1)反复执行。

（4）软硬件联合调试。

在 Proteus 环境下，将编译好的软件下载到 AT89C51 中运行，可以看到 LED 灯如任务要求的一样先由亮逐渐变暗，再由暗逐渐变亮。

## 任务 9.2 信号发生器的设计

### 任务操作

**1．任务要求**

用单片机 AT89C51 和 D/A 转换芯片 DAC0832 组成的信号发生器生成要求周期和幅值（0～+5V）的锯齿波、三角波、方波或正弦波。

**2．任务分析**

锯齿波、三角波和方波的生成比较简单，向 DAC0832 反复送入 0x00～0xFF 数据，就会生成幅值为 0～+5V 的锯齿波；向 DAC0832 反复送入 0x00～0xFF 和 0xFF～0x00 数据，就会生成幅值为 0～+5V 的三角波；向 DAC0832 送入一定时长的 0x00 和一定时长的 0xFF，就会生成幅值为 0～+5V 的方波，而其周期与单片机的机器周期和程序中的延时长短相关。

正弦波的生成相对复杂一些。如果把正弦信号按等时间间隔进行分割，计算出分割时刻的信号幅值，将这些幅值对应的数字量存储到 ROM 中，然后用查表的方法取出这些取样值，送到 DAC0832 转换后输出，那么输出信号就是正弦波形。比如要产生频率为 50Hz 的正弦波信号，如图 9.13 所示。如果将正弦波信号以 5° 作为 1 个阶梯，则共分割成 360°/5°=72 份，则时间间隔应该为 20ms/72=0.278ms。当参考电压为−5V 时，72 个采样值、输出电压值、正弦值、角度，正弦波数据如表 9.2 所示。

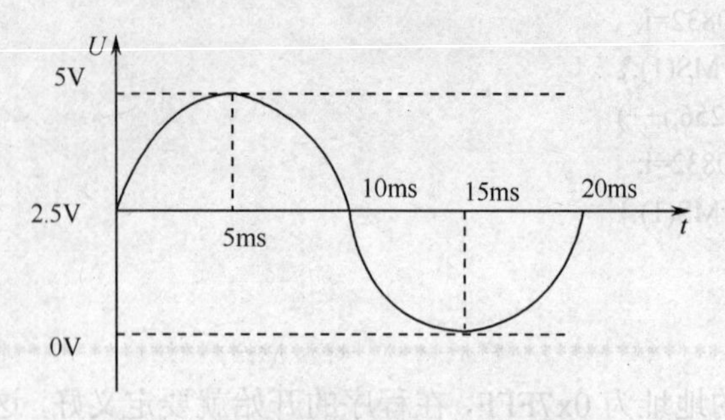


图 9.13　频率为 50Hz 的正弦波信号

表 9.2　正弦波数据

| X | sinX | 输出电压 | 输入数字量 | | | |
|---|---|---|---|---|---|---|
| | | | 0°～90° | 90°～180° | 180°～270° | 270°～360° |
| 0° | 0.0000 | 2.500V | 0x7F | 0xFF | 0x7F | 0x00 |
| 5° | 0.0872 | 2.718V | 0x8A | 0xFE | 0x75 | 0x01 |
| 10° | 0.1736 | 2.934V | 0x95 | 0xFD | 0x6A | 0x02 |
| 15° | 0.2588 | 3.147V | 0xA0 | 0xFA | 0x5F | 0x04 |
| 20° | 0.3420 | 3.355V | 0xAB | 0xF7 | 0x54 | 0x07 |
| 25° | 0.4226 | 3.557V | 0xB5 | 0xF3 | 0x4A | 0x0C |
| 30° | 0.5000 | 3.750V | 0xBF | 0xED | 0x40 | 0x11 |
| 35° | 0.5736 | 3.934V | 0xC8 | 0xE7 | 0x36 | 0x17 |
| 40° | 0.6428 | 4.107V | 0xD1 | 0xE1 | 0x2D | 0x1E |
| 45° | 0.7071 | 4.268V | 0xD9 | 0xD9 | 0x25 | 0x25 |
| 50° | 0.7660 | 4.415V | 0xE1 | 0xD1 | 0x1E | 0x2D |
| 55° | 0.8192 | 4.548V | 0xE7 | 0xC8 | 0x17 | 0x36 |
| 60° | 0.8660 | 4.665V | 0xED | 0xBF | 0x11 | 0x40 |
| 65° | 0.9093 | 4.773V | 0xF3 | 0xB5 | 0x0C | 0x4A |
| 70° | 0.9397 | 4.849V | 0XF7 | 0xAB | 0x07 | 0x54 |
| 75° | 0.9659 | 4.915V | 0xFA | 0xA0 | 0x04 | 0x5F |
| 80° | 0.9848 | 4.962V | 0xFD | 0x95 | 0x02 | 0x6A |
| 85° | 0.9962 | 4.991V | 0xFE | 0x8A | 0x01 | 0x75 |
| 90° | 1.0000 | 5.000V | 0xFF | 0x7F | 0x00 | 0x7F |

### 3．任务设计

（1）器件选择。

我们可以利用单片机和 D/A 转换芯片设计信号发生器，编写不同的程序生成不同的波形，也可以根据不同的要求获得不同参量的波形。比如锯齿波、三角波、方波、正弦波等，其周期和幅值可以任意设定。

我们运用实验板中的 D/A 转换部分就可以作为简易的信号发生器，其中用到的主要器件就是 AT89C51、DAC0832、uA741 等，信号发生器设计器件清单如表 9.3 所示。

表 9.3　信号发生器设计器件清单

| 器件名称 | 数量（只） | 器件名称 | 数量（只） |
|---|---|---|---|
| AT89C51 | 1 | 1kΩ 电阻 | 1 |
| 6MHz 晶体 | 1 | uA741 | 1 |
| 22pF 瓷片电容 | 2 | DAC0832 | 1 |
| 10μF 电解电容 | 1 | 数字电压表 | 1 |
| 10kΩ 电阻 | 1 | 示波器 | 1 |
| 10kΩ 可变电阻 | 1 | | |

（2）硬件原理图设计。

信号发生器的硬件电路如图 9.14 所示。DAC0832 工作于单缓冲方式，地址为 0x7FFF。由于 DAC0832 的 Vref 接−5V 的基准电压，用 uA741 运放将电流转换为电压，所以其输出的单极性电压在 0～+5V 之间变化。在电压输出端加入一只虚拟示波器和一只电压表用于观察结果。

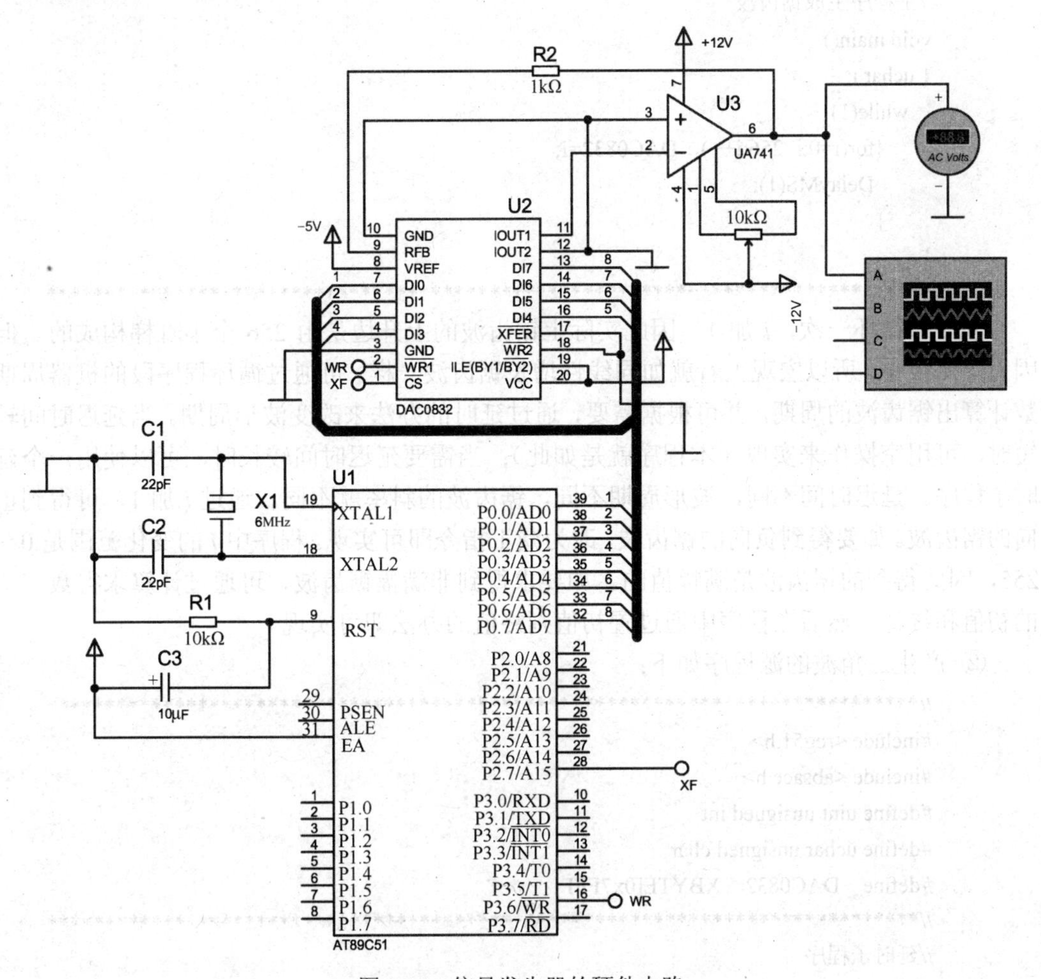


图 9.14　信号发生器的硬件电路

（3）软件程序设计。

根据任务要求的波形不同，程序就会有所区别，我们分别加以介绍。

① 产生锯齿波的源程序如下：

```
//****************************************************************************
#include <reg51.h>
#include <absacc.h>
#define uint unsigned int
#define uchar unsigned char
#define    DAC0832    XBYTE[0x7FFF]
//****************************************************************************
//延时子程序
void DelayMS(uint x)
{ uchar t;
  while(x--) for(t=0;t<120;t++);
}
//****************************************************************************
//主程序生成锯齿波
void main()
{ uchar i;
  while(1)
    {for(i=0;i<256;i++)    DAC0832=i;
     DelayMS(1);
    }
}
//****************************************************************************
```

程序每循环一次，$i$ 加 1，因此实际上锯齿波的上升边是由 256 个小阶梯构成的。但因为阶梯很小，所以宏观上看就如同线性增长锯齿波一样。可通过循环程序段的机器周期数计算出锯齿波的周期，并可根据需要，通过延时的办法来改变波形周期。当延迟时间较短时，可用空操作来实现（本程序就是如此）；当需要延迟时间较长时，可以使用一个延时子程序。延迟时间不同，波形周期不同，锯齿波的斜率就不同。通过 $i$ 加 1，可得到正向的锯齿波。如要得到负向的锯齿波，改为减 1 指令即可实现。程序中 $i$ 的变化范围是 0～255，因此得到的锯齿波是满幅值的。如要求得到非满幅锯齿波，可通过计算求得数字量的初值和终值，然后在程序中通过置初值判终值的办法即可实现。

② 产生三角波的源程序如下：

```
//****************************************************************************
#include <reg51.h>
#include <absacc.h>
#define uint unsigned int
#define uchar unsigned char
#define    DAC0832    XBYTE[0x7FFF]
//****************************************************************************
//延时子程序
void DelayMS(uint x)
```

```
{ uchar t;
  while(x--) for(t=0;t<120;t++);
}
//************************************************************************
//主程序生成三角波
void main()
{ uchar i;
  while(1)
    {for(i=0;i<256;i++)   DAC0832=i;
     for(i=254;i>0;i--)   DAC0832=i;
     DelayMS(1);
    }
}
//************************************************************************
```

程序中将数字从 0～255 逐个增大送给 DAC0832 转换，输出的电压会从 0V 上升至+5V，之后又将数字从 255～0 逐个减小给 DAC0832 转换，输出的电压会从+5V 下降至 0V，形成三角波。

③ 产生正弦波的源程序如下：

```
//************************************************************************
#include <reg51.h>
#include <absacc.h>
#define uint unsigned int
#define uchar unsigned char
#define   DAC0832   XBYTE[0x7FFF]
//************************************************************************
//初始化正弦波波形数据数组
uchar code data[ ]={0x7F，0x8A，0x95，0xA0，0xAB，0XB5，0xBF，0xC8，0xD1，0xD9，
                    0xE1，0xE7，0xED，0xF3，0xF7，0xFA，0xFD，0xFE，0xFF，0xFE，
                    0xFD，0xFA，0xBF，0xF3，0xED，0xE7，0xE1，0xD9，0xD1，0xC8，
                    0xBF，0xB5，0xAB，0xA0，0x95，0x8A，0x7F，0x75，0x6A，0x5F，
                    0x54，0x4A，0x40，0x36，0x2D，0x25，0x1E，0x17，0x11，0x0C，0x07，
                    0x04，0x02，0x01，0x00，0x01，0x02，0x04，0x07，0x0C，0x11，0x17，
                    0x1E，0x25，0x2D，0x36，0x40，0x4A，0x54，0x5F，0x6A，0x75};
//************************************************************************
//延时子程序
void DelayMS(uint x)
{ uchar t;
  while(x--) for(t=0;t<120;t++);
}
//************************************************************************
//主程序生成正弦波
void main()
{ uchar i;
  while(1)
    {for(i=0;i<72;i++)
```

```
            DAC0832= data[i];
            DelayMS(1);
        }
    }
    //*************************************************************************
```

我们把表 9.2 中所示计算好的正弦波各点的数值存放在数组 data[72]中，这样在程序中只要将这一个周期的数值反复送入 DAC0832 转换，就可以得到连续的正弦波信号。

（4）软硬件联合调试。

将上面相应波形的程序编译为*.hex 文件后，在 Proteus 绘制的原理图中，将*.hex 文件加载到单片机 AT89C51 中运行，在虚拟示波器上可以看到对应的波形图。在 Proteus 仿真运行过程中可能会提示 CPU 过载，这时虚拟示波器可能会无法实时显示波形，可将虚拟示波器通道 A 中指向 1 的黄色旋钮从 1 开始先正向旋转一圈，再反向旋转一圈，这样会使虚拟示波器尽快刷新显示波形。

**注意：** 用单片机和 D/A 转换器设计信号发生器，其实就是生成连续的模拟电压点连接形成各种波形。

## 项目拓展　串行 D/A 转换芯片 PCF8591 在实验板上的应用

### 1．PCF8591 简介

PCF8591 是一个单片集成的具有 $I^2C$ 总线接口的 8 位 A/D 及 D/A 转换器，具有 4 路 A/D 输入，1 路 D/A 输出。在 PCF8591 上输入输出的地址、控制和数据信号都是通过 $I^2C$ 总线以串行的方式进行传输的。PCF8591 的功能包括多路模拟输入、内置跟踪保持、8-bit 模数转换和 8-bit 数模转换。PCF8591 的最大转化速率由 $I^2C$ 总线的最大速率决定。

PCF8591 的主要特性如下：

- 单独供电。
- PCF8591 的操作电压范围+2.5～+6V。
- 低待机电流。
- 通过 $I^2C$ 总线串行输入/输出。
- PCF8591 通过 3 个硬件地址引脚寻址。
- PCF8591 的采样率由 $I^2C$ 总线速率决定。
- 4 个模拟输入可编程为单端型或差分输入。
- 自动增量频道选择。
- PCF8591 的模拟电压范围从 $V_{SS}$ 到 $V_{DD}$。
- PCF8591 内置跟踪保持电路。
- 8-bit 逐次逼近 A/D 转换器。
- 通过 1 路模拟输出实现 DAC 增益。

### 2．PCF8591 内部结构框图

PCF8591 的内部结构如图 9.15 所示。

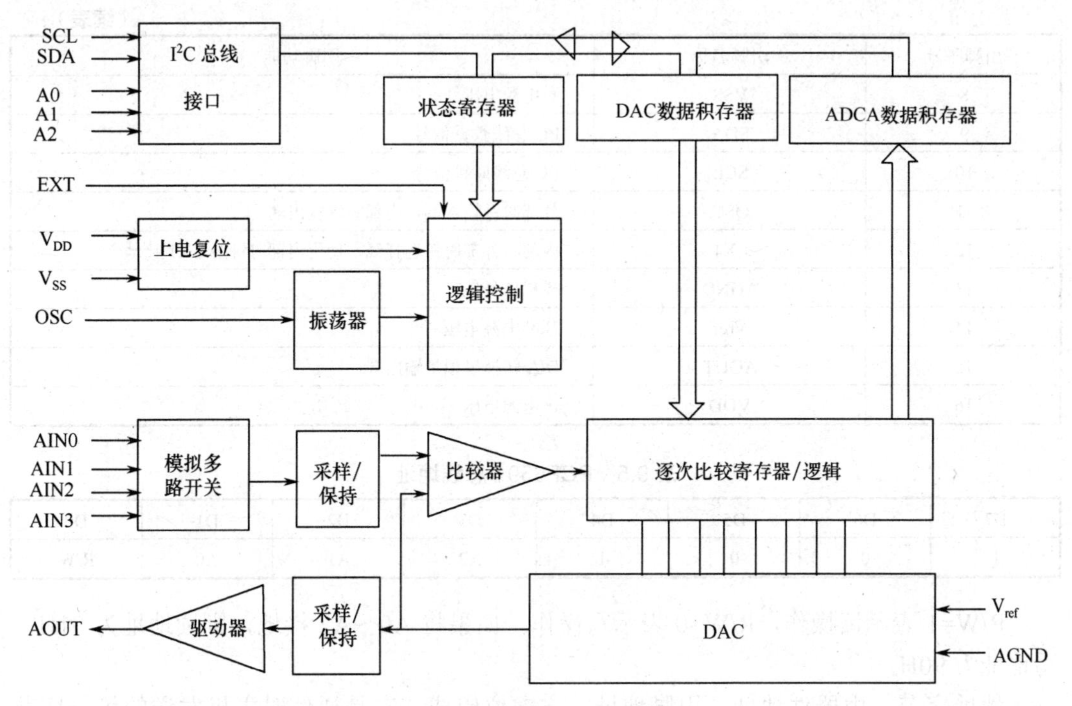


图 9.15 PCF8591 的内部结构

### 3. PCF8591 引脚功能

PCF8591 的引脚如图 9.16 所示。引脚功能如表 9.4 所示。

### 4. PCF8591 工作原理

PCF8591 采用典型的 $I^2C$ 总线接口器件寻址方法，即总线地址由器件地址（1001）、引脚地址（由 A0～A2 接地或+5V 来确定，接地代表 0；接+5V 代表 1）、方向位（即 R/W）组成，PCF8591 总结地址如表 9.5 所示。因此，在 $I^2C$ 总线系统中最多可接 8 个这样的器件。

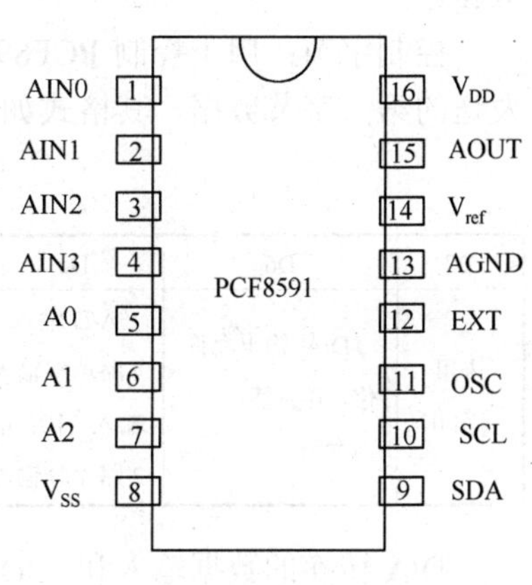


图 9.16 PCF8591 的引列

表 9.4 PCF8591 引脚功能

| 引脚序号 | 引脚名称 | 引脚功能 |
|---|---|---|
| 1 | AIN0 | 模拟量输入端口 |
| 2 | AIN1 | |
| 3 | AIN2 | |
| 4 | AIN3 | |
| 5 | A0 | 模拟通道选择地址 |
| 6 | A1 | |
| 7 | A2 | |

（续表）

| 引脚序号 | 引脚名称 | 引脚功能 |
|---|---|---|
| 8 | VSS | 负电源电压 |
| 9 | SDA | I²C 总线数据信号 |
| 10 | SCL | I²C 总线时钟信号 |
| 11 | OSC | 外部时钟输入端，内部时钟输出端 |
| 12 | EXT | 内部、外部时钟选择线，使用内部时钟时 EXT 接地 |
| 13 | AGND | 模拟信号地 |
| 14 | Vref | 基准电源电压 |
| 15 | AOUT | D/A 转换模拟量输出端 |
| 16 | VDD | 正电源电压 |

表 9.5　PCF8591 总线地址

| D7 | D6 | D5 | D4 | D3 | D2 | D1 | D0 |
|---|---|---|---|---|---|---|---|
| 1 | 0 | 0 | 1 | A2 | A1 | A0 | R/W |

R/W=1 表示读操作，R/W=0 表示写操作。如果将 A0～A2 接地，则读地址为 91H；写地址为 90H。

地址字节：由器件地址、引脚地址、方向位组成，它是通信时主机发送的第一字节数据。

控制字节：用于控制 PCF8951 的输入方式、输入通道、D/A 转换等，是通信时主机发送的第二字节数据，其格式如表 9.6 所示。

表 9.6　第二字节数据格式

| D7 | D6 | D5 | D4 | D3 | D2 | D1 | D0 |
|---|---|---|---|---|---|---|---|
| 未用（写 0） | D/A 输出允许位，0 为禁止，1 为允许 | A/D 输入方式选择位，00：4 路单端输入，01：3 路差分输入，10：单端与差分，11：2 路差分输入 | | 未用（写 0） | 自动增益选择位，0 为禁用，1 为启用 | AD 通道选择位，00：选择通道 0，01：选择通道 1，10：选择通道 2，11：选择通道 3 | |

D/A 转换的数据输入和 A/D 转换的数据输出都是通过 I²C 总线串行输入和输出的。因此 PCF8951 中 I²C 总线的通信格式包括写数据格式和读数据格式，如表 9.7 和表 9.8 所示。

表 9.7　PCF8591 的 I²C 总线写数据格式

| 第一字节 | 第二字节 | 第三字节 |
|---|---|---|
| 写入器件地址（90H） | 写入控制字节 | 要写入的数据 |
| 向 PCF8591 写入格式（高位在前） | | |

表 9.8　PCF8591 的 I²C 总线读数据格式

| 第一字节 | 第二字节 | 第三字节 | 第四字节 |
|---|---|---|---|
| 写入器件地址（90H 写） | 写入控制字节 | 写入器件地址（91H 读） | 读出一字节数据 |
| 从 PCF8591 读数据格式（高位在前） | | | |

### 5. $I^2C$ 总线

（1）$I^2C$ 总线数据位的传输。

$I^2C$ 总线由串行数据线（SDA）和串行时钟线（SCL）组成。连接到总线上的每一个器件都有一个唯一的地址，而且都可以作为一个发生器或接收器，SDA 和 SCL 都是双向线路，分别通过一个电阻连接到电源（+5V）端。前提是连接到总线上的器件的 SDA 和 SCL 端必须是漏极或集电极开路型。$I^2C$ 总线上的数据传输速率在标准模式下可达 100kb/s，快速模式可达 400kb/s，高速模式下可达 3.4Mb/s。连接到总线的器件数量只由总线的电容（400pF）限制决定。

$I^2C$ 总线上每传输一个数据位必须产生一个时钟脉冲，$I^2C$ 总线上数据传输的有效性要求 SDA 线上的数据必须在时钟线 SCL 的高电平期间保持稳定，数据线的改变只能在时钟线为低电平期间。在标准模式下，高低电平宽度必须大于 4.7μs（即每次时钟线需延时 4.7μs 后才能改变）。

（2）$I^2C$ 总线数据的传输。

数据传输的字节格式。

发送到 SDA 线上的每一个字节必须为 8 位，每次发送的字节数量不受限制，从机在接收完一个字节后向主机发送一个应答位，主机在收到从机应答后才会发送第二个字节数据，发送数据时先发送数据的最高位。

数据传输中的应答。

相应的应答位由接收方（从机）产生，在应答的时钟脉冲期间，发送方（主机）应释放 SDA 线（使其为高电平）。在应答过程中，接收方（从机）必须将数据线 SDA 拉低，使它在这个时钟脉冲的高电平期间保持稳定的低电平。

（3）$I^2C$ 总线的传输协议。

寻址字节。

主机产生起始条件后，发送的第一个字节为寻址字节，该字节的前 7 位为从机地址，最低位决定了传输的方向，该最低位为“0”则表示主机写数据到从机，“1”则表示主机从从机中读数据。从机地址由一个固定的部分（如高 4 位 1001）和可编程部分（如低 3 位 A0～A2）及一个方向位（R/W）组成。

传输格式。

主机产生起始条件后，首先发送一个寻址字节，收到从机应答后，接着就传输数据，数据传输一般由主机产生的停止位终止。但如果主机仍希望在总线上通信，则它可以产生重复起始条件和寻址另一个从机，而不必产生一个停止条件。

主机写数据到从机的通信格式如表 9.9 所示。

表 9.9 $I^2C$ 总线写通信格式

| 1 | 2 | 3 | 4 | 5 | 6 | 7 | *N* | *N*–1 |
|---|---|---|---|---|---|---|---|---|
| 主机产生起始位 | 发从机地址 90H | 等待从机应答 | 发送数据 | 等待从机应答 | 发送数据 | 等待从机应答 | …… | 停止位 |

主机从从机中读数据的通信格式如表 9.10 所示。

表 9.10　$\mathrm{I^2C}$ 总线读通信格式

| 1 | 2 | 3 | 4 | 5 | 6 | 7 | N | N−1 |
|---|---|---|---|---|---|---|---|---|
| 主机产生起始位 | 发从机地址 91H | 等待从机应答 | 接收从机发出的数据 | 向从机应答 | 接收从机发出的数据 | 向从机应答 | …… | 主机产生停止位 |

## 操作实例

### 6．实验板上锯齿波信号的输出

（1）STC89C52 控制 PCF8591 生成锯齿波信号的电路设计。

实验板上是 STC89C52 单片机作为主控制芯片，我们用它控制 PCF8591 的 D/A 转换生成锯齿波信号。电路连接如附录 B 中“数模和模数转换”电路图所示，将 U15（STC89C52）的 J23 的 19 和 20 脚用杜邦线与 J8 的 SDA 和 SCL 脚连接，这样 U15 生成的数字信号通过 $\mathrm{I^2C}$ 总线送给 U18（PCF8591），编程使其进行 D/A 转换，从 U18 的 AOUT 脚生成锯齿波信号。

（2）生成锯齿波的软件设计。

我们把整个软件模块化，按照不同的功能分别写出几个小程序。

① 主程序 main.c：

```
//****************************************************************
// PCF8591 的 D/A 转换程序
//****************************************************************
//宏定义
#include <reg52.h>
#include  " i2c.h "
#define AddWr 0x90                          //写数据地址
#define AddRd 0x91                          //读数据地址
//****************************************************************
//锯齿波数据表，表格数值越多，波形越平滑
unsigned char code tab[]={ 0,10,20,30,40,50,60,70,80,90,100,110,120,130,
                        140,150,160,170,180,190,200,210,220,230,240,250
                        };
//****************************************************************
//定义全局变量
extern bit ack;
//****************************************************************
//写入 D/A 转换数值，dat 表示需要输入转换的 D/A 数值，范围是 0～255
bit WriteDAC(unsigned char dat, unsigned char num)
{   unsigned char i;
    Start_I2c();                            //启动总线
    SendByte(AddWr);                        //发送器件地址
    if(ack==0)
        return(0);
```

```
    SendByte(0x40);                        //发送器件子地址
    if(ack==0)
        return(0);
    for(i=0;i<num;i++)
        { SendByte(dat);                   //发送数据
          if(ack==0)
              return(0);
        }
    Stop_I2c();
}
//***************************************************************************
//主程序
main()
{ unsigned char i;
  while (1)                                //主循环
    {  for(i=0;i<26;i++)
       WriteDAC(tab1[i],1);
    }
}
//***************************************************************************
```

②I²C 头文件 i2c.h：

```
//***************************************************************************
#ifndef __I2C_H__
#define __I2C_H__
#include <reg52.h>                         //头文件的包含
#include <intrins.h>
#define  _Nop()  _nop_()                   //定义空指令
//***************************************************************************
//启动总线
void Start_I2c();
//***************************************************************************
//结束总线
void Stop_I2c();
//***************************************************************************
//字节数据传送函数
//将数据 c 发送出去，可以是地址，也可以是数据，发完后等待应答，并对此状态位进行操作
//（不应答或非应答时 ack=0 假）发送数据正常，ack=1；ack=0 表示被控器无应答或损坏
void  SendByte(unsigned char c);
//***************************************************************************
#endif
//***************************************************************************
```

③I²C 程序 i2c.c：

```
//***************************************************************************
//函数是采用软件延时的方法产生 SCL 脉冲，晶振频率是 12MHz，即机器周期为 1μs
```

```
//宏定义
#include  " i2c.h "
#define   _Nop()   _nop_()        //定义空指令
//*************************************************************************
bit ack;                          //应答标志位
sbit SDA=P2^1;
sbit SCL=P2^0;
//*************************************************************************
//启动总线
void Start_I2c()
{  SDA=1;                         //发送起始条件的数据信号
   _Nop();
   SCL=1;
   _Nop();                        //起始条件建立时间大于 4.7μs，延时
   _Nop();
   _Nop();
   _Nop();
   _Nop();
   SDA=0;                         //发送起始信号
   _Nop();                        //起始条件锁定时间大于 4μs
   _Nop();
   _Nop();
   _Nop();
   _Nop();
   SCL=0;                         //钳住 I²C 总线，准备发送或接收数据
   _Nop();
   _Nop();
}
//*************************************************************************
//结束总线
void Stop_I2c()
{
   SDA=0;                         //发送结束条件的数据信号
   _Nop();                        //发送结束条件的时钟信号
   SCL=1;                         //结束条件建立时间大于 4μs
   _Nop();
   _Nop();
   _Nop();
   _Nop();
   _Nop();
   SDA=1;                         //发送 I²C 总线结束信号
   _Nop();
   _Nop();
   _Nop();
```

```
    _Nop();
}
//************************************************************************
//字节数据传送函数
void   SendByte(unsigned char c)
{ unsigned char BitCnt;
 for(BitCnt=0;BitCnt<8;BitCnt++)              //要传送的数据长度为 8 位
   {  if((c<<BitCnt)&0x80)
            SDA=1;                             //判断发送位
      else   SDA=0;
      _Nop();
      SCL=1;                                   //置时钟线为高，通知被控器开始接收数据位
      _Nop();
      _Nop();                                  //保证时钟高电平周期大于 4μs
      _Nop();
      _Nop();
      _Nop();
      SCL=0;
   }
   _Nop();
   _Nop();
   SDA=1;                                      //8 位发送完后释放数据线，准备接收应答位
   _Nop();
   _Nop();
   SCL=1;
   _Nop();
   _Nop();
   _Nop();
   if(SDA==1)
     ack=0;
   else ack=1;                                 //判断是否接收到应答信号
   SCL=0;
   _Nop();
   _Nop();
}
//************************************************************************
```

将上面的几个程序放入 Keil C51 的一个工程文件中进行编译，生成*.hex 文件后，通过 USB 口下载到实验板中。程序运行之后，用示波器测量 J33 的上面一个 OUT 脚，调节示波器，可以清晰地看到锯齿波波形。

**注意：**在使用 PCF8591 进行 D/A 转换时，硬件电路连接非常简单，软件相对比较复杂，单片机通过 $I^2C$ 总线发送数字信号，所以一定要严格按照 $I^2C$ 总线的通信格式要求发送数据。

## 项目小结

本项目介绍了单片机常用的外接 8 位并行 D/A 转换芯片 DAC0832 的原理和应用。通过两个任务，讲解了采用单片机和 DAC0832 实现各种信号发生器的设计方法。

DAC0832 完成数字信号到模拟信号的转换后是以电流形式输出的，必须外接运算放大器把电流转换成电压信号。DAC0832 与单片机根据接口方式不同有 3 种工作方式：直通方式、单缓冲方式和双缓冲方式。在实际应用中，要根据实际情况选择合适的工作方式。

在介绍并行 D/A 转换芯片的应用之后，以 PCF8591 为例介绍了串行 D/A 转换芯片的特点、工作原理以及在实验板上的应用方法。

## 思考与训练

**（一）知识思考**

1．在单片机应用系统中为什么要进行 A/D 和 D/A 转换，它们的作用是什么？

2．DAC0832 与 8051 单片机接口时有哪些控制信号？作用分别是什么？

3．使用 DAC0832 时，单缓冲方式如何工作？双缓冲方式如何工作？它们各占用 8051 外部 RAM 的哪几个单元？软件编程有什么区别？

4．怎样用 DAC0832 得到电压输出信号？有哪几种方法？

5．多片 D/A 转换器为什么必须采用双缓冲接口方式？

6．PCF8591 的主要特点是什么？简述其工作原理。

7．PCF8591 输入和输出数字信号的格式各是怎样的？

8．$I^2C$ 总线的特点和通信格式是怎样的？

**（二）项目训练**

1．试用 DAC0832 芯片设计单缓冲方式的 D/A 转换器接口电路，并编写 2 个程序，分别使 DAC0832 输出负向锯齿波和 15 个正向阶梯波。

2．根据图 9.17 所示的连接电路，判断 DAC0832 是工作在直通方式、单缓冲方式还是双缓冲方式？欲用 DAC0832 产生如图 9.18 所示波形，则如何编程？（设满量程电压 5V，周期为 2s）

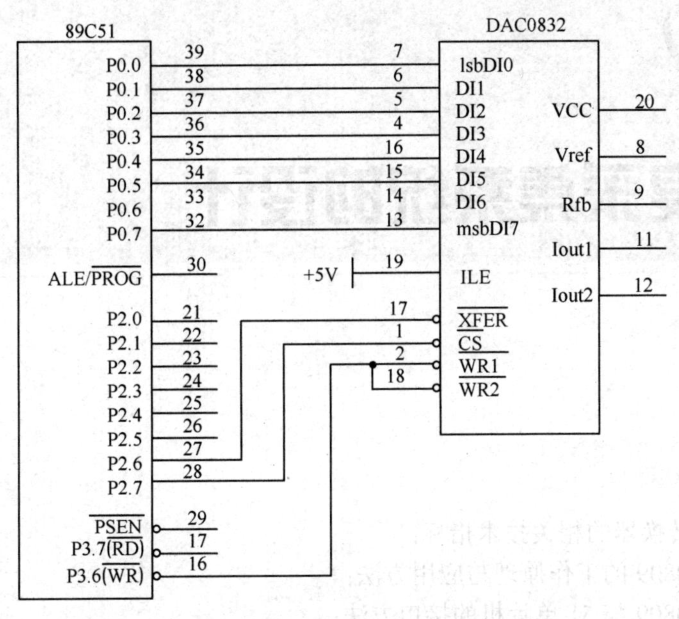


图 9.17　DAC0832 与单片机的连接电路

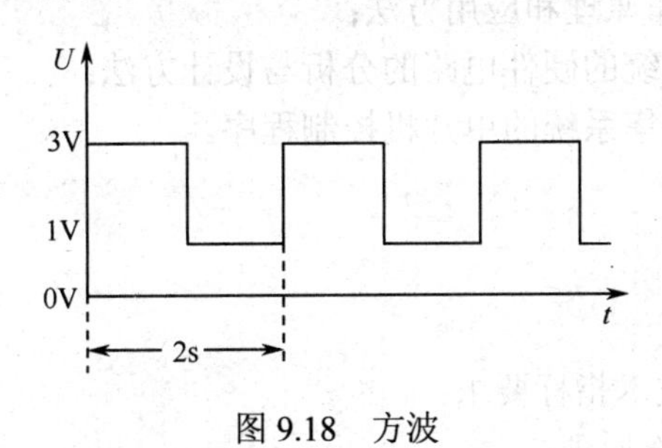


图 9.18　方波

3．参照任务 2，将图 9.18 所示的硬件电路做修改，设计一个完整的信号发生器，通过按键控制输出锯齿波、三角波、方波或正弦波，并写出完整的程序。

# 项目10 数字温度采集系统的设计

## 学习目标

- 了解 A/D 转换器的相关技术指标；
- 理解 ADC0809 的工作原理与应用方法；
- 掌握 ADC0809 与 51 单片机的接口方法；
- 掌握 DS18B20 的工作原理和应用方法；
- 掌握数字温度采集系统的硬件电路的分析与设计方法；
- 熟练编写数字温度采集系统的单片机控制程序。

## 工作任务

- 叙述 A/D 转换器的技术指标要求；
- 叙述 ADC0809 的工作原理；
- 叙述 DS18B20 的工作原理；
- 设计单片机控制的数字温度采集系统的工作电路；
- 编写数字温度采集系统的单片机控制程序。

## 项目引入

在工业控制和智能化仪器仪表中，被控制的对象往往是一些连续变化的模拟量，如温度、压力、形变、位移、流量等。单片机是一只数字芯片，它的 I/O 端口只能接收“0”和“1”的数字信号。但是我们常常需要用单片机去接收或控制一些模拟信号，比如空调机中的控制单片机，它需要先检测环境的温度，这个温度值与设定的值不同，单片机才能发出升温或降温的命令。模拟的温度信号如 25℃怎么被单片机接收呢？这时就需要将非电的模拟量通过传感器转换成电模拟量，再转换成数字量的芯片——A/D 转换器在中间做个中介，把 25℃转换成一串二进制的数字信号，这样单片机就能“认识”了。

本项目要学习的就是单片机常用的 A/D 转换芯片 ADC0809 的工作原理以及应用方法，用它来实现数字电压表。现在的电子产品中大都采用一种常用的数字温度计 DS18B20，本项目介绍 DS18B20 的工作原理和使用方法，用它设计 51 单片机控制的数字温度采集系统。

本项目包含两个任务：51 单片机控制的数字电压表的硬件和软件设计；51 单片机控制的数字温度采集系统的硬件和软件设计。

## 任务 10.1 数字电压表的设计

### 知识准备

### 10.1.1 A/D 转换器的基本原理

能够将模拟量转换成数字量的器件称为模/数（A/D）转换器。目前 A/D 转换器都已集成化，具有体积小、功能强、可靠性高、误差小、功耗低等特点，并且能够很方便地与单片机连接。

**1. A/D 转换器的主要指标**

A/D 转换器用于实现模拟量向数字量的转换。描述 A/D 转换器性能的指标参数主要有以下几个：

（1）分辨率。

分辨率是指 A/D 转换器能分辨的最小模拟输入量。也就是指使输出数字量变化一个相邻数码所需输入模拟电压的变化量。通常用能转换成的数字量的位数来表示，如 8 位、10 位、12 位、16 位等。位数越高，分辨率越高。例如，对于 8 位 A/D 转换器，当输入电压满刻度为 5V 时，其输出数字量的变化范围为 0～255，转换电路对输入模拟电压的分辨能力为 5V/255=19.5mV。分辨率越高，转换时对输入量的微小变化的反应越灵敏。

（2）转换时间。

转换时间是指 A/D 转换器完成一次转换所需的时间。转换时间是编程时必须考虑的参数。若 CPU 采用无条件传送方式输入 A/D 转换后的数据，则从启动 A/D 芯片进行转换开始，到 A/D 转换结束，需要一定的时间，此时间为延时等待时间。实现延时等待的一段延时程序，要放在启动转换程序之后，此延时等待时间必须大于或等于 A/D 转换时间。

（3）量程。

量程是指 A/D 转换器所能转换的输入电压范围，如 5V、10V 等。

（4）精度。

精度是指与数字输出量所对应的模拟输入量的实际值与理论值之间的差值。有绝对精度和相对精度两种表示方法。常用数字量的位数作为度量绝对精度的单位，如精度为+1/2LSB，而用百分比来表示满量程时的相对误差，如±0.05%。注意，精度和分辨率是不同的概念。精度是指转换后所得结果相对于实际值的准确度，而分辨率是指能对转换结果发生影响的最小输入量。分辨率很高者可能由于温度漂移、线性不良等原因而并不具有很高的精度。

注意：在选用 A/D 转换器时，主要关心的指标是分辨率、转换速度以及输入电压的范围。分辨率主要由位数来决定；转换时间的差别很大，可以在几微秒到 100 微秒之间选择。一般情况下，位数增加，转换速率提高，A/D 转换器的价格也急剧上升。因此，要根据实际需要选择合适的 A/D 转换器。

### 2. A/D 转换器的分类

A/D 转换器芯片种类有很多，按其转换原理可分为逐次逼近（比较）式、双积分式、计数式和并行式；按其分辨率可分为 8～16 位的 A/D 转换器芯片。目前最常用的是逐次逼近式和双积分式 A/D 转换器。

逐次逼近式 A/D 转换器是一种速度较快、精度较高的转换器，其转换时间在几微秒到几百微秒之间。常用产品有 ADC0801～ADC0805 型 8 位 MOS 型 A/D 转换器、ADC0808/0809 型 8 位 MOS 型 A/D 转换器、ADC0816/0817 型 8 位 MOS 型 A/D 转换器、AD574 型快速 12 位 A/D 转换器。

双积分式 A/D 转换器的优点是转换精度高、抗干扰性能好、价格便宜，但转换速度较慢。因此，这种转换器主要用于速度要求不高的场合。常用的产品有 ICL7106/ICL7107/ICL7126、MC14433/5G14433、ICL7135 等。

### 3. A/D 转换器与单片机的接口方法

A/D 转换器与单片机接口要考虑硬件、软件的配合。一般来说，A/D 转换器与单片机的接口主要考虑的是数字量输出线的连接、ADC 启动方式、转换结束信号处理方法以及时钟的连接等。

A/D 转换器数字量输出线与单片机的连接方法与其内部结构有关。对于内部带有三态锁存数据输出缓冲器的 ADC（如 ADC0809、AD574 等），可直接与单片机相连。对于内部不带锁存器 ADC，一般通过锁存器或并行 I/O 接口与单片机相连。在某些情况下，为了增强控制功能，那些带有三态锁存数据输出缓冲器的 ADC 也常采用 I/O 接口连接。随着位数的不同，ADC 与单片机的连接方法也不同。对于 8 位 ADC，其数字输出线可与 8 位单片机数据线对应相接。对于 8 位以上的 ADC，必须增加读取控制逻辑，把 8 位以上的数据分两次或多次读取。为了便于连接，一些 ADC 产品内部带有读取控制逻辑，而对于内部不包含读取控制逻辑的 ADC，在和 8 位单片机连接时，应增设三态缓冲器对转换后的数据进行锁存。

ADC 开始转换时，必须加一个启动转换信号，这一启动信号要由单片机提供。不同型号的 ADC，对于启动转换信号的要求也不同，一般分为脉冲启动和电平启动两种。对于脉冲启动型 ADC，只要给其启动控制端上加一个符合要求的脉冲信号即可，如 ADC0809、AD574 等。通常用 WR 和地址译码器的输出经一定的逻辑电路进行控制。对于电平启动型 ADC，当把符合要求的电平加到启动控制端上时，立即开始转换，在转换过程中，必须保持这一电平，否则会终止转换的进行。因此，在这种启动方式下，单片机的控制信号必须经过锁存器保持一段时间，一般采用 D 触发器、锁存器或并行 I/O 接口等来实现。AD570、AD571 等都属于电平启动型 ADC。

当 ADC 转换结束时，ADC 输出一个转换结束标志信号，通知单片机读取转换结果。单片机检查判断 A/D 转换结束的方法一般有中断和查询两种。对于中断方式，可将转换结束标志信号接到单片机的中断请求输入线上或允许中断的 I/O 接口的相应引脚，作为中断请求信号；对于查询方式，可把转换结束标志信号经三态门送到单片机的某一位 I/O 口线上，作为查询状态信号。

A/D 转换器的另一个重要连接信号是时钟，其频率是决定芯片转换速度的基准。整个 A/D 转换过程都是在时钟的作用下完成的。A/D 转换时钟的方法有两种：一种是由芯片内部提供（如 AD574），一般不需外加电路；另一种是由外部提供，有的用单独的振荡电路产生，更多的则是把单片机输出时钟经分频后，送到 A/D 转换器的相应时钟端。

知识深入

## 10.1.2 ADC0809 芯片的介绍

ADC0809 是单片机接收模拟信号量时使用较普遍的逐次逼近式 A/D 转换器芯片。

### 1. ADC0809 的性能

- ADC0809 采用+5V 电源供电。
- 转换时间：取决于芯片的工作时钟。ADC0809 为外接时钟，转换一次的时间为 64 个时钟周期，当工作时钟为 500kHz 时，转换时间为 128μs，最大允许值为 800kHz。
- 8 位 CMOS 逐次逼近型的 A/D 转换器。
- 三态锁定输出。
- 分辨率：8 位。
- 总误差：±1LSB。
- 模拟输入电压范围：单极性 0～+5V。

### 2. ADC0809 的内部结构

ADC0809 内部有 8 路模拟选通开关、三态输出锁存器以及相应的通道地址锁存与译码电路。它可实现 8 路模拟信号的分时采集，转换后的数字量的输出是三态的（总线型输出），可直接与单片机数据总线相连接。

ADC0809 内部结构如图 10.1 所示。8 位 A/D 转换电路是逐次逼近式 A/D 转换器，由控制与时序电路、逐次逼近寄存器、树状开关以及 256R 电阻阶梯网络等组成。三态输出锁存器用于存放和输出转换得到的数字量。

ADC0809 有 8 个模拟量输入通道 IN0～IN7，在某一时刻，模拟开关只能与一路模拟量通道接通，对该通道进行 A/D 转换。8 路模拟开关与输入通道的关系如表 10.1 所示。

ADDC、ADDB、ADDA 是三条通道的地址线。当地址锁存信号 ALE 为高电平时，ADDC、ADDB、ADDA 三条线上的数据送入 ADC0809 内部的地址锁存器中，经过译码器译码后选中某一通道。当 ALE=0 时，地址锁存器处于锁存状态，模拟开关始终与刚才选中的输入通道接通。ADC0809 是分时处理 8 路模拟量输入信号的。

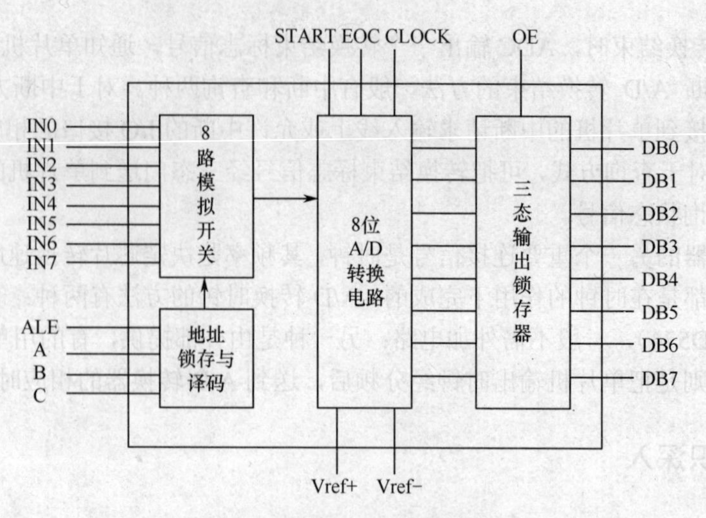


图 10.1 ADC0809 内部结构

**表 10.1 8 路模拟开关与输入通道的关系**

| ADDC | ADDB | ADDA | 输入通道 |
|---|---|---|---|
| 0 | 0 | 0 | IN0 |
| 0 | 0 | 1 | IN1 |
| 0 | 1 | 0 | IN2 |
| 0 | 1 | 1 | IN3 |
| 1 | 0 | 0 | IN4 |
| 1 | 0 | 1 | IN5 |
| 1 | 1 | 0 | IN6 |
| 1 | 1 | 1 | IN7 |

注意：ADC0809 通道的选择比较灵活，根据应用的需要，可以固定选择，也可以用 CPU 的端口动态选择，这样适合多路转换时应用。

### 3. ADC0809 的引脚

ADC0809 芯片为 28 引脚双列直插式封装，其引脚排列如图 10.2 所示。ADC0809 各引脚的功能如下。

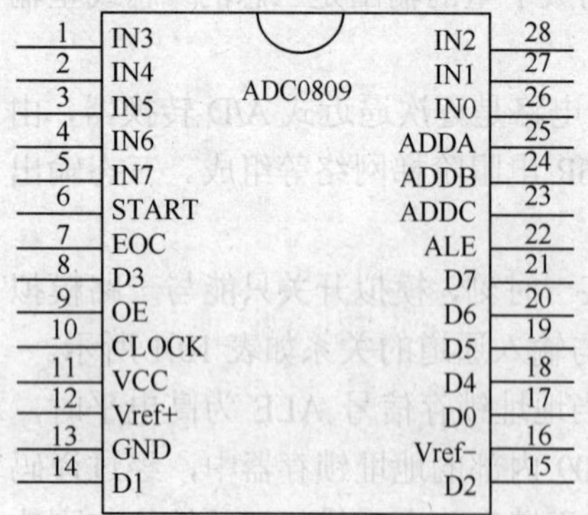


图 10.2 ADC0809 引脚排列

IN7～IN0：模拟量输入通道。ADC0809 对输入模拟量的要求主要有：信号单极性，电压范围 0～5V。另外，在 A/D 转换过程中，模拟量输入的值不应变化太快，对变化速度快的模拟量，在输入前应增加采样保持电路。

ADDA、ADDB、ADDC：地址线。ADC0809 芯片可以处理 8 路模拟输入信号，而不是一路。ADDA、ADDB 和 ADDC 用于决定是哪一路模拟信号被选中，并送到内部的 A/D 转换电路进行转换。

ALE：地址锁存允许信号。在 ALE 上升沿时，将 ADDA、ADDB、ADDC 端的信号锁存到地址锁存器中。

START：转换启动信号。在 START 上升沿时，所有内部寄存器清 0；在 START 下降沿时，启动内部控制逻辑，使 ADC0809 内部的 8 位 A/D 转换器开始进行 A/D 转换；在 A/D 转换期间，START 应保持低电平。需要注意的是，选中通道的模拟量到达 A/D 转换器时，A/D 转换器并未对其进行 A/D 转换。只有当转换启动信号 START 端出现下降沿并延迟 Teoc（≤8c1+2μs）后，才启动芯片进行 A/D 转换。

D7～D0：数据输出线。为三态缓冲输出形式，可以和单片机的数据线直接相连。

OE：输出允许信号。用于控制三态输出锁存器向单片机输出转换得到的数据。当 OE=0 时，输出数据线呈高阻；当 OE=1 时，输出转换的数据。需要注意的是，A/D 转换结束后，A/D 转换的结果（8 位数字量）送到三态锁存输出缓冲器中，此时 A/D 转换结果还没有出现在数字量输出线 DB0～DB7 上，单片机不能获取它。单片机要想读到 A/D 转换结果，必须使 ADC0809 的允许输出控制端 OE 为高电平，打开三态输出锁存器，这样 A/D 转换结果才出现在 DB0～DB7 上。

CLK：时钟信号。ADC0809 的 A/D 转换过程是在时钟信号的协调下进行的。ADC0809 的内部没有时钟电路，所需时钟信号由外界提供，因此有时钟信号引脚。ADC0809 的时钟信号由 CLK 端送入，该时钟信号的频率决定了 A/D 转换器的转换速度，其最高频率为 800kHz。当 ADC0809 用于 51 单片机系统时，若 51 单片机采用 6MHz 的晶振，则 ADC0809 的时钟信号可以由 51 单片机的 ALE 经过一个二分频电路获取。这时 ADC0809 的时钟频率为 500kHz，A/D 转换时间为 128μs。

EOC：转换结束状态信号。在 A/D 转换期间，EOC 维持低电平，当 A/D 转换结束时，EOC 变成高电平。该状态信号既可作为查询的状态标志，又可作为中断请求信号使用。需要注意的是，ADC0809 的 START 端收到下降沿后，并没有立即进行 A/D 转换，此时 EOC=1，在延迟 10μs 后，ADC0809 才开始 A/D 转换，这时 EOC 才变为低电平。

VCC：+5V 电源。

GND：为地。

Vref+、Vref−：参考电压。参考电压用来与输入的模拟信号进行比较，作为逐次逼近的基准。一般情况下，它们与本机的电源和地连接，即 Vref+接+5V，Vref−接 0V，也可以不与本机电源和地相连，但 Vref−不得为负值，Vref+不得高于 VCC，且 1/2[Vref++Vref−]与 1/2VCC 之差不得大于 0.1V。

### 4．ADC0809 与 51 单片机的接口

单片机与 ADC0809 连接时，主要考虑 ADC0809 的数字量输出线、通道选择地址线、转换结束信号线、输出允许信号线和启动转换信号线的连接。

ADC0809 的数字量输出线 DB7～DB0 通常与单片机的数据总线 DB7～DB0 直接相连。

ADC0809 的通道选择地址线 C、B、A 可以与单片机的数据总线 DB2～DB0 连接，也可以与单片机的地址总线 AB2～AB0 连接。

ADC0809 的转换结束信号线 EOC 的连接方法取决于单片机确定 A/D 转换是否结束的方法。单片机在读取 A/D 转换结果之前，必须确保 A/D 转换已经结束。单片机获取 A/D 转换是否结束的方法有以下 3 种。

（1）延时法。单片机启动 ADC0809 后，延迟 130μs 以上，可以读到正确的 A/D 转换结果。此时，EOC 端悬空。

（2）查询法。单片机启动 ADC0809 后，延迟 10μs，检测 EOC，若 EOC=0 则 A/D 转换没有结束，继续检测 EOC 直到 EOC=1。当 EOC=1 时，A/D 转换已经结束，单片机可以读取 A/D 转换结果。此时，EOC 必须接到单片机的一条 I/O 线上。

（3）中断法。EOC 应经过非门接到单片机的中断请求输入线 INT0 或 INT1 上。单片机启动 A/D 转换后可以做其他工作，当 A/D 转换结束时，ADC0809 的 EOC 端出现 0 到 1 的跳变。这个跳变经过非门传到单片机的中断请求输入端，单片机收到中断请求信号，若条件满足，则进入中断服务程序，在中断服务程序中单片机读取 A/D 转换的结果。

图 10.3 所示为 ADC0809 与 51 单片机的连接图。ADC0809 的转换时钟由单片机的 ALE 提供。因 ADC0809 的典型转换频率为 640kHz，ALE 的信号频率与晶振频率有关，如果晶振频率取 12MHz，则 ALE 的频率为 2MHz，所以 ADC0809 的时钟端 CLK 与单片机的 ALE 端相接时，要考虑分频。51 单片机通过地址线 P2.0 和读、写控制线 RD、WR 来控制转换器的模拟输入通道地址锁存、启动和输出允许。模拟输入通道地址的译码输入 ADDA～ADDC 由 P0.0～P0.2 提供，因 ADC0809 具有通道地址锁存功能，故 P0.0～P0.2 不需经锁存器接入 ADDA～ADDC。根据 P2.0 和 P0.0～P0.2 的连接方法，8 个模拟输入通道的地址依照 IN0～IN7 的顺序为 0xFEF8～0xFEFF。

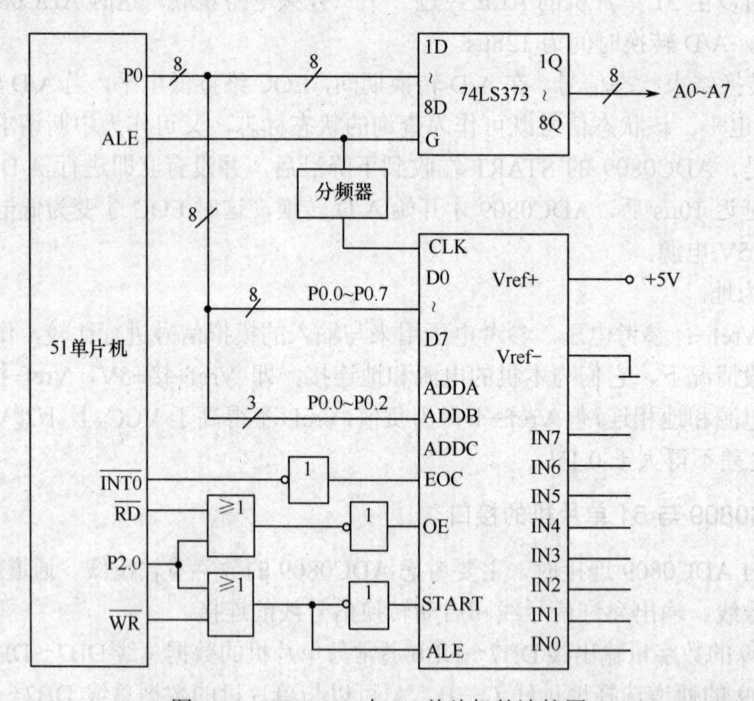


图 10.3　ADC0809 与 51 单片机的连接图

ADC0809 转换工作时序如图 10.4 所示。在进行 A/D 转换时，通道地址应先送到 ADDA～ADDC 输入端，然后在 ALE 输入端加一个正跳变脉冲，将通道地址锁存到 ADC0809 内部的地址锁存器中，这样对应的模拟电压输入就和内部变换电路接通。为了启动，必须在START端加一个负跳变信号。此后，变换工作就开始进行了，标志ADC0809正在工作的状态信号EOC由高电平（空闲状态）变为低电平（工作状态）。一旦变换结束，EOC信号就又由低电平变成高电平，此时只要在OE端加一个高电平，即可打开数据线的三态缓冲器从D0～D7数据线读得一次变换后的数据。

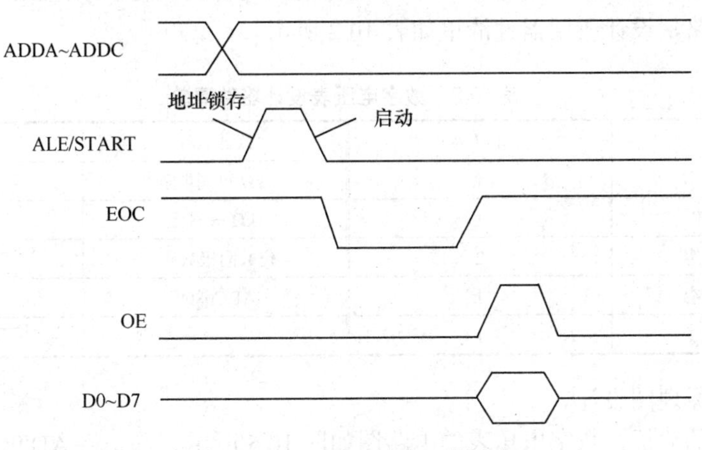


图10.4　ADC0809转换工作时序

**注意**：ADC0809的几根控制脚及其工作时序在应用时非常重要，一定要掌握，否则不能正确应用ADC0809来实现A/D转换。

## 10.1.3　数字电压表的设计

### 任务操作

**1．任务要求**

用AT89C51和ADC0809设计一只简单的数字电压表，可以测量0～+5V的电压，并将测得的电压数值显示在4位共阴极的数码管上，要求测量精度为0.01V，即保留两位小数。

**2．任务分析**

要实现本任务的要求，ADC0809作为读取模拟电压值的A/D转换芯片，在其输入通道IN3上接入被测电压就可以了。由于ADC0809的供电电压是+5V，所以其输入通道只能输入0～+5V的电压，正好符合任务要求。我们可以用一只简单的可调电阻，其一端接+5V，一端接地，中间的可调脚接入ADC0809的IN3，只要滑动电阻的可调脚，IN3上就能输出不同的电压值，通过ADC0809 A/D转换成数字量后送入AT89C51的P3口，AT89C51再将接收到的电压值的数字量还原为模拟量显示在数码管上。

由于0～+5V的模拟电压值转换为8位数字量00000000～11111111（0～255），一个数字量单位的电压值是5V/255，将数字量还原为模拟量时只要将P3口读取的数值乘以5V/255就可以了。我们可以用T0的定时中断为ADC0809提供CLK信号。

3．任务设计

（1）器件的选择。

根据任务的要求和分析，采用 AT89C51 作为 CPU，ADC0809 作为 A/D 转换芯片，一只可调电阻用来获取不同的电压，一只 4 位的共阴极数码管显示电压，包括 AT89C51 工作的外围电路，设计所用器件清单如表 10.2 所示。

表 10.2　数字电压表设计器件清单

| 器件名称 | 数量（只） | 器件名称 | 数量（只） |
|---|---|---|---|
| AT89C51 | 1 | 1kΩ 可调电阻 | 1 |
| 12MHz 晶体 | 1 | 1kΩ×8 排阻 | 1 |
| 22pF 瓷片电容 | 2 | 4 位共阴极数码管 | 1 |
| 10μF 电解电容 | 1 | ADC0809 | 1 |
| 10kΩ 电阻 | 1 | | |

（2）硬件原理图设计。

根据前面的分析，数字电压表的电路图如图 10.5 所示。首先将 AT89C51 的基本工作电路（电源、时钟和复位）连接好，ADC0809 的 8 位数据输出线连接到 AT89C51 的 P3 口，P1.0 连接 OE，P1.1 连接 EOC，P1.2 连接 ALE，P1.3 连接 CLK，P1.4～P1.6 连接 ADDA～ADDC。可调电阻 RV1 的可调脚接入 IN3，ADC0809 的参考电压 Vref+接+5V，Vref−接地。4 位共阴极的数码管 3 位位选由 P2.1～P2.3 控制，段码接 P0 口，需要排阻上拉。

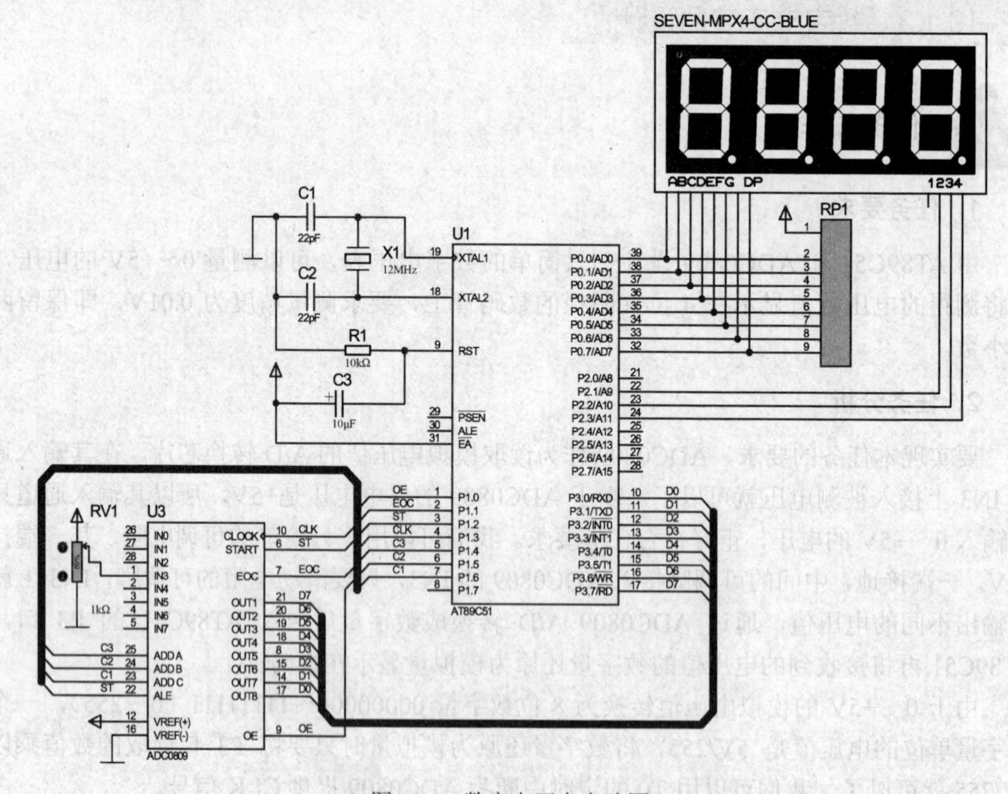

图 10.5　数字电压表电路图

（3）软件程序设计。

源程序如下：

```
//**********************************************************************
//宏定义
#include<reg51.h>
#define uchar unsigned char
#define uint unsigned int
//**********************************************************************
//数码管码表
uchar   code LEDData[ ]={ 0x3F, 0x06, 0x5B, 0x4F, 0x66, 0x6D, 0x7D, 0x07, 0x7F, 0x6F};
//ADC0809 控制脚定义
sbit   OE=P1^0;
sbit   EOC=P1^1;
sbit   ST=P1^2;
sbit   CLK=P1^3;
//**********************************************************************
//延时 1ms 子程序
void DelayMS（uint x)
{ uchar i;
    while(x--)    for(i=0; i<120; i++);
}
//**********************************************************************
//显示转换结果子程序
void Display(uchar d)
{   float a;
    uint b;
a = d*5/255;                        //计算出电压模拟量值
    b = a*100+0.5;                  //保留两位小数，四舍五入
P2=0xF7;                            //数码管第 4 位显示个位数
    P0= LEDData[ b%10];
    DelayMS(5);
    P0=0x00;
P2=0xFB;                            //数码管第 3 位显示十位数
    P0= LEDData[ b%100/10];
    DelayMS(5);
    P0=0x00;
P2=0xFD;                            //数码管第 2 位显示百位数和小数点
    P0= LEDData[ b/100]|0x80;   //把小数点加入段码
    DelayMS(5);
    P0=0x00;
}
//**********************************************************************
//主程序
```

```
void main( )
{ TMOD=0x02;                    //定时器 0 工作在方式 2
TH0=0x14;
TL0=0x14;
IE=0x82;                        //开 T0 中断
TR0=1;
  P1=0x3F;                      //选择 ADC0809 的通道 3(011)
                                //高 4 位设通道地址为 011(3)，低 4 位为 ST，EOC，OE 等
  while(1)
  { ST=0;
    ST=1;
    ST=0;                       //启动转换
    while(EOC==0);              //等待转换结束
    OE=1;                       //允许输出
    Display(P3);                //显示 A/D 转换结果
    OE=0;                       //关闭输出
  }
}
//*************************************************************************
//T0 中断子程序
void Timer0_INT( ) interrupt 1
{
    CLK=!CLK;                   //ADC0809 时钟信号
}
//*************************************************************************
```

在程序中首先设置共阴极数码管的段码表 LEDData[]数组，对 P1.0～P1.3 控制 ADC0809 的信号做定义。主程序中设置 T0 的定时中断，由于采用的是 12MHz 晶体，TH0=TL0=0x14，中断就是 CLK 取反，两次中断得到一个 CLK 周期，所以 CLK 的周期是 472μs。P1 设为 0x3F，表明从模拟信号从 IN3 输入。启动 ADC0809 的转换后，等待其转换结束，将转换结果送去显示。转换的结果从 P3 读出后，调用 Display（）显示子程序。

在显示子程序 Display（）中，首先把 P3 读取的数字量转换为模拟量，乘以 5/255，由于要求保留两位小数，所以将得到的电压值乘以 100 后赋给整型变量，即把 3 位以下的小数位都去掉了，而加上 0.5 是为了四舍五入。然后把还原的模拟电压值送到数码管相应位去显示就可以了，注意在第二位后要把小数点加上。

（4）软硬件联合调试。

将编写的程序在 Keil C51 中编译成*.hex 后调入 Proteus 硬件电路图的 AT89C51 中运行，即能实现简单的数字电压表功能。运行后，滑动 RV1 的可调脚，数码管会显示不同的电压值，测量范围为 0～+5V，精确度为 0.01V。

**注意**：*在运用 ADC0809 与 51 单片机配合完成 A/D 转换时要注意单片机对 ADC0809 的控制信号的控制过程。*

# 任务 10.2 数字温度采集系统的设计

## 任务准备

### 10.2.1 DS18B20 的工作原理

DS18B20 是美国 DALLAS（达拉斯）公司生产的一款单总线（1-Wire）数字温度计，它具有硬件线路简单、体积超小、功耗低、抗干扰能力强、精度高、附加功能强、易配微处理器等特点，可直接将温度转化成串行数字信号供处理器处理。DS18B20 将温度传感器、A/D 转换器等集于一身，从环境中采集了模拟的温度，输出数字温度信号。DS18B20 具有唯一的序列号，在一根通信线上，可以挂很多这样的数字温度计，使用十分方便。

DS18B20 的主要特征：

- 全数字温度转换及输出。
- 先进的单总线数据通信。
- 可编程分辨率 9～12 可选，精度可达±0.5℃。
- 12 位分辨率时的最大工作周期为 750ms。
- 电压适应范围宽，+3.3～+5.5V，可选择数据线寄生电源工作方式。
- 检测温度范围为–55℃～+125℃。
- 内置 EEPROM，限温报警功能。
- 64 位光刻 ROM，内置产品序列号，方便多机挂接。
- 多样封装形式，适用不同的硬件系统

DS18B20 可用于电缆沟测温、高炉水循环测温、锅炉测温、机房测温、农业大棚测温、洁净室测温、弹药库测温等各种非极限温度场合，耐磨耐碰、体积小、使用方便、封装形式多样，适用于各种狭小空间设备数字测温和控制领域。

#### 1. DS18B20 引脚介绍

不同封装的 DS18B20 实物如图 10.6 所示，有 2 种封装形式，一种是 TO-92 直插式（使用最多、最普遍的封装）；一种是 8 脚 SO 或 SOP 贴片式。DS18B20 的引脚定义如表 10.3 所示。

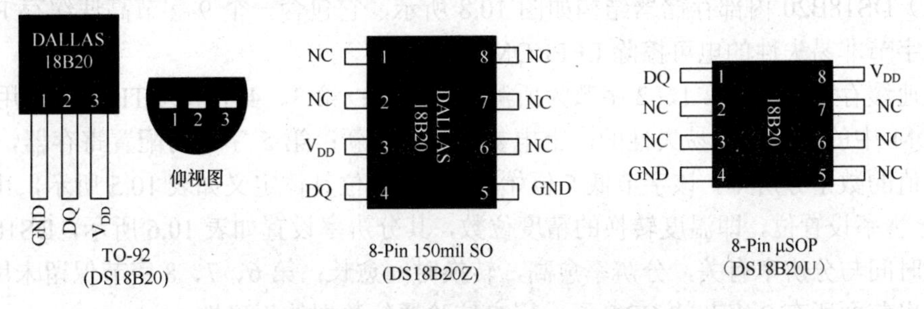


图 10.6 不同封装的 DS18B20 实物

表 10.3　DS18B20 的引脚定义

| 序　号 | 名　称 | 功　能 |
| --- | --- | --- |
| 1 | GND | 电源地 |
| 2 | DQ | 数据（数字信号）输入/输出引脚，开漏单总线接口引脚，当工作在寄生电源方式时，也可以向器件提供电源 |
| 3 | VDD | 外接供电电源输入端（在寄生电源接线方式时，此引脚必须接地） |

## 2．DS18B20 内部结构

DS18B20 主要由 64 位光刻 ROM、高速缓存 RAM（Scratchpad）、温度传感器、非易失性温度报警触发器 TH 和 TL，以及配置寄存器（EEPROM）等组成，其内部结构如图 10.7 所示。

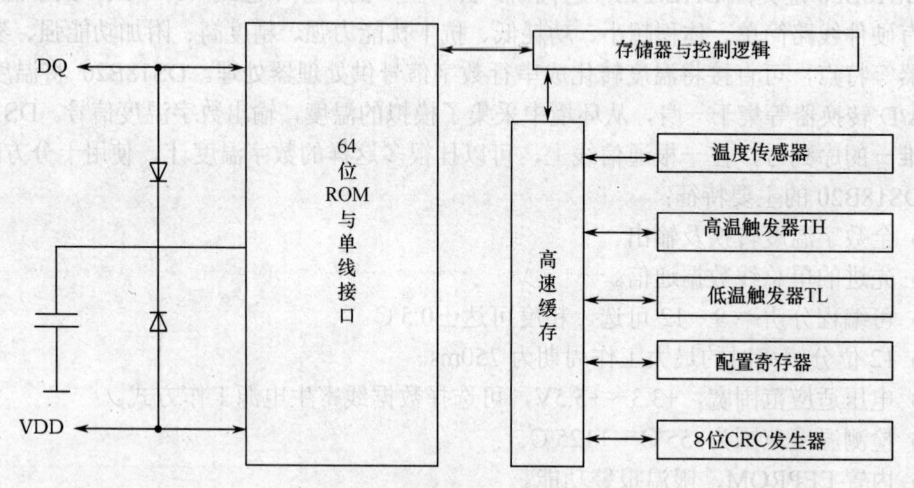


图 10.7　DS18B20 内部结构

（1）64 位光刻 ROM 的位结构如表 10.4 所示。开始 8 位为产品类型编号，接着是每个器件的唯一序号，共有 48 位，最后 8 位是前面 56 位的 CRC 验证码。非易失性温度报警触发器 TH 与 TL，可通过软件写入报警上下限。

表 10.4　64 位光刻 ROM 的位结构

| 8 位检验 CRC | 48 位序列号 | 8 位工厂代码（10H） |
| --- | --- | --- |
| MSB | | LSB |

（2）DS18B20 内部存储器结构如图 10.8 所示，它包含一个 9 字节高速缓存 RAM 和一个 3 字节非易失性的电可擦除 EEPROM。

高速缓存 RAM 的第 1、2 字节为所测温度信息；第 3、4 字节为 TH 与 TL 用户字节在 PROM 中的复制，是易失性的，上电复位时被刷新；第 5 字节为配置寄存器，用于确定温度值的数字分辨率，该字节低 5 位始终为 1，各位具体定义如表 10.5 所示，其中 R1、R0 为分辨率设置位，即温度转换的精度位数，其分辨率设置如表 10.6 所示，DS18B20 温度转换时间与分辨率有关，分辨率愈高，转换时间愈长；第 6、7、8 字节保留未用；第 9 字节读出前面所有 8 字节的 CRC 码，用来校验通信数据的正确性。

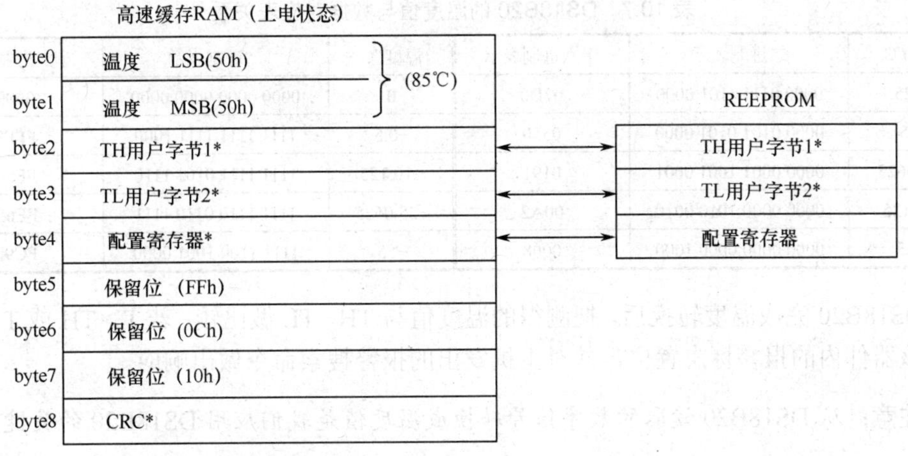


图 10.8　DS18B20 内部存储器结构

**表 10.5　配置寄存器各位定义**

| 0 | R1 | R2 | 1 | 1 | 1 | 1 | 1 |
|---|---|---|---|---|---|---|---|

**表 10.6　DS18B20 分辨率设置表**

| R1 | R0 | 分辨率/bit | 温度最大转换时间/ms |
|---|---|---|---|
| 0 | 0 | 9 | 93.75 |
| 0 | 1 | 10 | 187.5 |
| 1 | 0 | 11 | 375 |
| 1 | 1 | 12 | 750 |

EEPROM 是高速缓存 RAM 第 3、4、5 字节的镜像，用户可以将设置的温度报警值和分辨率通过指令复制到 EEPROM 中，也可以将 EEPROM 中的数据复制到高速 RAM 的相应单元。

（3）温度数据值格式。DS18B20 接收到温度转换命令后，启动温度转换，并将转换后的温度值以 16 位带符号二进制补码形式存储在高速缓存存储器的每 1、2 字节，单片机可通过单线接口读到该数据，读取时低位在前，高位在后。DS18B20 温度值格式如图 10.9 所示，配置为 12 位分辨率，数据格式以 0.0625℃/LSB 形式表示。

| | bit 7 | bit 6 | bit 5 | bit 4 | bit 3 | bit 2 | bit 1 | bit 0 |
|---|---|---|---|---|---|---|---|---|
| LS Byte | $2^3$ | $2^2$ | $2^1$ | $2^0$ | $2^{-1}$ | $2^{-2}$ | $2^{-3}$ | $2^{-4}$ |

| | bit 15 | bit 14 | bit 13 | bit 12 | bit 11 | bit 10 | bit 9 | bit 8 |
|---|---|---|---|---|---|---|---|---|
| MS Byte | S | S | S | S | S | $2^6$ | $2^5$ | $2^4$ |

图 10.9　DS18B20 温度值格式

其中，S 为标志位，对应的温度计算：当符号位 S=0 时，表示测得温度值为正，直接将二进制位转换为十进制；当 S=1 时，表示测得温度值为负，先将补码变换为原码，再计算十进制值。表 10.7 所示为 DS18B20 的温度值与数据对应关系。

表 10.7　DS18B20 的温度值与数据对应表关系

| 温度/℃ | 二进制表示 | 十六进制表示 | 温度/℃ | 二进制表示 | 十六进制表示 |
| --- | --- | --- | --- | --- | --- |
| +125 | 0000 0111 1101 0000 | 07D0 | 0 | 0000 0000 0000 0000 | 0000 |
| +85 | 0000 0101 0101 0000 | 0550 | −0.5 | 1111 1111 1111 1000 | FFF8 |
| +25.0625 | 0000 0001 1001 0001 | 0191 | −10.125 | 1111 1111 0101 1110 | FF5E |
| +10.125 | 0000 0000 1010 0010 | 00A2 | −25.0625 | 1111 1110 0110 1111 | FE6E |
| +0.5 | 0000 0000 0000 1000 | 0008 | −55 | 1111 1100 1001 0000 | FC90 |

DS18B20 完成温度转换后，把测得的温度值与 TH、TL 做比较，若 T＞TH 或 T＜TL，则将该器件内的报警标志置位，并对主机发出的报警搜索命令做出响应。

**注意**：从 DS18B20 读取的数字信号转换成温度值是我们应用 DS18B20 的关键。

### 3．DS18B20 的工作命令

DS18B20 工作时，控制其工作的 CPU（单片机）可以使用各种命令对 DS18B20 进行操作，操作过程为：初始化、发功能命令、发存储器操作命令。

（1）读 ROM［33H］。

这个命令允许总线控制器读到 DS18B20 的 8 位系列编码、唯一的序列号和 8 位 CRC 码。只有在总线上存在单只 DS18B20 时才能使用这个命令。如果总线上不只有 1 个从机，当所有从机试图同时传送信号时就会发生数据冲突。

（2）匹配 ROM［55H］。

这是匹配 ROM 命令，后跟 64 位 ROM 序列，让总线控制器在多点总线上定位 1 只特定的 DS18B20。只有和 64 位 ROM 序列完全匹配的 DS18B20 才能响应随后的存储器操作，所有和 64 位 ROM 序列不匹配的从机都将等待复位脉冲。这条命令在总线上有单个或多个器件时都可以使用。

（3）跳过 ROM［CCH］。

这条命令允许总线控制器不用提供 64 位 ROM 编码就使用存储器操作命令，在单点总线情况下，可以节省时间。如果总线上不只有 1 个从机，那么在 Skip ROM 命令之后跟着发 1 条读命令，由于多个从机同时传送信号，总线上就会发生数据冲突。

（4）搜索 ROM［F0H］。

当 1 个系统初次启动时，总线控制器可能并不知道单线总线上有多少器件或它们的 64 位 ROM 编码。搜索 ROM 命令允许总线控制器用排除法识别总线上的所有从机的 64 位编码。

（5）报警搜索［ECH］。

这条命令的流程和 Search ROM 相同。然而，只有在最近一次测温后遇到符合报警条件的情况下，DS18B20 才会响应这条命令。报警条件定义为温度高于 TH 或低于 TL。只要 DS18B20 不掉电，报警状态将一直保持，.直到再一次测得的温度值达不到报警条件。

（6）写暂存存储器［4EH］。

这条命令是向 DS18B20 的暂存器 TH 和 TL 中写入数据，可以在任何时刻发出复位命令来中止写入。

（7）读暂存存储器［BEH］。

这条命令是读取暂存器的内容。读取将从第 1 个字节开始，一直进行下去，直到第 9（CRC）个字节读完。如果不想读完所有字节，控制器可以在任何时间发出复位命令来中止读取。

（8）复制暂存存储器［48H］。

这条命令是把暂存器的内容复制到 DS18B20 的 EEPROM 存储器中，即把温度报警触发字节存入非易失性存储器里。如果总线控制器在这条命令之后跟着发出读时间隙，而 DS18B20 又忙于把暂存器复制到 EEPROM 存储器中，DS18B20 就会输出一个 0，如果复制结束的话，DS18B20 则输出 1。如果使用寄生电源，总线控制器必须在这条命令发出后立即启动强上拉并最少保持 10ms。

（9）温度转换［44H］。

这条命令启动 1 次温度转换而无须其他数据。温度转换命令被执行，而后 DS18B20 保持等待状态。如果总线控制器在这条命令之后跟着发出读时间隙，而 DS18B20 又忙于做温度转换的话，DS18B20 将在总线上输出 0，若温度转换完成，则输出 1。如果使用寄生电源，总线控制器必须在发出这条命令后立即启动强上拉，并保持 500ms 以上的时间。

（10）重新调出［B8H］。

这条命令把报警触发器里的值复制回暂存器。这种复制操作在 DS18B20 上电时自动执行，这样器件一上电暂存器里马上就存在有效的数据了。若在这条命令发出之后发出读数据间隙，器件会输出温度转换忙的标志：0 为忙，1 为完成。

（11）读电源［B4H］。

若把这条命令发给 DS18B20 后发出读时间隙，器件就会返回它的电源模式：0 为寄生电源，1 为外部电源。

## 4．DS18B20 的工作时序

作为单总线器件，DS18B20 与单片机间采用串行数据传输方式，要求严格按照时隙进行操作。主机使用时间隙来读写 DS18B20 的数据位和写命令字的位。

（1）初始化 DS18B20。

对 DS18B20 操作时要先进行初始化：单片机发出复位脉冲，DS18B20 以存在脉冲响应。当 DS18B20 发出存在脉冲对复位脉冲响应时，表明该器件已在总线上并做好操作准备。

DS18B20 初始化时序如图 10.10 所示。主机总线发送一复位脉冲（最短为 480μs 的低电平信号），接着释放总线并进入接收状态。DS18B20 在检测到总线的上升沿之后等待 15～60μs，接着 DS18B20 发出存在脉冲（低电平持续 60～240μs），主机接收到高电平后初始化成功。

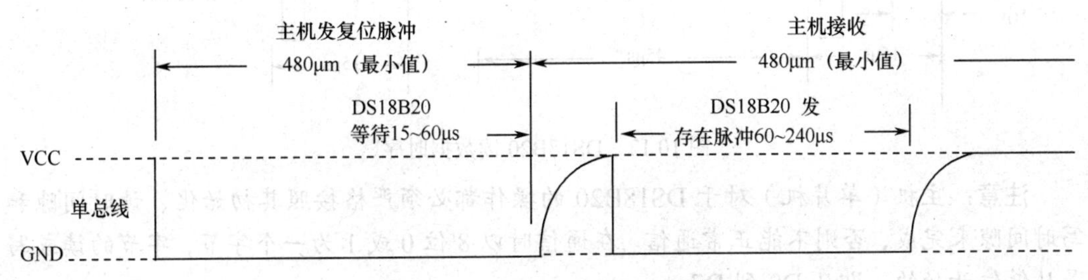


图 10.10　DS18B20 初始化时序

（2）写 DS18B20

DS18B20 有两种类型的写时序：写 0 时序和写 1 时序，如图 10.11 所示。

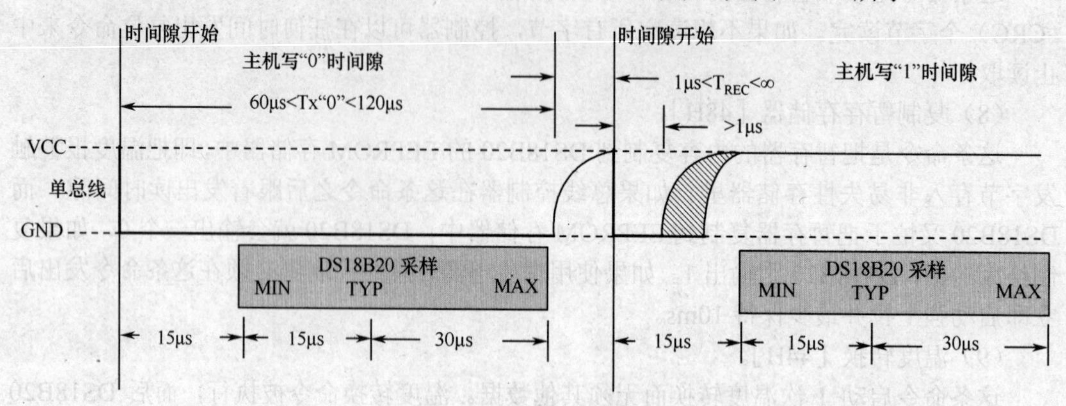


图 10.11　DS18B20 写数据时序

当主机总线从高电平拉至低电平时就产生写时间隙。从开始到 15μs 之内应将所需写的位送到总线上，DS18B20 在 15～60μs 对总线进行采样，若为低电平，则写入的位是 0；若为高电平，则写入的位是 1。连续写 2 位的间隙应大于 1μs。每一位的发送都应该有一个至少 15μs 的低电平起始位，随后的数据 0 或 1 应在 45μs 内完成。整个位的发送时间应该保持在 60～120μs，否则不能保证通信的正常。

（3）读 DS18B20。

当单片机发出读时序时，DS18B20 可发送数据到单片机。读时间隙时控制的采样时间应该更加精确才行，所有读时序必须持续 60μs 以上，每个时序之间必须有至少 1μs 的恢复时间。如图 10.12 所示，主机在将总线从高电平拉至低电平时，至少在 1μs 后将总线拉高，表示读时间隙的开始，随后在总线被释放后的 15μs 中，DS18B20 会发送内部数据位，这时控制如果发现总线为高电平则表示读出 1，如果总线为低电平则表示读出数据 0，主机必须在 45μs 内完成读位，并在 60～120μs 释放总线。

必须在读间隙开始的 15μs 内读取数据位才可以保证通信的正确。

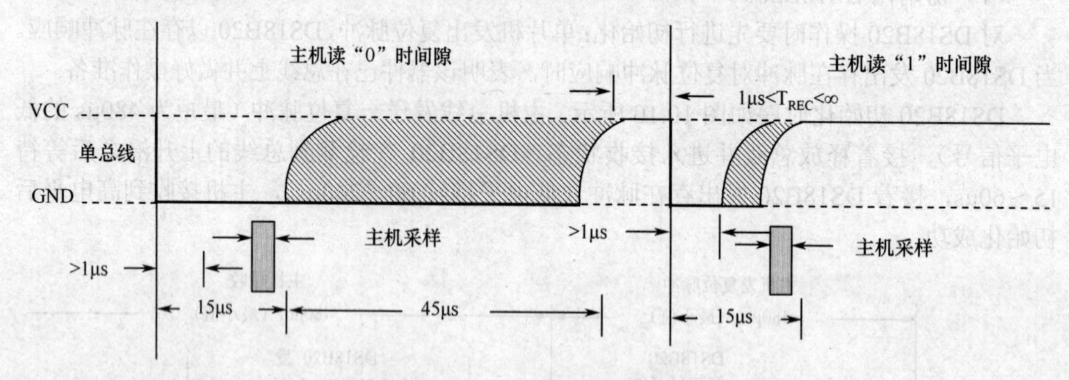


图 10.12　DS18B20 读数据时序

注意：主机（单片机）对于 DS18B20 的操作都必须严格按照其初始化、读时间隙和写时间隙来完成，否则不能正常通信。在通信时以 8 位 0 或 1 为一个字节，字节的读或写是从低位开始的，即从 D0 到 D7。

5．DS18B20 与单片机的连接

我们通常用单片机来控制 DS18B20，它们的连接非常简单，只要用单片机的 1 根 I/O 口线连接到 DS18B20 的 DQ 脚上就可以了，但是需要 1 只电阻上拉，如图 10.13 所示。图 10.13 所示的 DS18B20 采用的是外部供电，将 VDD 脚接外部电源（+5V）。单总线上可以同时挂接其他单总线器件。

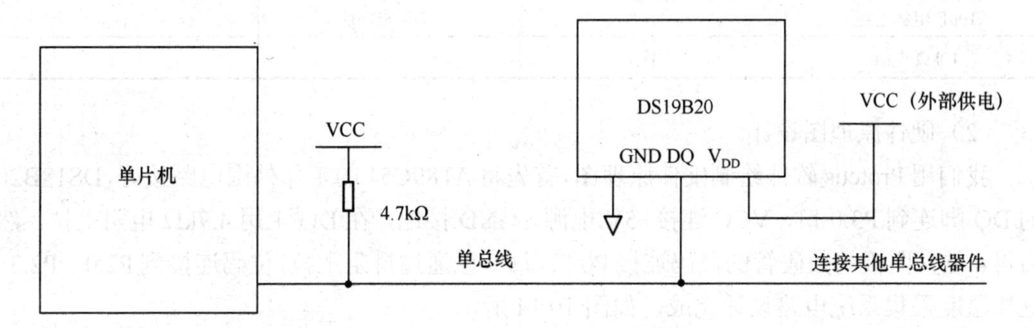


图 10.13　DS18B20 与单片机的连接

## 任务操作

### 10.2.2　数字温度采集系统的设计

1．任务要求

设计一个数字温度采集系统，用 AT89C51 来控制 DS18B20 采集环境温度，用一只共阴极的 4 位数码管显示采集的温度，要求显示的温度精确到 0.1℃，即保留一位小数位。

2．任务分析

根据任务要求，采用 AT89C51 单片机来控制 DS18B20，任意用一个端口线与 DS18B20 的 DQ 连接，这里用 P3.0 口，对 DS18B20 写数据和读数据都从 P3.0 口串行读写。单片机的外接晶体采用实际中常用的 22.1184MHz，这样 1 个机器周期是 0.54μs 左右，在控制 DS18B20 的初始化、读数据和写数据时要注意时间隙的长短。

AT89C51 从 P2.7 口将相应的命令字写给 DS18B20，在按照初始化的过程对 DS18B20 进行初始化之后，AT89C51 将温度数据从 P3.0 口读入，每次按顺序将 8 位组合成 1 字节，温度数据的高 8 位和低 8 位都读出后组合成 16 位的温度数据，按照 12 位分辨率，将数据乘以 0.0625，即得到实际的温度值。将温度值四舍五入保留一位小数后，按位送到数码管显示。

3．任务设计

（1）器件的选择。

根据任务的要求和分析，采用 AT89C51 作为 CPU，DS18B20 作为温度采集芯片，一只 4 位的共阴极数码管显示温度，包括 AT89C51 工作的外围电路，设计所用器件清单如表 10.8 所示。

表 10.8　数字电压表设计器件清单

| 器件名称 | 数量（只） | 器件名称 | 数量（只） |
|---|---|---|---|
| AT89C51 | 1 | 4.7kΩ 电阻 | 1 |
| 22.1184MHz 晶体 | 1 | 1kΩ×8 排阻 | 1 |
| 22pF 瓷片电容 | 2 | 4 位共阴极数码管 | 1 |
| 10μF 电解电容 | 1 | DS18B20 | 1 |
| 10kΩ 电阻 | 1 | | |

（2）硬件原理图设计。

我们用 Proteus 软件绘制硬件原理图，首先将 AT89C51 的工作外围电路接好，DS18B20 的 DQ 脚连到 P3.0 口，VCC 连接+5V 电源，GND 接地，在 DQ 上用 4.7kΩ 电阻上拉。然后得 4 位共阴极的数码管的段码连接 P0 口，每一位通过排阻上拉，位码连接到 P2.0～P2.3。这样温度采集系统电路设计完成，如图 10.14 所示。

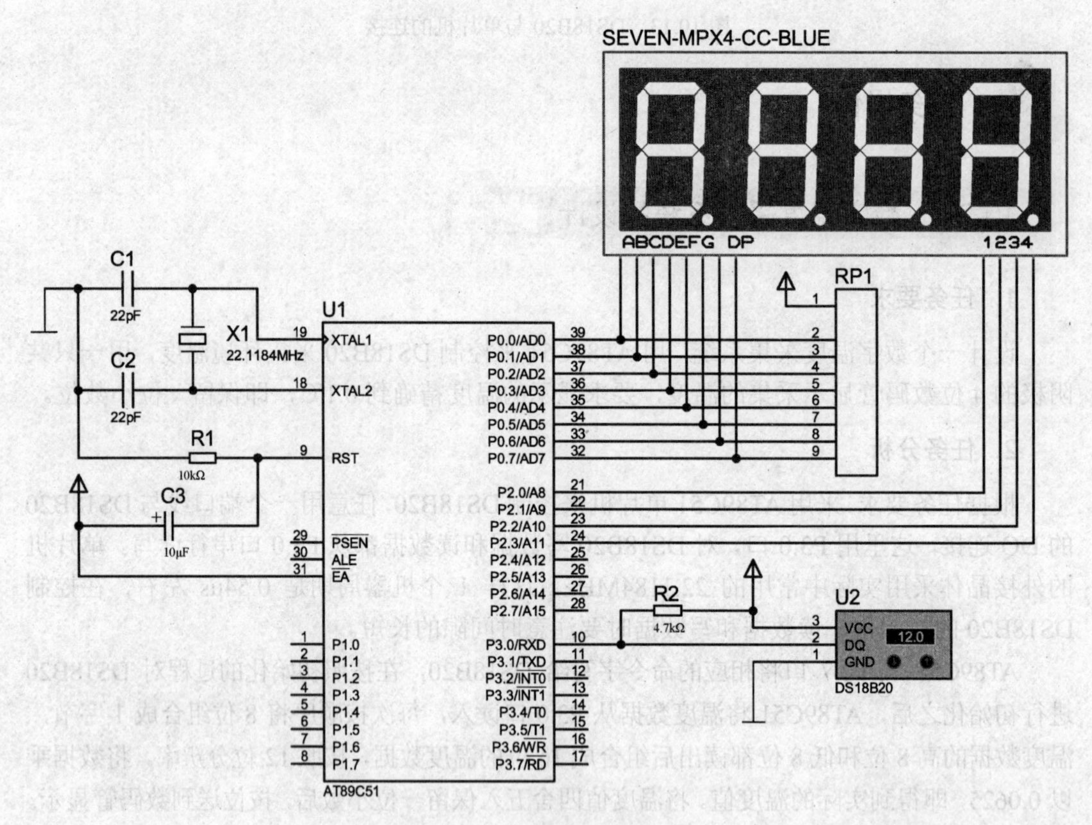


图 10.14　温度采集系统电路

（3）软件程序设计。

在温度采集系统电路设计完成后，需要设计控制温度的软件。温度采集系统软件程序流程图如图 10.15 所示。

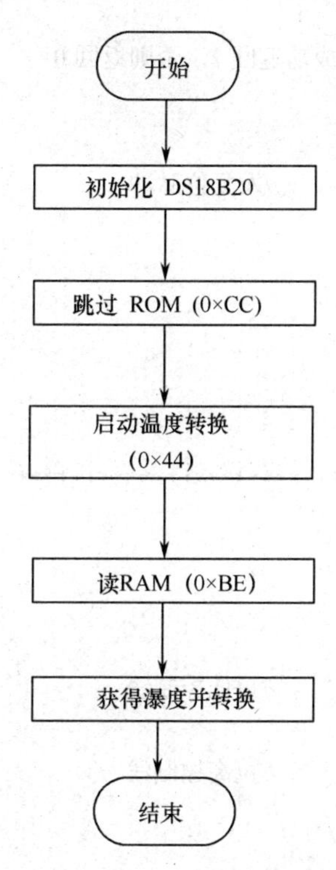


图 10.15　温度采集系统软件程序流程图

软件源程序如下：

```
//*****************************************************************************
//宏定义
#include<reg51.h>
#define uchar unsigned char
#define uint unsigned int
//*****************************************************************************
//测温口定义
sbit temp_ds=P3^0;
//定义全局变量
uint temp;                          //存储整型温度值
float f_temp;                       //存储浮点型温度值
//定义共阴极段码表
unsigned char code table[]={0x3F,0x06,0x5B,0x4F,0x66,0x6D,0x7D,0x07,0x7F,0x6F};
//*****************************************************************************
//ms 延时子程序

void delay(uint x)
{    uint y;
     while(x--)
          for(y=160;y>0;y--);
}
//*****************************************************************************
```

```
//DS18B20 初始化子程序，成功返回 1，否则返回 0
int DS18B20_init(void)
{ uint i;
  temp_ds=0;                    //发复位脉冲
  i=160;
  while(i>0) i--;
  temp_ds=1;
  i=8;
  while(i>0)i--;
}
//************************************************************************
//从 DS18B20 读 1 位数据
bit tempreadbit(void)
{   uint i;
    bit dat;
    temp_ds=0;                  //拉低控制线
    i++;
    temp_ds=1;                  //拉高控制线
    i++;
    i++;
    dat=temp_ds;                //读 1 为数据
    i=10;
    while(i>0) i--;
    temp_ds=1;                  //拉高控制线
    return (dat);
}
//************************************************************************
//从 DS18B20 读一字节
uchar tempreadbyte(void)
{ uchar i,j,dat;
  dat=0;
  for(i=1;i<=8;i++)             //读到的 8 位组成 1 字节
  {   j=tempreadbit();
      dat=(j<<7)|(dat>>1);
    }
  return(dat);
}
//************************************************************************
//向 DS18B20 写一位数据
void tempwritebit(bit instruc_data)
{   int time;
    if(instruc_data)
    { temp_ds=0;                //拉低控制线
    time=3;
    while(time>0) time--;
```

```
    temp_ds=1;                    //拉高控制线
    time=8;
    while(time>0) time--;
  }
    else
    { temp_ds=0;                  //拉低控制线
      time=14;
      while(time>0) time--;
      time--;
    }
    temp_ds=1;                    //拉高控制线
    time++ ;
    time++;
}
//*********************************************************************
//向 DS18B20 写一字节数据
 void   tempwritebyte(uchar instru)
{   int i;
    for(i=1;i<=8;i++)             //将 1 字节拆分位 8 位，逐位地写给 DS18B20
        {   tempwritebit(instru&0x01);
            instru=instru>>1;
        }
}
//*********************************************************************
//读取寄存器中存储的温度数据
uint get_temp()
{ uchar temp_L,temp_H;
   DS18B20_init();
   delay(1);
   tempwritebyte(0xcc);           // 写跳过 ROM 指令
   tempwritebyte(0xbe);           //写入读暂存器指令
   temp_L=tempreadbyte();         //读温度低 8 位
   temp_H=tempreadbyte();         //读温度高 8 位
   temp=temp_H<<8|temp_L;         //获取温度数据
   f_temp=temp*0.0625;            //12 位温度数据，分辨率为 0.0625
   temp=f_temp*10+0.5;            //乘 10 是小数点后保留一位，加 0.5 是减小误差
   return temp;
 }
//*********************************************************************
//显示子程序
void dis_temp(uint t)
{ uint   i;
   i=t/100;                       //将百位显示在数码管第 2 位
   P0=table[i];
   P2=0xFD;
```

```
    delay(5);
    P0=0x00;                        //消隐
    i=t%100/10;                     //将十位和小数点显示在数码管第 3 位
    P0=table[i]|0x80;
    P2=0xFB;
    delay(5);
    P0=0x00;                        //消隐
    i=t%10;                         //将个位显示在数码管第 4 位
    P0=table[i];
    P2=0xF7;
    delay(5);
    P0=0x00;                        //消隐
}
//************************************************************************
//主函数
void main()
{ DS18B20_init();
  while(1)
  { DS18B20_init();
    delay(1);
    tempwritebyte(0xcc);            // 写跳过 ROM 指令
    tempwritebyte(0x44);            // 启动转换
    dis_temp(get_temp());           // 调用显示子函数
  }
}
//************************************************************************
```

本设计的软件是主程序非常简单，而子程序（包含了许多功能模块）是比较大型的综合性的程序。

由于 AT89C51 采用的是 22.1184MHz 晶体，必须估算出程序延时的时间，这样编写了 ms 延时子程序。主程序先要对 DS18B20 进行初始化，DS18B20 的初始化子程序是严格按照其步骤和时间要求来编写的。根据 DS18B20 的操作命令要求，由于单片机只挂接了这一只芯片，只要跳过 ROM 就可以了，命令要调用 tempwritebyte()函数，把命令字节写入 DS18B20，在写字节 tempwritebyte()函数中，又要调用写 1 位的函数 tempwritebit()，8 位组成一字节。单片机给 DS18B20 发送了启动转换命令（0x44）后，就可以从 DS18B20 中读温度数据了。读 1 位函数 tempreadbit()是严格按照 DS18B20 的读时间隙来编写的，读了 8 位后 tempreadbyte()函数把它们组合成一字节。温度数据的高 8 位和低 8 位在 get_temp()函数中组合成 16 位的温度数据，按照分辨率计算出实际的温度值，四舍五入保留 1 位小数。在显示温度子函数 dis_temp()中，把计算好的温度值显示在数码管的相应位上，小数点放在相应位置上。

（4）软硬件联合调试。

把编写好的温度采集系统软件在 Keil C51 中编译成*.hex 文件调入 Proteus 绘制的电路中，仿真运行电路，看到数码管显示的温度与 DS18B20 上调节的温度一致，如图 10.16

所示。调节 DS18B20 的两个“-”、“+”按钮改变温度，数码管上的温度值会随之变化。

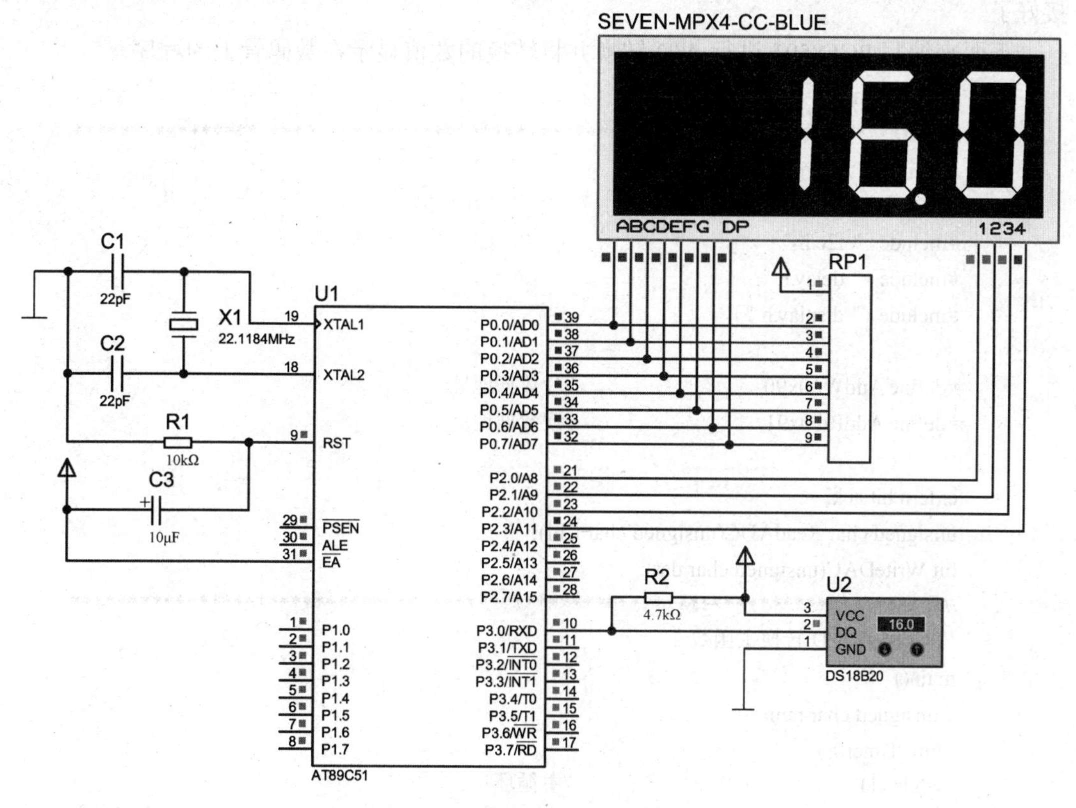


图 10.16 温度采集系统调试结果

**注意**：*在温度采集系统中，单片机与 DS18B20 的硬件连接非常简单，但是控制器工作的软件相对复杂，尤其要严格遵循 DS18B20 的工作时序。*

## 项目拓展 串行 A/D 转换芯片 PCF8591 在实验板上的应用

在项目 9 的项目拓展中我们用实验板上的 PCF8591 设计了信号发生器，采用的是 PCF8591 的 D/A 转换功能。其实 PCF8591 是一只带有 1 路 D/A 转换和 4 路 A/D 转换的综合数/模、模/数转换芯片。在这个项目拓展中我们运用它的 A/D 转换功能。

附录 B 中“数/模、模/数转换”电路为实验板上 PCF8591 的连接图，虽然有 AIN0～AIN3 4 路模拟输入，但只有 W3 和 W4 两只可调电阻来改变模拟电压值的输入，所以每次只能有 2 路工作，由 J31 和 J32 来选择。

我们用实验板的 PCF8591 来实现 1 路 A/D 转换，将 J31 的跳线连接 2、3，W4 调节的电压值（0～+5V）从 AIN0 输入，有 PCF8591A/D 转换后数字信号从 $I^2C$ 总线输出传送给 STC89C52 的 P2.0、P2.1 脚，由 STC89C52 控制共阴极数码管显示转换的数值(0～255)。

实验板的连接方法如下：用杜邦线将 J23 的 P2.0 脚与 J8 的 SCL 相连，J23 的 P2.1 脚与 J8 的 SDA 相连，J23 的 P0 与 J3 相连，J23 的 P2.2 脚与 J2 的 B 相连（段锁存），J23 的 P2.3 脚与 J2 的 A 相连（位锁存），J31 用跳线连接 2、3 选择 AIN0 输入。用跳帽将 J50

连接给数码管电路供电，如附录B中“8位共阴极数码管”电路所示。这样硬件电路就连接好了。

下面来编写PCF8591进行A/D转换并将转换的数值显示在数码管上的程序。

（1）主函数 main（）

```
//****************************************************************************
//宏定义
#include <reg52.h>
#include  " i2c.h "
#include  " delay.h "
#include  " display.h "

#define AddWr 0x90                          //写数据地址
#define AddRd 0x91                          //读数据地址

extern bit ack;
unsigned char ReadADC(unsigned char Chl);
bit WriteDAC(unsigned char dat);
//****************************************************************************
//PCF8591 A/D 转换主函数
main()
{ unsigned char num=0;
 Init_Timer0();
 while (1)                                  //主循环
  {num=ReadADC(0);
   TempData[0]=dofly_DuanMa[num/100];
   TempData[1]=dofly_DuanMa[(num%100)/10];
   TempData[2]=dofly_DuanMa[(num%100)%10];
   //主循环中添加其他需要一直工作的程序
   DelayMs(100);
  }
}
//****************************************************************************
// 读AD转值程序，输入参数 Chl 表示需要转换的通道，范围0～3，返回值范围0～255
unsigned char ReadADC(unsigned char Chl)
 { unsigned char Val;
   Start_I2c();                             //启动总线
   SendByte(AddWr);                         //发送器件地址
   if(ack==0) return(0);
   SendByte(0x40|Chl);                      //发送器件子地址
   if(ack==0) return(0);
   Start_I2c();
   SendByte(AddWr+1);
   if(ack==0) return(0);
   Val=RcvByte();
```

```
    NoAck_I2c();                          //发送非应位
    Stop_I2c();                           //结束总线
  return(Val);
 }
//***************************************************************************
```

（2）延时子函数

```
//***************************************************************************
#include  " delay.h "
//***************************************************************************
// μs 延时函数
void DelayUs2x(unsigned char t)
{   while(--t);
}
//***************************************************************************
// ms 延时函数
void DelayMs(unsigned char t)
{ while(t--)
 {       DelayUs2x(245);
         DelayUs2x(245);                  //大致延时 1ms
 }
}
//***************************************************************************
```

（3）数码管显示子函数：

```
//***************************************************************************
#include " display.h "
#include " delay.h "
#define DataPort P0                        //定义数据端口程序中遇到 DataPort 则用 P0 替换
sbit LATCH1=P2^0;                          //定义锁存使能端口段锁存
sbit LATCH2=P2^3;                          //位锁存

unsigned char code dofly_DuanMa[10]={0x3f,0x06,0x5b,0x4f,0x66,0x6d,0x7d,0x07,0x7f,0x6f};
                                           // 显示段码值 0～9
unsigned char code dofly_WeiMa[]={0xfe,0xfd,0xfb,0xf7, 0xef, 0xdf, 0xbf,0x7f};
                                           //分别对应相应的数码管点亮，即位码
unsigned char TempData[8];                 //存储显示值的全局变量
//***************************************************************************
//显示函数，用于动态扫描数码管，输入参数 FirstBit 表示需要显示的第一位，如赋值
//2 表示从第三个数码管开始显示，如输入 0 表示从第一个显示
//Num 表示需要显示的位数，如需要显示 99 两位数值则该值输入 2
void Display(unsigned char FirstBit, unsigned char Num)
{        static unsigned char i=0;

          DataPort=0;                      //清空数据，防止有交替重影
         LATCH1=1;                         //段锁存
         LATCH1=0;
```

```
            DataPort=dofly_WeiMa[i+FirstBit]; //取位码
            LATCH2=1;                         //位锁存
            LATCH2=0;

            DataPort=TempData[i];             //取显示数据，段码
            LATCH1=1;                         //段锁存
            LATCH1=0;

             i++;
            if(i==Num)   i=0;
}
//************************************************************************
//定时器初始化子程序
void Init_Timer0(void)
{ TMOD = 0x01;                                //使用模式1，16位定时器
  TH0=0x00;                                   //给定初值
  TL0=0x00;
 EA=1;                                        //总中断打开
 ET0=1;                                       //定时器中断打开
 TR0=1;                                       //定时器开关打开
}
//************************************************************************
// 定时器中断子程序
void Timer0_isr(void) interrupt 1
{ TH0=(65536-2000)/256;                       //重新赋值 2ms
 TL0=(65536-2000)%256;
 Display(0,8);
}
//************************************************************************
```

（4）I²C 子函数：

```
//************************************************************************
#include  " i2c.h "
#include  " delay.h "
#define   _Nop()   _nop_()                    //定义空指令
bit ack;                                      //应答标志位
sbit SDA=P2^1;
sbit SCL=P2^0;
//************************************************************************
//启动总线
void Start_I2c()
{ SDA=1;                                      //发送起始条件的数据信号
  _Nop();
  SCL=1;
  _Nop();                                     //起始条件建立时间大于4.7μs，延时
```

```
    _Nop();
    _Nop();
    _Nop();
    _Nop();
    SDA=0;                              //发送起始信号
    _Nop();                             //起始条件锁定时间大于 4μs
    _Nop();
    _Nop();
    _Nop();
    _Nop();
    SCL=0;                              //钳住 I²C 总线，准备发送或接收数据
    _Nop();
    _Nop();
}
//**********************************************************************
// 结束总线
void Stop_I2c()
{ SDA=0;                                //发送结束条件的数据信号
    _Nop();                             //发送结束条件的时钟信号
    SCL=1;                              //结束条件建立时间大于 4μs
    _Nop();
    _Nop();
    _Nop();
    _Nop();
    _Nop();
    SDA=1;                              //发送 I²C 总线结束信号
    _Nop();
    _Nop();
    _Nop();
    _Nop();
}
//**********************************************************************
/* 字节数据传送函数
函数原型：void   SendByte(unsigned char c);
功能：将数据 c 发送出去，可以是地址，也可以是数据，发完后等待应答，并对此状态位进
行操作（不应答或非应答都使 ack=0 假），发送数据正常，ack=1; ack=0 表示被控器无应答或损坏*/
void   SendByte(unsigned char c)
{ unsigned char BitCnt;
 for(BitCnt=0;BitCnt<8;BitCnt++)        //要传送的数据长度为 8 位
    { if((c<<BitCnt)&0x80) SDA=1;       //判断发送位
      else   SDA=0;
      _Nop();
      SCL=1;                            //置时钟线为高，通知被控器开始接收数据位
      _Nop();
```

```
            _Nop();                                  //保证时钟高电平周期大于 4μs
            _Nop();
            _Nop();
            _Nop();
            SCL=0;
          }
        _Nop();
        _Nop();
        SDA=1;                                       //8 位发送完后释放数据线，准备接收应答位
        _Nop();
        _Nop();
        SCL=1;
        _Nop();
        _Nop();
        _Nop();
        if(SDA==1)ack=0;
        else ack=1;                                  //判断是否接收到应答信号
        SCL=0;
        _Nop();
        _Nop();
      }
      //*************************************************************************
      /* 字节数据传送函数
      函数原型：unsigned char    RcvByte();
      功能：用来接收从器件传来的数据，并判断总线错误（不发应答信号），发完后请用应答函数*/
      unsigned char    RcvByte()
      { unsigned char retc;
        unsigned char BitCnt;
        retc=0;
        SDA=1;                                       //置数据线为输入方式
        for(BitCnt=0;BitCnt<8;BitCnt++)
          { _Nop();
            SCL=0;                                   //置时钟线为低，准备接收数据位
            _Nop();
            _Nop();                                  //时钟低电平周期大于 4.7μs
            _Nop();
            _Nop();
            _Nop();
            SCL=1;                                   //置时钟线为高使数据线上数据有效
            _Nop();
            _Nop();
            retc=retc<<1;
            if(SDA==1)retc=retc+1;                   //读数据位，接收的数据位放入 retc 中
            _Nop();
```

```
            _Nop();
        }
    SCL=0;
    _Nop();
    _Nop();
    return(retc);
}
//*******************************************************************************
// 非应答子函数
void NoAck_I2c(void)
{ SDA=1;
    _Nop();
    _Nop();
    _Nop();
    SCL=1;
    _Nop();
    _Nop();                                    //时钟低电平周期大于 4μs
    _Nop();
    _Nop();
    _Nop();
    SCL=0;                                     //清时钟线，钳住 I2C 总线以便继续接收
    _Nop();
    _Nop();
}
//*******************************************************************************
```

将上面的几个程序在 Keil C51 中联合编译成“PCF8591 一路 AD 数码管显示.hex”后，通过 USB 端口下载到实验板的单片机中运行。调节 W4，数码管 DS1 就会显示转换好的相应电压值的数字值（0～255），如图 10.17 所示。

图 10.17 实验板 D/A 转换数值显示图

## 项目小结

本项目主要介绍了常与单片机连接用来进行 A/D 转换的 ADC0809 芯片和常用的数字温度测量芯片 DS18B20 的性能、内部结构以及应用方法。

A/D 转换器的主要性能指标包括分辨率、转换时间、量程和精度，这也是选择 A/D 转换器要考虑的参数。A/D 转换器通常分为逐次逼近（比较）式、双积分式、计数式和并行式，ADC0809 就是逐次逼近（比较）式的 A/D 转换芯片。在用单片机控制 ADC0809 工作要时注意其控制信号的时序要求。

DS18B20 是单总线（1-Wire）的数字输出温度芯片，集温度传感器、A/D 转换器等于一身，直接将转换好的数字温度值传送给单片机。DS18B20 具有唯一的序列号，可以在一根通信线上挂接多只 DS18B20；最高为 12 位分辨率，精度达土 0.5℃；抗干扰能力强；功耗低；线路设计简单；体积小、实用范围较广。DS18B20 主要由 64 位光刻 ROM、高速缓存 RAM、温度传感器、非易失性温度报警触发器 TH 和 TL 及配置寄存器（EEPROM）等组成。应用 DS18B20 就必须了解其内部结构，掌握其操作命令字和操作时序。在进行温度值读取时必须严格按照其初始化、读操作和写操作的时间隙要求才能正确读取温度值。

本项目介绍了用 ADC0908 设计数字电压表和用 DS18B20 设计数字温度采集系统的设计方法和过程。

## 思考与训练

### （一）知识思考

1．A/D 转换器有哪些主要性能指标？它们在选择 A/D 转换器时起怎样的作用？
2．A/D 转换器有哪些分类？
3．ADC0809 内部的结构是怎样的？
4．ADC0809 有什么特点？怎样使用它？
5．ADC0809 与 51 单片机怎么连接？画出电路图。
6．DS18B20 有些什么特点？简单说明其工作原理。
7．DS18B20 内部的存储器是怎样分配的？我们怎么去使用它？
8．DS18B20 有哪些命令字？各有什么用处？

9．单片机是怎样控制 DS18B20 的？DS18B20 的初始化、写数据和读数据时序是怎样的？

（二）项目训练

1．用 AT89C51 和 ADC0809 设计一个数字电压表，要求电压测量范围为 0～+50V，用一只 4 位共阳极的数码管显示电压值，精确到 0.01V。

2．用 AT89C51 和 DS18B20 设计一个温度计，要求用一只 4 位共阳极的数码管显示测量到的温度值，要求保留两位小数。

# 附录 A　实验板实物图

LCD12864
LED x 8
数码管
4路AD
1路DA
AD & DA
EEPROM
实时时钟
下载
矩阵键盘
DOFLY LY-51S
单片机开发板
插件扩展
STC Auto-ISP
非门
舵机
USB->232
K1
K8
独立按键
+5V
外接电源
晶振
红外
收发

# 附录 B 实验板电原理图

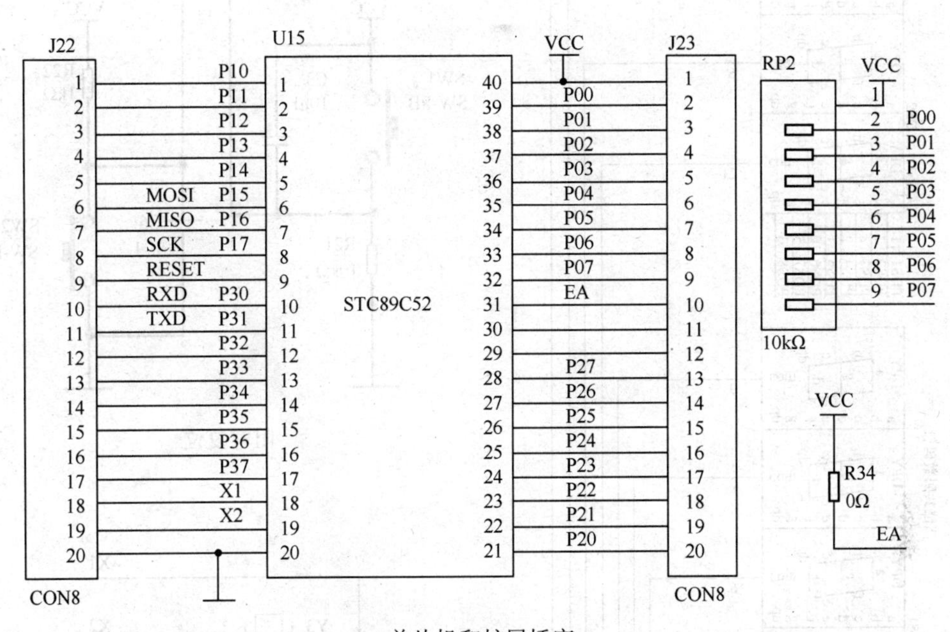


单片机和扩展插座

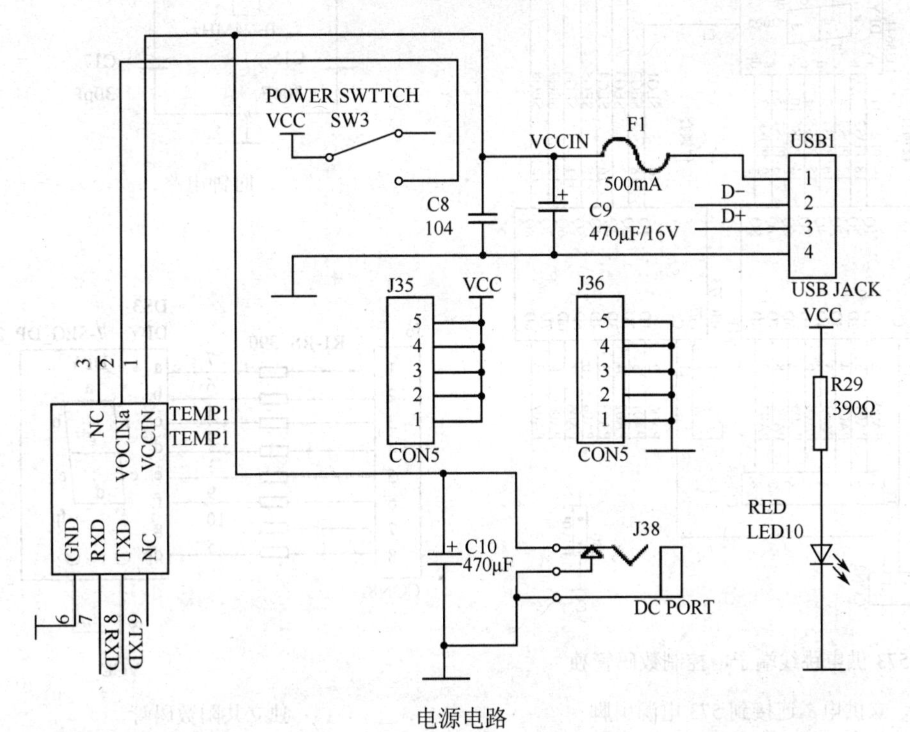


电源电路

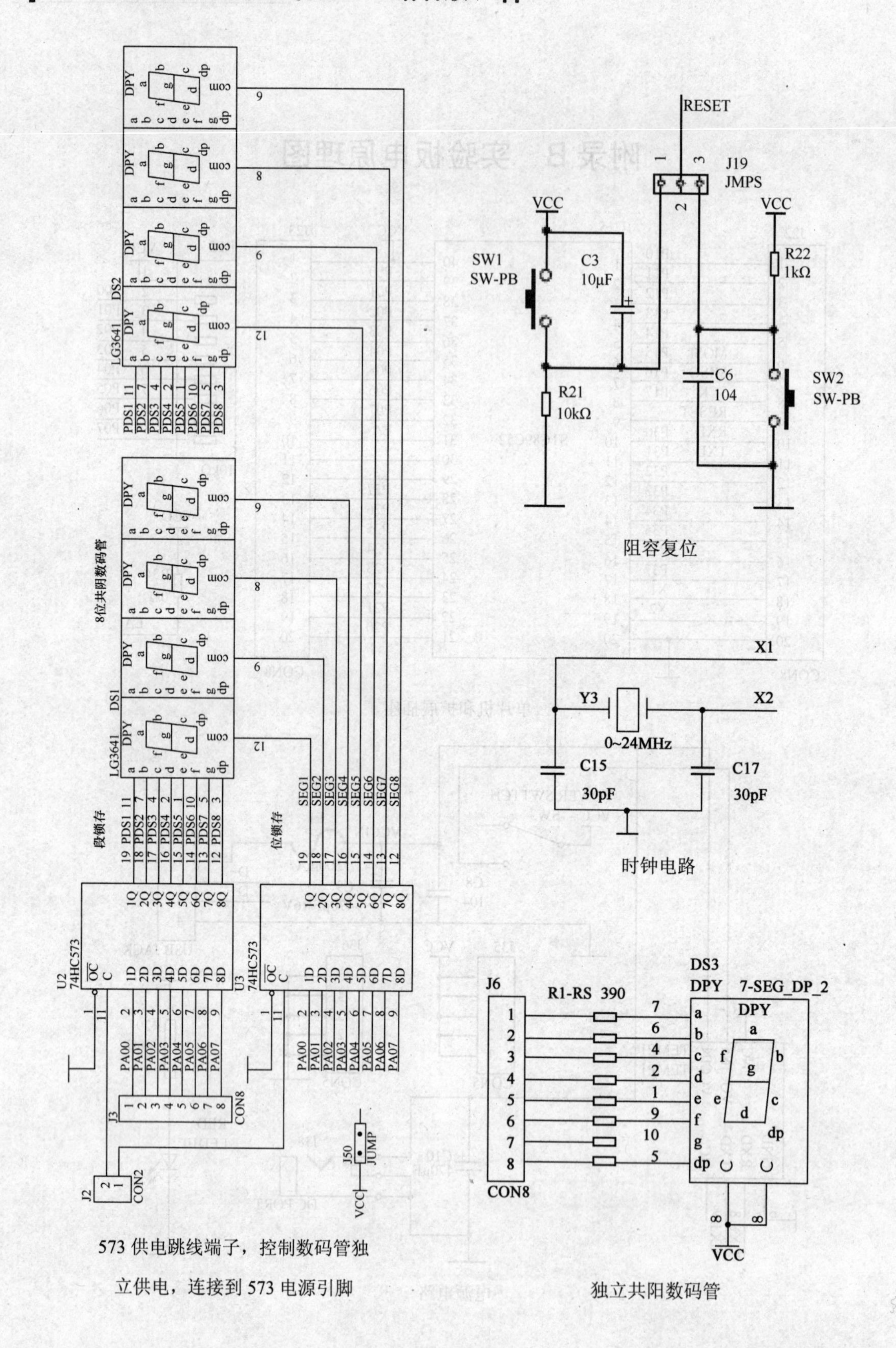
RESET
J19
JMPS
VCC
SW1
SW-PB
C3
10μF
R21
10kΩ
C6
104
R22
1kΩ
SW2
SW-PB
阻容复位
X1
X2
Y3
0~24MHz
C15
30pF
C17
30pF
时钟电路
LG3641
DS2
DS1
8位共阴数码管
段锁存
位锁存
U2
74HC573
U3
74HC573
J3
CON8
J2
CON2
J50
JUMP
J6
CON8
R1-RS 390
DS3
DPY
7-SEG_DP_2
VCC
573 供电跳线端子，控制数码管独
立供电，连接到 573 电源引脚
独立共阳数码管

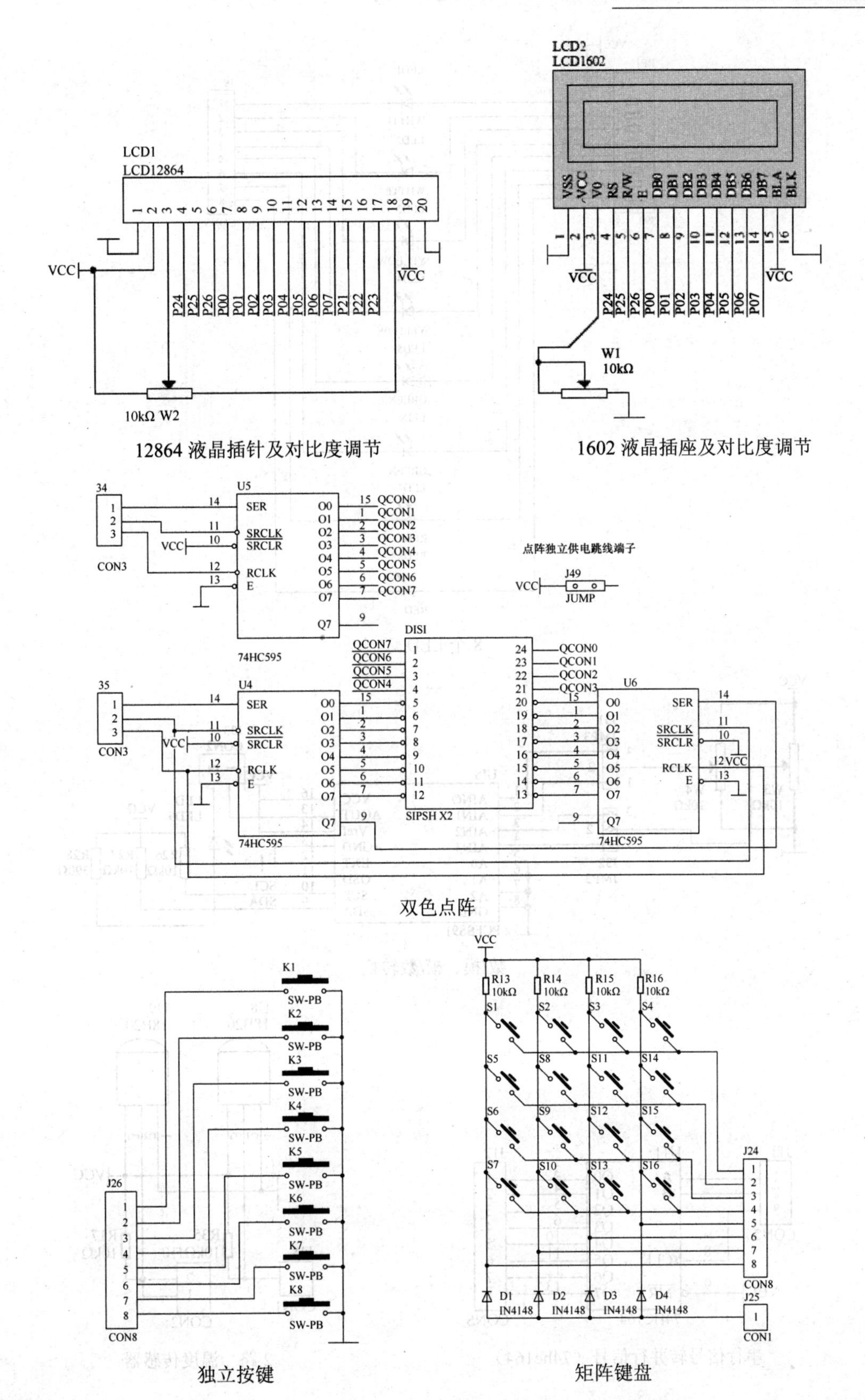

LCD1
LCD12864
VCC
10kΩ W2
LCD2
LCD1602
VSS
VCC
V0
RS
R/W
E
DB0
DB1
DB2
DB3
DB4
DB5
DB6
DB7
BLA
BLK
W1
10kΩ
12864 液晶插针及对比度调节
1602 液晶插座及对比度调节
U5
74HC595
SER
SRCLK
SRCLR
RCLK
CON3
点阵独立供电跳线端子
J49
JUMP
DISI
SIPSH X2
U4
U6
双色点阵
K1
SW-PB
J26
CON8
独立按键
R13
10kΩ
J24
J25
CON1
IN4148
矩阵键盘

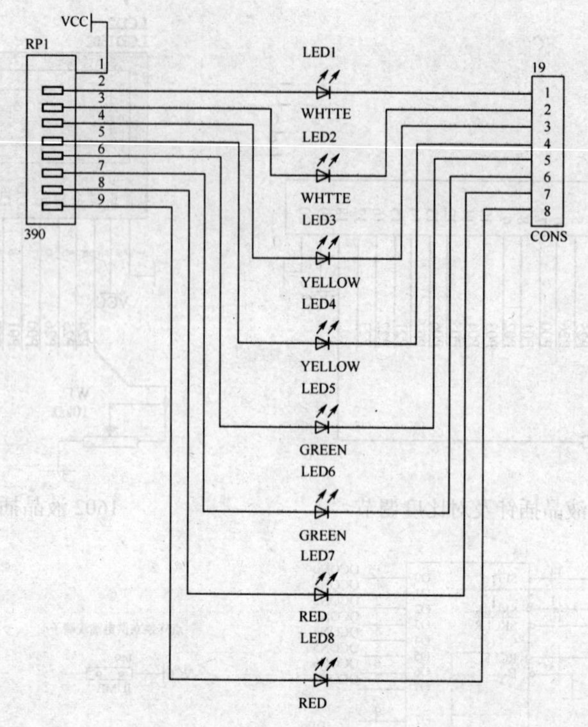


8个LED灯

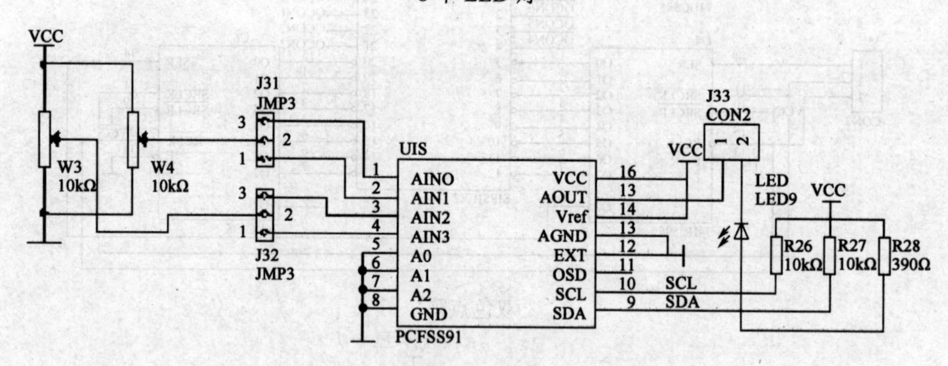


数/模、模/数转换

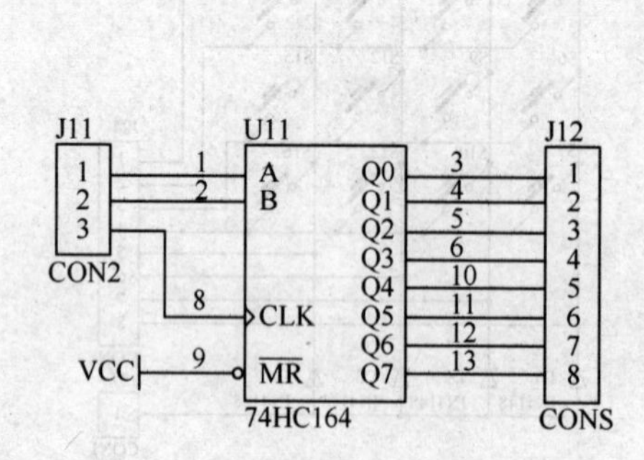


串行信号转并行信号（74hc164）

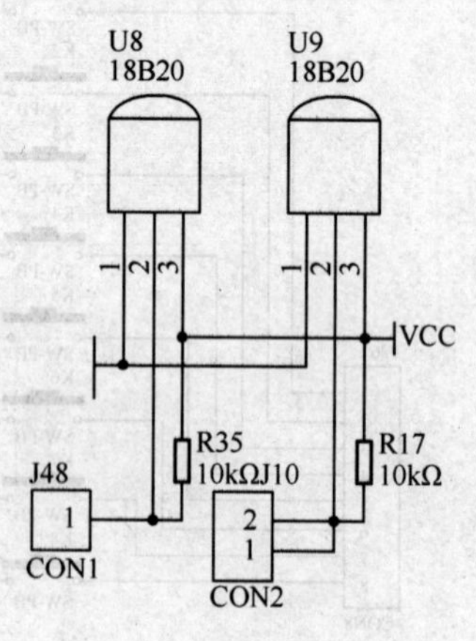


2路　温度传感器

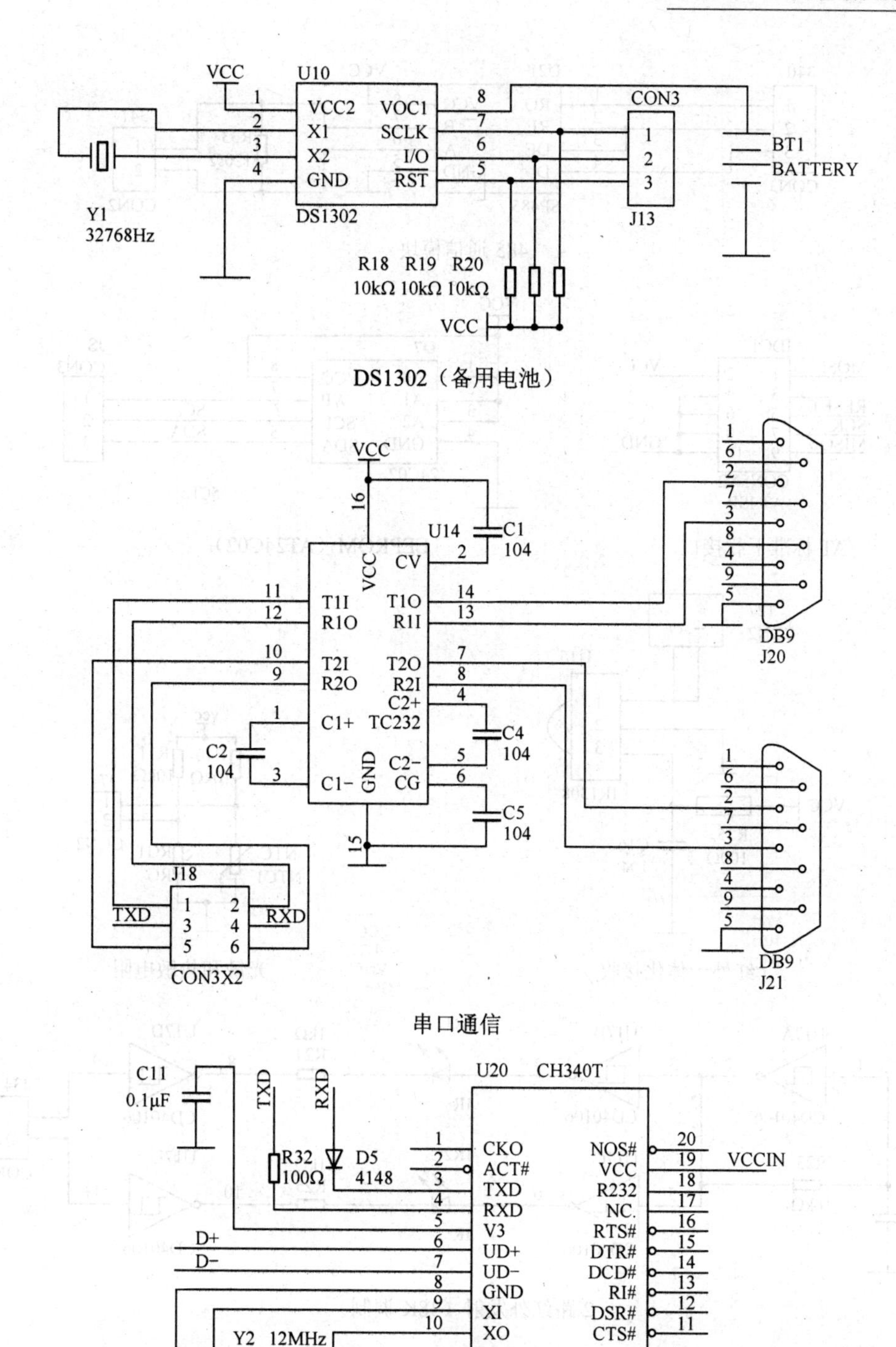


DS1302（备用电池）

串口通信

集成USB转串口芯片CH340

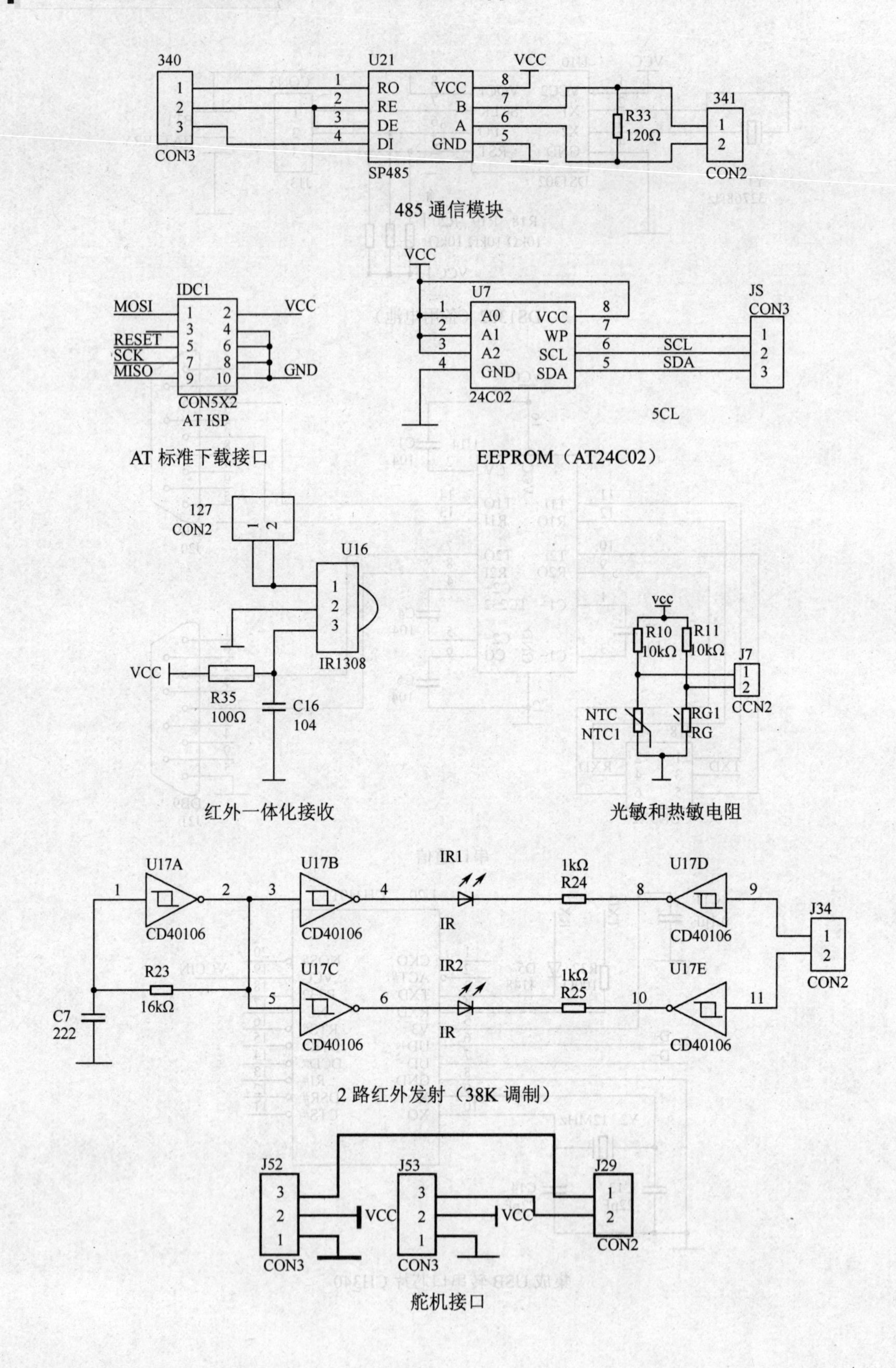
340
CON3
U21
RO
RE
DE
DI
VCC
B
A
GND
SP485
VCC
R33
120Ω
341
CON2
485 通信模块
IDC1
MOSI
RESET
SCK
MISO
VCC
GND
CON5X2
AT ISP
AT 标准下载接口
U7
A0
A1
A2
GND
VCC
WP
SCL
SDA
24C02
JS
CON3
EEPROM（AT24C02）
127
CON2
U16
IR1308
R35
100Ω
C16
104
红外一体化接收
R10
10kΩ
R11
10kΩ
J7
CCN2
NTC
NTC1
RG1
RG
光敏和热敏电阻
U17A
U17B
U17C
U17D
U17E
CD40106
IR1
IR2
IR
R24
R25
1kΩ
R23
16kΩ
C7
222
J34
CON2
2 路红外发射（38K 调制）
J52
J53
J29
CON3
CON2
舵机接口

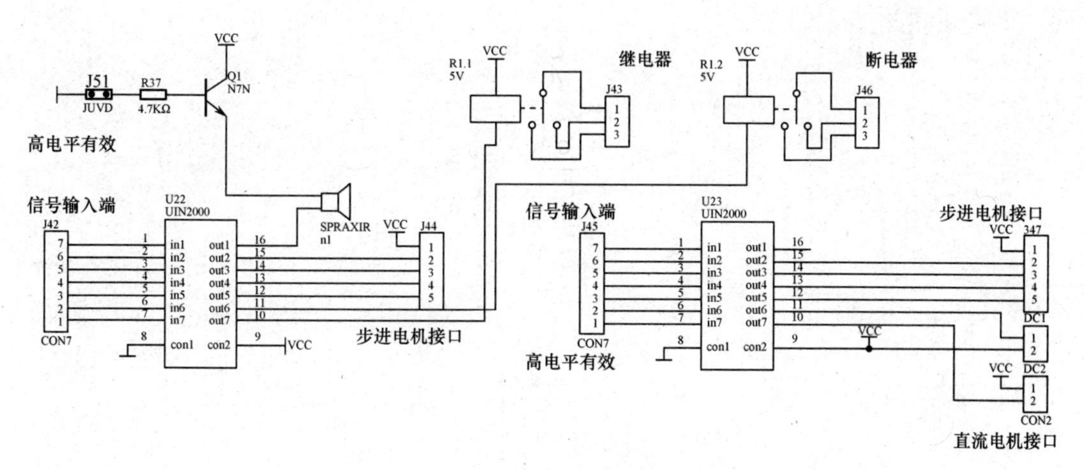


喇叭及电机电路

电路说明：

1．电路图使用模块独立显示，使用网络标号表示之间连接信息。

2．元器件标号与电路板一一对应。

3．部分芯片没有显示出电源引脚，对应引脚直接连接到 VCC 或 GND。

4．网络标号含义：如图虚线指示 2 处器件，网络标号分别是 D−、D+，这说明标有同一个网络标号的线是有电气连接的。